国家示范性（骨干）高职院校建设项目成果
高等职业教育教学改革系列精品教材

公差配合与测量技术
——项目、任务、训练

张立辉　主　编
张恒泽　张夕琴　副主编

電子工業出版社
Publishing House of Electronics Industry
北京 • BEIJING

内容简介

本书本着“理论够用，应用为主”的思想，大胆舍弃实用性较弱的内容，重点加强关于精度设计的识图及精度检测技能训练的内容。主要内容包括6个项目：互换性、极限与配合、测量技术、几何公差、表面粗糙度、普通螺纹公差及检测，由13个任务驱动。为了加强可操作性和培养学生的动手能力，项目下设技能训练，其中理论部分设12套练习题，实践部分设7个项目任务书。

本书可作为高职高专院校机械类、控制类、机电及自动化类专业的教学用书，以及应用型本科、成人教育、自学考试、开放大学、中职学校和培训班的教材，还可作为机械工程技术人员的参考工具书。

图书在版编目（CIP）数据

公差配合与测量技术：项目、任务、训练/张立辉主编. —北京：电子工业出版社，2016.12
高等职业教育教学改革系列规划教材
ISBN 978-7-121-30567-2

Ⅰ. ①公… Ⅱ. ①张… Ⅲ. ①公差－配合－高等职业教育－教材②技术测量－高等职业教育－教材
Ⅳ. ①TG801

中国版本图书馆CIP数据核字（2016）第296088号

策划编辑：王艳萍
责任编辑：王艳萍
印　　刷：保定市中画美凯印刷有限公司
装　　订：保定市中画美凯印刷有限公司
出版发行：电子工业出版社
　　　　　北京市海淀区万寿路173信箱　邮编 100036
开　　本：787×1 092　1/16　印张：14.25　字数：364.8千字
版　　次：2016年12月第1版
印　　次：2021年5月第7次印刷
定　　价：33.00元

凡所购买电子工业出版社图书有缺损问题，请向购买书店调换。若书店售缺，请与本社发行部联系，联系及邮购电话：（010）88254888，88258888。

质量投诉请发邮件至 zlts@phei.com.cn，盗版侵权举报请发邮件至 dbqq@phei.com.cn。

本书咨询联系方式：wangyp@phei.com.cn。

前　言

高等职业教育以培养生产、建设、管理、服务第一线的高素质技能型专门人才为根本任务，在建设人力资源强国和高等教育强国中发挥着不可替代的作用。“公差配合与技术测量”是高等职业院校机械类各专业的一门重要的专业技术基础课程，它包括几何量公差和误差检测两方面内容，在生产一线具有广泛的实用性。

目前我国高职院校大多数在用的“公差配合与技术测量”课程教材，都以理论教学为主，技能训练为辅。为了真正开展高职教育倡导的“教、学、做一体化”教学模式改革，亟需一本以“以技能训练为主，理论教学为辅”的配套教材。其次，同类教材大多理论内容繁冗，本书结合职业岗位特点及需求，本着“理论够用，应用为主”的思想，大胆舍弃实用性较弱的内容，重点加强关于精度设计的识图及精度检测技能训练的内容。

本书是在教育部倡导的“以就业为导向，以能力为本位”的职业教育改革精神指引下，校企合作，结合常州机电职业技术学院“公差配合与技术测量”课程改革与创新而产生的，总结了作者多年教学经验，并吸取了同类教材的优点，主要特点如下：

（1）结合实际岗位能力需求组织内容，理论够用，应用为主。6 个项目包括互换性、极限与配合、测量技术、几何公差、表面粗糙度、普通螺纹公差及检测。

（2）采用任务驱动的方式，将定义、术语与教学任务相结合，使学生学习更具有针对性。

（3）强化技能训练，设有 12 套理论技能训练练习题和 7 个实践技能训练项目任务书。

（4）采用现行最新国家标准，相关知识内容循序渐进、深入浅出，图文并茂，通俗易懂。

（5）每个任务前的“教学导航”指明知识点和教学方法，可以引导教师和学生完成教学目标。

本书由常州机电职业技术学院张立辉主编，西南政法大学张恒泽、常州机电职业技术学院张夕琴副主编，常州万盛铸造集团有限公司张凌峰参编。具体编写分工如下：张立辉编写项目 1、项目 2、项目 3、项目 4、项目 5，张恒泽编写项目 6，张夕琴编写理论技能训练练习题，张凌峰编写实践技能训练项目任务书。

本书配有免费的电子教学课件，请有需要的教师登录华信教育资源网（www.hxedu.com.cn）免费注册后进行下载，如有问题请在网站留言或与电子工业出版社联系（E-mail：hxedu@phei.com.cn）。

由于作者水平有限，错误和不当之处在所难免，恳请各位读者批评指正。

编　者

目　　录

第1篇　理论教学篇

第 2 篇　技能训练篇

第1篇　理论教学篇

项目1　互　换　性

知识点	知识重点	互换性的概念、分类，优先数
	知识难点	实现互换性的条件
	必须掌握的理论知识	互换性、公差、加工误差、检测、标准和标准化
教学方法	推荐教学方法	任务驱动教学法
	推荐学习方法	课堂：听课+互动+技能训练 课外：了解生活或生产中零件互换性的实例
技能训练	理论	练习题1
	实践	—

任务　齿轮减速器是如何实现互换性原则的

齿轮减速器是一种常见的机械传动装置，如图1-1所示，试对该装置如何实现互换性原则进行阐述。

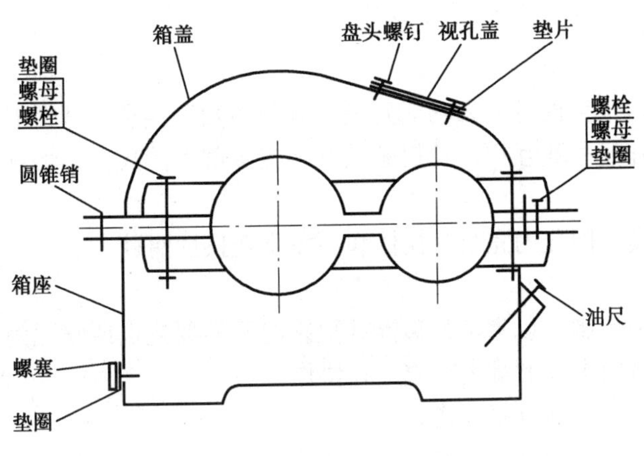

图1-1　一级齿轮减速器结构示意图

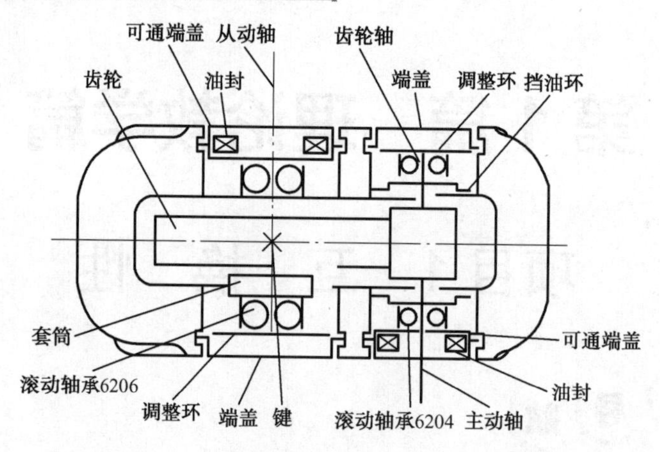

图 1-1　一级齿轮减速器结构示意图（续）

1.1.1　互换性

1．什么是互换性

举例：组成现代技术装置和日用机电产品的各种零件（部件），如电灯泡、自行车、手表、缝纫机上的零件，一批规格为 M10-6H 的螺母与 M10-6h 螺栓的自由旋合等。在现代化生产中，一般应遵守互换性原则。

定义：在机械制造业中，互换性是指同一规格的一批零件，任取其一，不需任何挑选和修配就能装在机器上，并能满足其使用性能要求，具有上述要求的零部件称为具有互换性的零部件。

【特别提示】

互换性应同时具备三个条件：一是装配前不需挑选；二是装配时不经修理或调配；三是装配后能满足使用性能要求。

2．互换性的种类

就机械产品而言，互换性可分为功能互换、几何参数互换和物理性能互换、力学性能互换等。本课程只研究几何参数互换，几何参数互换指零部件的尺寸、形状、位置及表面结构参数的互换。

互换性按互换程度不同分为完全互换性和不完全互换性两种。

（1）完全互换性

特点：不限定互换范围，以零部件装配或更换时不需要挑选或修配为条件，如日常生活中所用电灯泡，主要适用于大批量生产或厂外协作。

（2）不完全互换性（也称有限互换）

特点：因特殊原因，只允许零件在一定范围内互换。如机器上某部位精度越高，相配零件精度要求就越高，加工困难，制造成本高。为此，生产中往往把零件的精度适当降低，以

便于制造，然后再根据实测尺寸的大小，将制成的相配零件分成若干组，使每组内的尺寸差别较小，再把相应的零件进行装配。除分组互换法外，还有修配法、调整法，主要适用于小批量和单件生产或在制造厂内部对部件或机构的装配时采用。

【特别提示】

图 1-1 中减速器多为批量生产，其中所选标准件（轴承、键、销、螺栓、密封圈、垫片等）由专业化标准件厂生产，非标准零部件（箱座、箱盖、输入轴、输出轴、端盖和套筒等）一般由各机器制造厂加工，各个合格零件在装配车间或装配生产线上，不需选择、修配即可装配成满足预定使用功能的减速器。

3. 互换性在机械制造中的作用

（1）在设计方面：有利于最大限度采用标准件、通用件和标准部件，大大简化绘图和计算工作，缩短设计周期，便于计算机辅助设计（CAD）。

（2）在制造方面：有利于组织专业化生产，采用先进工艺和高效率的专用设备，提高生产效率。

（3）在使用、维修方面：可以减少机器的维修时间和费用，保证机器能连续持久地运转，提高了机器的使用寿命。

总之，互换性在提高产品质量和可靠性、提高经济效益等方面均具有重大意义。

1.1.2 实现互换性的条件

若制成的一批零件实际尺寸数值等于理论值，即这些零件完全相同，虽具有互换性，但在生产上不可能实现，且没有必要。因生产中只要求制成零件的实际参数值变动不大，保证零件充分近似即可。要使零件具有互换性，就应按“公差”制造。加工就会引入加工误差，判断加工误差有没有超出公差，就应开展“检测”工作。而设计人员、加工人员和检测人员应当遵循共同的公差标准，所以标准化工作尤为重要。

【特别提示】

公差、检测及标准化是保证互换性生产得以实现的条件。

1. 加工误差、公差及检测

1）加工误差

零件在加工过程中不可能做得绝对准确，总是不可避免地会产生误差，这样的误差称为加工误差（几何量误差）。实际上，只要零部件的几何量误差在规定的范围内变动，就能满足互换性的要求。几何量误差包括尺寸误差、几何形状误差、相互方向位置误差等。

（1）尺寸误差

尺寸误差是工件加工后的实际尺寸和理想尺寸之差。

（2）几何形状误差

① 宏观几何形状误差：一般由刀具、机床、工件所组成的工艺系统的误差所致。我们所说的形状误差一般就是指宏观几何形状误差。

② 微观几何形状误差：即表面粗糙度。它是加工后工件表面上留下的波峰和波长都很微小的波形。

③ 表面波纹度：介于宏观和微观形状误差之间的形状误差，一般由加工中的振动引起。

(3) 相互方向位置误差

相互方向位置误差即各表面或中心线之间的实际相对方向位置与理想方向位置的差值。

2）几何量公差

允许零件实际几何参数值的变动范围称为几何量公差。对应于几何量误差，几何量公差分为尺寸公差、几何公差和表面粗糙度允许值及典型零件特殊几何参数的公差等。工件的几何量误差在几何量公差范围内，为合格件；超出了几何量公差范围，为不合格件。几何量误差是在加工过程中产生的，而几何量公差是设计人员给定的，体现了对产品精度的要求。显然，在设计精度时，几何量公差应尽量规定得大些，以获得最佳的经济效益，但同时也要满足零件功能要求。精度设计要求是通过零件图样，用几何量公差的标注形式给出的。

3）检测

完工后的零件是否满足几何量公差要求，要通过检测加以判断。检测包含检验和测量。几何参数的检验是指确定零件的几何参数是否在规定的极限范围内，并做出合格性判断，而不必得出被测量的具体数值；测量是将被测量与作为计量单位的标准量进行比较，以确定被测量的具体数值的过程。检测不仅用来评定产品质量，而且用于分析产生不合格品的原因，可以及时调整生产，监督工艺过程，预防废品产生。

由此可见，合理确定公差并正确进行检测，是保证产品质量、实现互换性生产的两个必不可少的条件和手段。

2. 标准化与优先数系

现代化工业生产的特点是规模大，协作单位多，互换性要求高。为了正确协调各生产部门和准确衔接各生产环节，必须有一种协调手段，使分散的局部的生产部门和生产环节保持必要的技术统一，成为一个有机的整体，以实现互换性生产。标准与标准化正是联系这种关系的主要途径和手段。

1）标准和标准化

所谓标准，就是指为了取得国民经济的最佳效果，对需要协调统一的具有重复特征的物品（如产品、零部件等）和概念（如术语、规则、方法、代号、量值等），在总结科学实验和生产实践的基础上，由有关方面协调制定，经主管部门批准后，在一定范围内作为活动的共同准则和依据。

所谓标准化，就是指标准的制定、发布和贯彻实施的全部活动过程。标准化是以标准的形式体现的，是一个不断循环、提高的过程。

标准按性质不同可分为技术标准和管理标准两类，人们通常所说的标准大都指技术标准。技术标准可分为基础标准、产品标准、方法标准、安全与环境保护标准等。基础标准是指在一定范围内作为其他标准的基础并普遍使用、具有广泛指导意义的标准，如本书所涉及的标准就是基础标准（《极限与配合》、《几何公差》和《表面粗糙度》等）。

标准按颁发机构级别的不同分为国际标准、国际区域标准、国家标准（GB）、行业标准（机械标准 JB 等）、地方标准（DB）和企业标准（QB）。国际标准由国际标准化组织（ISO）和国际电工委员会（IEC）负责制定和颁发。国际区域标准是指由国际地区性组织（或国家集团），如欧洲标准化委员会（CEN）和欧洲电工标准化委员会（CENELEC）等制定并发布的标准。我国于 1978 年恢复参加 ISO 组织后，陆续修订了自己的标准，修订的原则，是在立足

我国生产实际的基础上向 ISO 靠拢。

我国的国家标准、行业标准和地方标准又分为强制标准和推荐标准两大类。一些关系到人身安全、健康、卫生及环境保护的标准属于强制标准，国家用法律、行政和经济等手段强制执行；大量的标准（80%以上）为推荐性标准，要求积极遵守。

2）优先数和优先数系

（1）数值标准化

制定公差标准及设计零件的结构参数时，都需要通过数值表示。任何产品的参数值不仅与自身的技术特性有关，还直接、间接地影响与其配套系列产品的参数值。如螺母直径数值影响并决定螺钉直径数值，以及丝锥、螺纹塞规、钻头等系列产品的直径数值。由于参数值间的关联产生的扩散称为“数值扩散”。

为满足不同的需求，产品必然出现不同的规格，形成系列产品。产品数值的杂乱无章会给组织生产、协作配套、使用维修带来困难，故需对数值进行标准化。《优先数和优先数系》就是其中最重要的一个标准，要求工业产品技术参数应尽可能采用它。

（2）优先数系

优先数系是一种十进制的几何级数，是由公比为 $\sqrt[5]{10}$、$\sqrt[10]{10}$、$\sqrt[20]{10}$、$\sqrt[40]{10}$、$\sqrt[80]{10}$，且项值中含有 10 的整数幂的理论等比数列导出的一组近似等比的数列。我国标准《优先数和优先数系》（GB/T 321—2005/ISO3：1973）推荐系列符号为 R5、R10、R20、R40、R80，前四项为基本系列，R80 为补充系列。其公比为

R5 系列：$\sqrt[5]{10} \approx 1.60$

R10 系列：$\sqrt[10]{10} \approx 1.25$

R20 系列：$\sqrt[20]{10} \approx 1.12$

R40 系列：$\sqrt[40]{10} \approx 1.06$

R80 系列：$\sqrt[80]{10} \approx 1.03$

范围 1～10 的优先数系列如表 1-1 所示，所有大于 10 的优先数均可按表列数乘以 10、100、…求得，所有小于 1 的优先数均可按表列数乘以 0.1、0.01、…求得。

表 1-1　优先数系的基本系列（摘自 GB/T 321—2005/ISO3：1973）

R5	R10	R20	R40	R5	R10	R20	R40	R5	R10	R20	R40
1.00	1.00	1.00	1.00			2.24	2.24		5.00	5.00	5.00
			1.06				2.36				5.30
		1.12	1.12	2.50	2.50	2.50	2.50			5.60	5.60
			1.18				2.65				6.00
	1.25	1.25	1.25			2.80	2.80	6.30	6.30	6.30	6.30
			1.32				3.00				6.70
		1.40	1.40		3.15	3.15	3.15			7.10	7.10
			1.50				3.35				7.50
1.60	1.60	1.60	1.60			3.55	3.55		8.00	8.00	8.00
			1.70				3.75				8.50
		1.80	1.80	4.00	4.00	4.00	4.00			9.00	9.00
			1.90				4.25				9.50
	2.00	2.00	2.00			4.50	4.50	10.00	10.00	10.00	10.00
			2.12				4.75				

标准还允许从基本系列和补充系列中按照一定规律隔项取值组成派生系列，以Rr/p表示，r代表5、10、20、40、80。如R10/3可得到1.00、2.00、4.00、…数系，或1.25、2.50、5.00、…数系等。

本课程后续内容中涉及的尺寸分段、公差分级和表面粗糙度参数允许值等都是按优先数系制定的。

齿轮减速器大多为批量生产，在保证生产效率和经济效益的同时，还要保证使用性能和互换性。实际应用中，为了保证产品的使用性能和互换性要求，往往对产品零部件的某些关键几何量进行精度设计。

如图1-1所示齿轮减速器中，各零部件之间配合部位（圆柱径向）的配合及其他技术要求、输入轴和输出轴上各零部件的轴向尺寸及其公差，这样的几何量精度设计就是实现互换性原则的保证。当减速器使用一定周期后会出现零部件（轴承、密封圈、齿轮等）损坏现象，要求迅速更换修复且满足使用功能，即遵循互换性原则。几何量精度设计时依据的就是现行有效的公差与配合、几何公差和表面粗糙度等国家标准。齿轮减速器中的标准件（轴承、键、销、螺栓、密封圈、垫片等）与非标准零部件（箱座、箱盖、输入轴、输出轴、端盖和套筒等），影响互换性的尺寸及公差都是按标准的优先数系确定的。

项目 2　极限与配合

知识点	知识重点	尺寸公差与配合的有关术语，极限偏差、极限盈隙、配合公差计算，标准公差系列，基本偏差系列
	知识难点	尺寸公差的设计，即配合制的概念、选择及公差等级的选用、配合类型的选择
	必须掌握的理论知识	尺寸公差与配合的有关术语，极限偏差、极限盈隙、配合公差计算，标准公差系列，基本偏差系列
教学方法	推荐教学方法	任务驱动教学法
	推荐学习方法	课堂：听课+互动+技能训练 课外：了解简单机构实例的结构和功能要求，熟悉《公差与配合》手册
技能训练	理论	练习题 2，练习题 3，练习题 4
	实践	任务书 1，用游标卡尺测量轴孔类零件尺寸 任务书 2，用外径千分尺测轴径 任务书 3，用内径百分表测孔径

任务 1　了解尺寸公差及配合

试确定图 2-1 中孔、轴的公称尺寸、极限尺寸、极限偏差、基本偏差、公差，若此孔、轴配合，试确定配合性质、极限盈隙及配合公差，并画出尺寸公差带图。

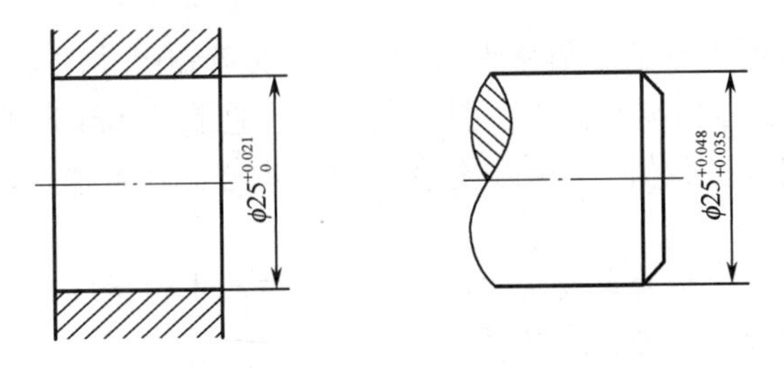

图 2-1　孔、轴零件图

在生产实践中，由于存在加工误差和测量误差，因此零件不可能准确地制成指定的尺寸。

对零件的加工误差及其控制范围所制定的技术标准，称为“公差与配合”标准，它是实现互换性的基础，并且是一项涉及面最广、最重要的基础标准。它不仅用于圆柱体内、外表面的结合，也用于其他结合中由单一尺寸确定的部分，如键结合中的键宽与槽宽、花键结合中的外径、内径及键齿宽与键槽宽等。依据国际标准（ISO），我国已颁布公差与配合标准《极限与配合》（GB/T 1800.1—2009、GB/T 1800.2—2009、GB/T 1801—2009、GB/T 1803—2003、GB/T 1804—2000）。为了正确理解和应用公差与配合，必须弄清公差与配合的基本术语及定义（GB/T 18780.1—2002）。

2.1.1 孔和轴

在公差与配合标准中，孔和轴这两个术语有其特定含义，它关系到公差标准的应用范围。

（1）孔：主要指圆柱形内表面，也包括其他内表面中由单一尺寸确定的部分。

（2）轴：主要指圆柱形外表面，也包括其他外表面中由单一尺寸确定的部分。

从装配关系来讲，孔是包容面，在它之内没有材料；轴是被包容面，在它之外没有材料。在公差与配合标准中，孔、轴的概念是广义的，而且是由单一主要尺寸构成的。

图 2-2 中的 d_1、d_2、d_3 均为轴，D_1 为孔。在图 2-3 中，滑块槽宽 D_2、D_3、D_4 为孔，而滑块槽厚度 d_4 为轴。

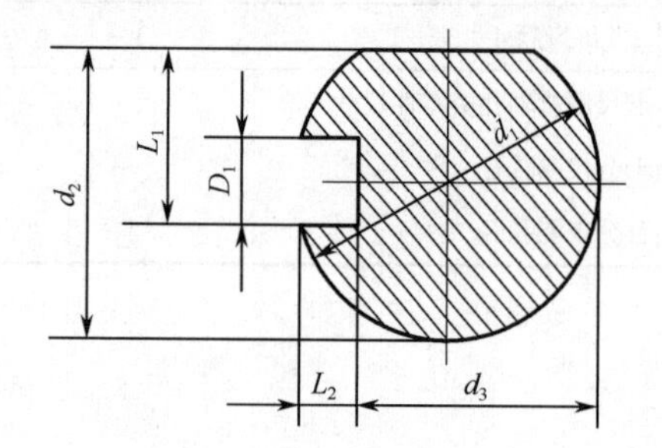

图 2-2　孔和轴定义示意图 1

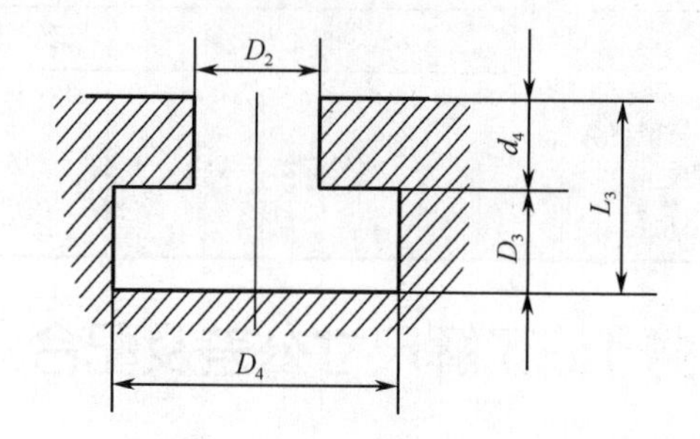

图 2-3　孔和轴定义示意图 2

2.1.2 尺寸要素

1. 尺寸

用特定单位表示长度大小的数值称为尺寸。由定义可知尺寸由数字和长度单位两部分组成，如 300m、50cm 等。在机械制图中，图样上的尺寸通常以 mm 为单位，如以此为单位时，可省略单位的标注，仅标注数值。采用其他单位时，则必须在数值后注明单位。

【特别提示】

为避免混淆，将角度量称为角度尺寸，而通常所讲尺寸均指线性尺寸，包括直径、长度、宽度、高度、厚度及中心距、圆角半径等。

2. 公称尺寸

设计给定的尺寸称为公称尺寸，它是通过强度、刚度等方面的计算或结构需要，并考虑工艺方面的要求后确定的。孔的公称尺寸用“*D*”表示，轴的公称尺寸用“*d*”表示。公称尺寸由设计给定，设计时可根据零件的使用要求，通过计算、实验或类比的方法确定。图样上所标注的尺寸，通常都是公称尺寸。它是计算极限尺寸和极限偏差的起始尺寸。

【特别提示】

孔、轴配合时的公称尺寸相同。

3．提取组成要素的局部尺寸

要素：构成零件几何特征的点、线、面。

尺寸要素：由一定大小的线性尺寸或角度尺寸确定的几何形状。

组成要素：构成零件外形的面或面上的线。

导出要素：由一个或几个组成要素得到的中心点、中心线或中心面。

实际（组成）要素：由接近实际（组成）要素所限定的工件实际表面的组成要素部分。

提取组成要素：由实际（组成）要素提取有限数目的点所形成的实际（组成）要素的近似替代。

提取组成要素的局部尺寸：原称为局部实际尺寸，是一切提取组成要素上两对应点之间距离的统称，为方便起见，常简称为提取组成要素的局部尺寸。显然，对同一要素在不同部位测量，测得的局部尺寸是不同的。孔以“D_a”表示，轴以“d_a”表示。如图2-4中的d_{a1}、D_{a1}均为局部尺寸。由于存在测量误差，所以提取组成要素的局部尺寸并非尺寸的真值。例如，测得轴的轴颈尺寸为 29.975mm，测量的误差为 ±0.001mm，则局部尺寸的真值在 29.975 ± 0.001 mm 范围内。真值是客观存在的，但又是不知道的，因此只能以测量获得的尺寸作为提取组成要素的局部尺寸。

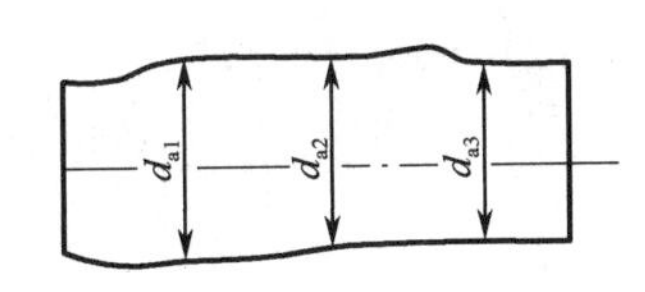

（a）轴的提取组成要素的局部尺寸

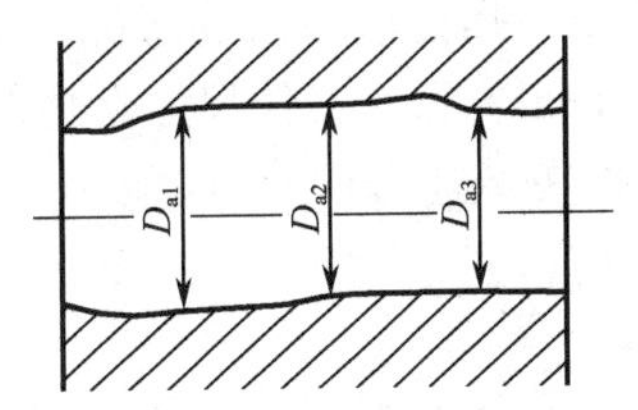

（b）孔的提取组成要素的局部尺寸

图2-4 提取组成要素的局部尺寸

4．极限尺寸

允许尺寸变化的两个界限值称为极限尺寸。孔或轴允许的最大尺寸称为上极限尺寸（最大极限尺寸），孔以“D_{max}”、轴以“d_{max}”表示；孔或轴允许的最小尺寸称为下极限尺寸（最小极限尺寸），孔以“D_{min}”、轴以“d_{min}”表示。极限尺寸是以公称尺寸为基数来确定的。

在机械加工中，由于机床、刀具、量具等各种因素而导致加工误差的存在，要把同一规格的零件加工成同一尺寸是不可能的。从使用的角度来讲，也没有必要将同一规格的零件都加工成同一尺寸，只需将零件的提取组成要素的局部尺寸控制在一个范围内，就能满足使用要求。这个范围由上述两个极限尺寸确定，如图2-5所示。

【特别提示】

要注意的是公称尺寸和极限尺寸都是设计时给定的，公称尺寸可以在极限尺寸所确定的范围内，也可以在极限尺寸所确定的范围外。当不考虑几何误差的影响，加工后的零件获得的提取组成要素的局部尺寸若在两极限尺寸所确定的范围之内，则零件合格；否则零件不合格。

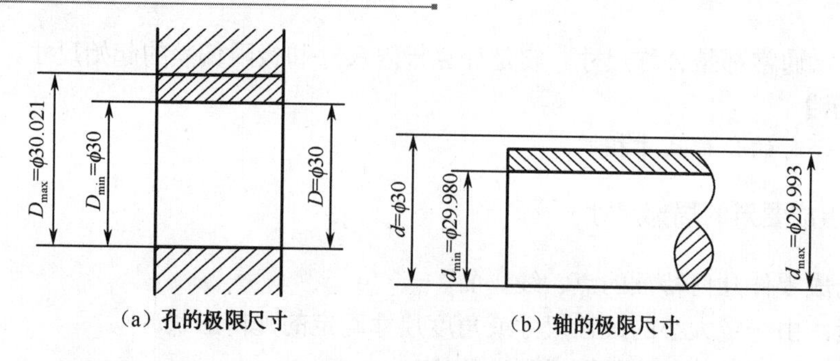

（a）孔的极限尺寸　　（b）轴的极限尺寸

图 2-5　极限尺寸

2.1.3　偏差、公差、公差带图

1．尺寸偏差（简称偏差）

尺寸偏差是指某一尺寸（局部尺寸、极限尺寸）减其公称尺寸所得的代数差。

（1）极限偏差：指极限尺寸减其公称尺寸所得的代数差。上极限尺寸减其公称尺寸所得的代数差称为上极限偏差，下极限尺寸减其公称尺寸所得的代数差称为下极限偏差。孔、轴的上极限偏差分别以 ES 和 es 表示，孔、轴的下极限偏差分别以 EI 和 ei 表示，即

$$\mathrm{ES}=D_{\max}-D \qquad \mathrm{es}=d_{\max}-d$$
$$\mathrm{EI}=D_{\min}-D \qquad \mathrm{ei}=d_{\min}-d \qquad (2\text{-}1)$$

（2）实际偏差：指提取组成要素的局部尺寸减其公称尺寸所得的代数差。孔、轴的实际偏差分别以 Ea 和 ea 表示。工件尺寸合格的条件也可以用偏差表示如下：

对于孔：ES≥Ea≥EI

对于轴：es≥ea≥ei

【特别提示】

偏差可以为正、负或零值，正值加“+”，负值加“−”。上极限偏差总是大于下极限偏差。合格零件的实际偏差应在上、下极限偏差之间。标注示例：$\phi25^{+0.041}_{+0.020}$、$\phi25^{-0.007}_{-0.028}$、$\phi25^{+0.021}_{0}$、$\phi25^{0}_{-0.013}$、$\phi25\pm0.016$。

【例 2.1】 轴颈直径的公称尺寸为ϕ60mm，上极限尺寸为ϕ60.018mm，下极限尺寸ϕ59.988mm（见图 2-6），求轴颈直径的上、下极限偏差。

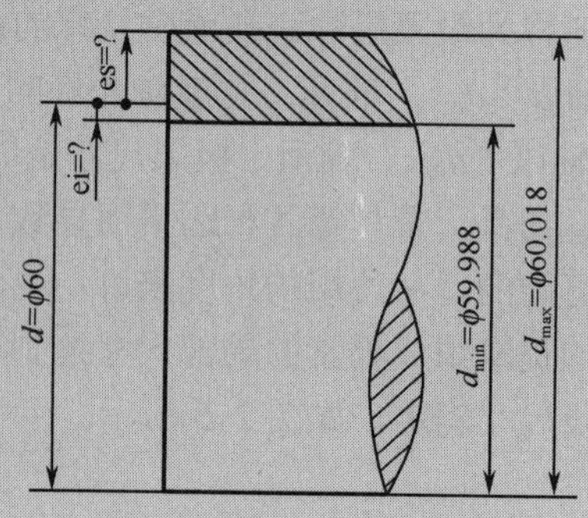

图 2-6　轴的上、下极限偏差计算

解：由公式（2-1），可知轴的上、下极限偏差为

$\mathrm{es}=d_{\max}-d=60.018-60=+0.018\mathrm{mm}$

ei=d_{min}−d=59.988−60=−0.012mm

2. 尺寸公差（简称公差）

允许尺寸的变动量称为尺寸公差。公差是设计时根据零件要求的精度并考虑加工时的经济性能，对尺寸的变动范围给定的允许值。由于合格零件的尺寸只能在上极限尺寸与下极限尺寸之间的范围内变动，而变动只涉及大小，因此用绝对值定义。所以公差等于上极限尺寸与下极限尺寸之代数差的绝对值，也等于上极限偏差与下极限偏差的代数差的绝对值。孔和轴的公差分别以 T_h 和 T_s 表示，则其表达式为

$$T_h=|D_{max}-D_{min}|$$

$$T_s=|d_{max}-d_{min}| \quad (2\text{-}2)$$

由公式（2-1）可得

$$D_{max}=D+\mathrm{ES}$$

$$D_{min}=D+\mathrm{EI}$$

代入公式（2-2）中可得

$$T_h=|D_{max}-D_{min}|=|(D+\mathrm{ES})-(D+\mathrm{EI})|$$

$$T_h=|\mathrm{ES}-\mathrm{EI}|$$

$$T_s=|\mathrm{es}-\mathrm{ei}| \quad (2\text{-}3)$$

以上公式说明：公差又等于上极限偏差与下极限偏差代数差的绝对值。

【特别提示】

从以上叙述可以看出，尺寸公差是用绝对值来定义的，没有正负的含义，因此在公差值的前面不能标出“+”或“−”；同时因加工误差不可避免，即零件的提取组成要素的局部尺寸总是变动的，所以公差不能取零值，这两点与偏差是不同的。

从加工的角度看，公称尺寸相同的零件，公差值越大，加工就越容易；反之加工就越困难。

【例 2.2】 求轴$\phi 25^{-0.007}_{-0.020}$ 的尺寸公差（见图 2-7）。

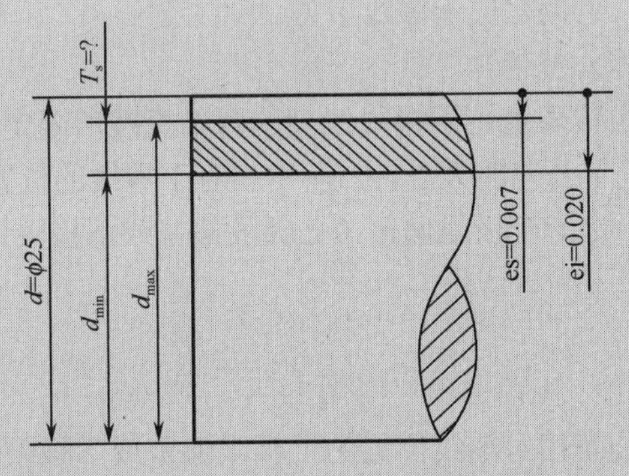

图 2-7 轴的尺寸公差计算示例

解：利用公式（2-1）进行计算得

$$d_{max}=d+\mathrm{es}=25+(-0.007)=24.993\text{mm}$$

$$d_{mim}=d+\mathrm{ei}=25+(-0.020)=24.980\text{mm}$$

利用公式（2-2）进行计算得

$$T_s=|d_{max}-d_{mim}|=|24.993-24.980|=0.013\text{mm}$$

利用公式（2-3）进行计算得

$$T_s=|es-ei|=|(-0.007)-(-0.020)|=0.013\text{mm}$$

【讨论】

求公差的大小可以采用极限尺寸和极限偏差两种方法，哪一种简单？

3. 公差带图、零线、尺寸公差带

为了清晰地表示上述各量及其相互关系，一般采用极限与配合的示意图，在图中将公差和极限偏差部分放大，如图 2-8 所示。从图中可以直观地看出公称尺寸、极限尺寸、极限偏差和公差之间的关系。由于公差及偏差的数值与公称尺寸数值相比要小得多，不便用同一比例表示，所以在实际应用中，为了简化，只画出放大的孔、轴公差带来分析问题，这种方法称为公差带图解。图 2-9 就是图 2-8 的公差带图。

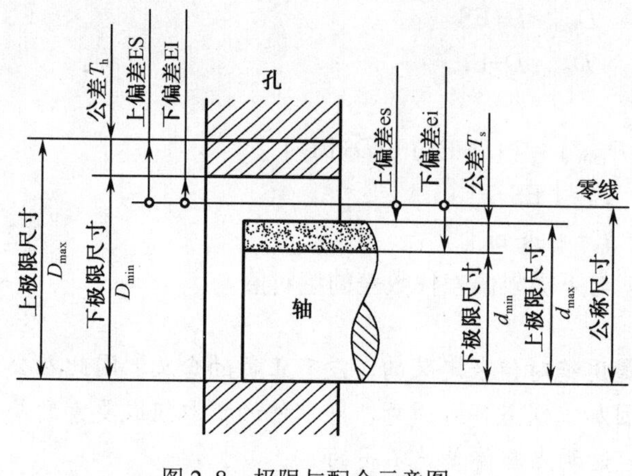

图 2-8　极限与配合示意图

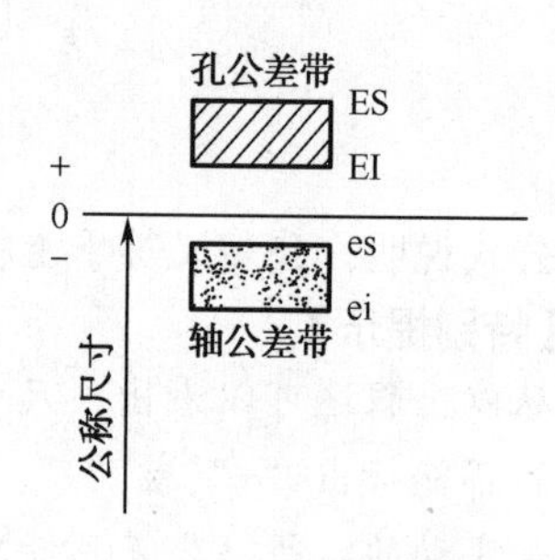

图 2-9　公差带图

（1）零线

在公差带图中，确定偏差的一条基准直线称为零线，即零偏差线。通常零线表示公称尺寸。正偏差位于零线上方，负偏差位于零线下方。

（2）尺寸公差带（简称公差带）

在尺寸公差带图中，由代表上、下极限偏差的两条直线所限定的一个区域称为尺寸公差带。尺寸公差带的大小取决于公差的大小，公差带相对于零线的位置取决于极限偏差的大小。只有既给定公差大小，又给定一个极限偏差（上极限偏差或下极限偏差），才能完整地描述一个公差带。

4. 基本偏差

基本偏差是用来确定公差相对零线位置的上极限偏差或下极限偏差，一般指靠近零线的那个极限偏差。当公差带位于零线上方时，其基本偏差为下极限偏差；位于零线下方时，其基本偏差为上极限偏差；当公差带对称于零线时，两者皆可，如图 2-10 所示。

【特别提示】

尺寸公差带的大小由尺寸公差的大小决定，公差带相对于零线的位置由基本偏差决定。

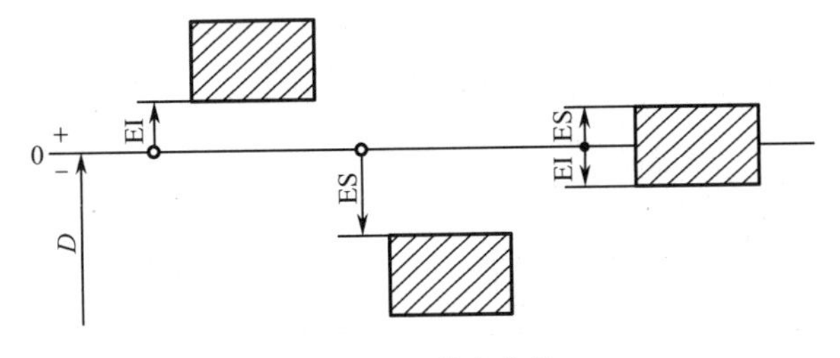

图 2-10 基本偏差

2.1.4 配合

1. 配合定义

公称尺寸相同、相互结合的孔和轴的公差带之间的关系称为配合。由于配合是指一批孔、轴的装配关系，而不是指单个孔与轴的装配关系，所以用公差带关系来反映配合比较确切。装配后的松紧程度，即装配的性质取决于相互配合的孔和轴公差带之间的关系。

2. 间隙与过盈

孔的尺寸减去相配合的轴的尺寸所得的代数差，此差值为正时是间隙，一般用“*X*”表示；为负时是过盈，一般用“*Y*”表示。非零间隙数值前应标有“+”号；非零过盈数值前应标“−”号。在孔和轴的配合中，间隙的存在是配合后能产生相对运动的基本条件，而过盈的存在是为了保证配合零件位置固定或传递载荷，如图 2-11 所示。

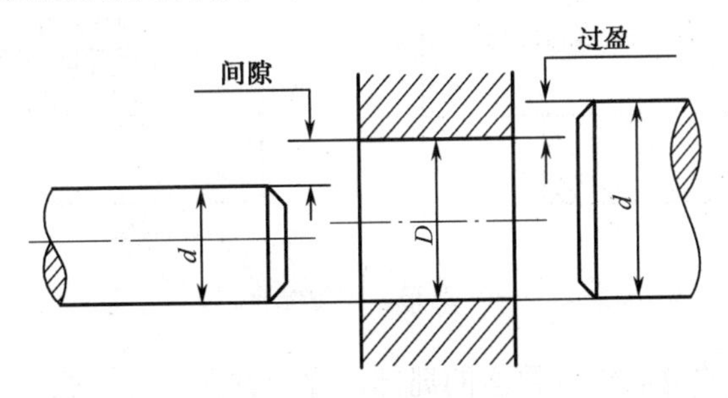

图 2-11 间隙或过盈

3. 间隙配合

具有间隙（包括最小间隙等于零）的配合称为间隙配合。某一规格的一批孔和某一规格的一批轴（孔、轴的公称尺寸相同），任选其中的一对孔、轴，则孔的尺寸总是大于或等于轴的尺寸，其代数差为正值或零，则这批孔与这批轴的配合为间隙配合。当其代数差为零时，则是间隙配合中的一种形式——零间隙。间隙配合时，孔的公差带在轴的公差带之上，如图 2-12 所示。

由于孔、轴的提取组成要素的局部尺寸允许在其公差带内变动，因而其配合的间隙是变动的。由图可知：

$$X_{max}=D_{max}-d_{min}=ES-ei \qquad X_{min}=D_{min}-d_{max}=EI-es$$

$$X_{av}=\frac{1}{2}(X_{max}+X_{min})$$

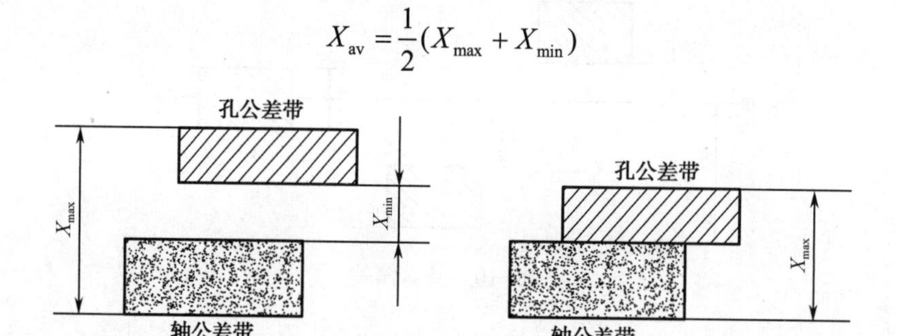

图 2-12　间隙配合

间隙配合主要用于孔、轴间的活动连接。间隙的作用在于储藏润滑油，补偿温度引起的变化，补偿弹性变形及制造与安装误差等。间隙的大小影响孔、轴相对运动的活动程度。

4．过盈配合

具有过盈（包括最小过盈等于零）的配合称为过盈配合。某一规格的一批孔和某一规格的一批轴（两者公称尺寸相同），任取其中一对孔、轴，则孔的尺寸总是小于或等于轴的尺寸，其代数差为负值或零，则这批孔与这批轴的配合为过盈配合。当其代数差为零时，则是过盈配合中的一种形式——零过盈。过盈配合时，孔的公差带在轴的公差带之下，如图 2-13 所示。

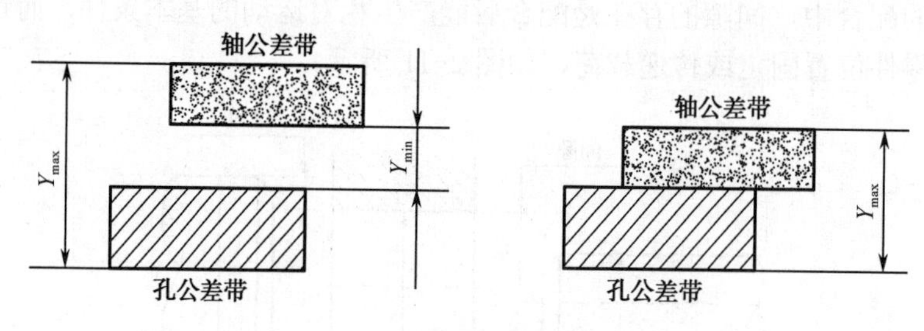

图 2-13　过盈配合

同样，由于孔、轴的提取组成要素的局部尺寸允许在其公差带内变动，因而其配合的过盈是变动的。由图可知：

$$Y_{max}=D_{min}-d_{max}=EI-es \qquad Y_{min}=D_{max}-d_{min}=ES-ei$$

$$Y_{av}=\frac{1}{2}(Y_{max}+Y_{min})$$

过盈配合用于孔、轴间的紧密连接，不允许两者有相对运动。

5．过渡配合

可能具有间隙或过盈的配合称为过渡配合。某一规格的一批孔和某一规格的一批轴（两者公称尺寸相同），任取其中一对孔、轴，则孔的尺寸可能大于也可能小于或等于轴的尺寸，其代数差可能为正值，也可能为负值或零，则这批孔与这批轴的配合为过渡配合。可以说过渡配合是介于间隙配合与过盈配合之间的一种配合。过渡配合时，孔的公差带与轴的公差带相互交叠，其极限盈隙值为最大间隙 X_{max} 和最大过盈 Y_{max}，如图 2-14 所示。

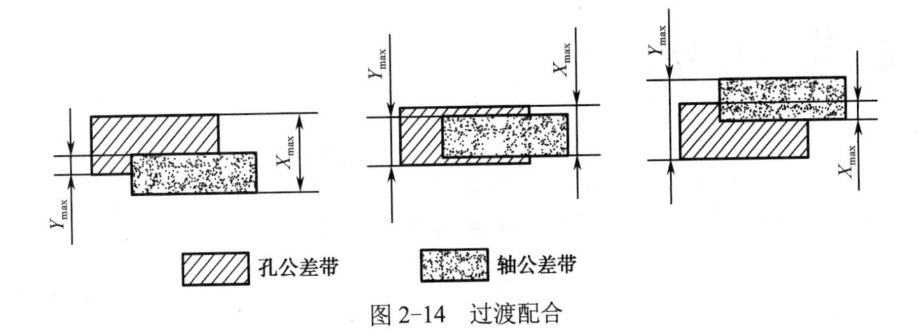

图 2-14　过渡配合

由图可知：

$$X_{max}=D_{max}-d_{min}=ES-ei \qquad Y_{max}=D_{min}-d_{max}=EI-es$$

$$X_{av}(Y_{av})=\frac{1}{2}(X_{max}+Y_{max})$$

过渡配合主要用于孔、轴的定位连接。标准中规定的过渡配合的间隙或过盈一般较小，因此可以保证结合零件具有很好的同轴度，并且便于拆卸和装配。

6．配合公差 T_f

配合公差是允许间隙或过盈的变动量。对间隙配合 $T_f=|X_{max}-X_{min}|$，对过盈配合 $T_f=|Y_{min}-Y_{max}|$，对过渡配合 $T_f=|X_{max}-Y_{max}|$。把极限尺寸或极限偏差代入以上公式，可得关系式 $T_f=T_h+T_s$。

当公称尺寸一定时，配合公差 T_f 表示配合的精确程度，反映了设计使用要求；而孔公差 T_h 和轴公差 T_s 则分别表示孔、轴加工的精确程度，反映了工艺制造要求和加工的难易程度。通过关系式 $T_f=T_h+T_s$，将这两方面的要求联系在一起。若使用要求或设计要求提高，即 T_f 减小，则 T_h+T_s 也要减小，则加工更困难，成本也相应增加。

【特别提示】

公差的实质，反映出机器使用要求与制造要求的矛盾，或设计与工艺的矛盾。

7．配合公差带

配合公差带的大小表示配合的精度。可用配合公差带图来直观地表达配合性质。在配合公差带图中，横坐标为零线，表示间隙或过盈为零；零线上方的纵坐标为正值，代表间隙 X，零线下方的纵坐标为负值，代表过盈 Y。配合公差带两端的坐标值，代表极限间隙或极限过盈，它反映了配合的松紧程度；上、下两端间的距离为配合公差 T_f，它反映配合的松紧变化程度，如图 2-15 所示。

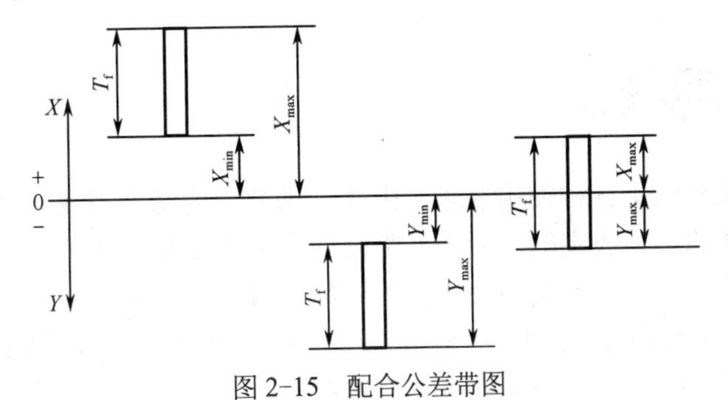

图 2-15　配合公差带图

由图 2-1 中孔、轴的尺寸标注可知：孔的公称尺寸为ϕ25，上极限尺寸为ϕ25.021，下极限尺寸为ϕ25，上极限偏差为+0.021，下极限偏差为 0，公差为 0.021，基本偏差为下极限偏差 0；轴的公称尺寸为ϕ25，上极限尺寸为ϕ25.048，下极限尺寸为ϕ25.035，上极限偏差为+0.048，下极限偏差为+0.035，公差为 0.013，基本偏差为下极限偏差+0.035。由于孔、轴的公称尺寸相同，配合时孔的公差带在轴的公差带之下，所以是过盈配合，且最大过盈为-0.048，最小过盈为-0.014，配合公差为 0.034，其尺寸公差带图如图 2-16 所示。

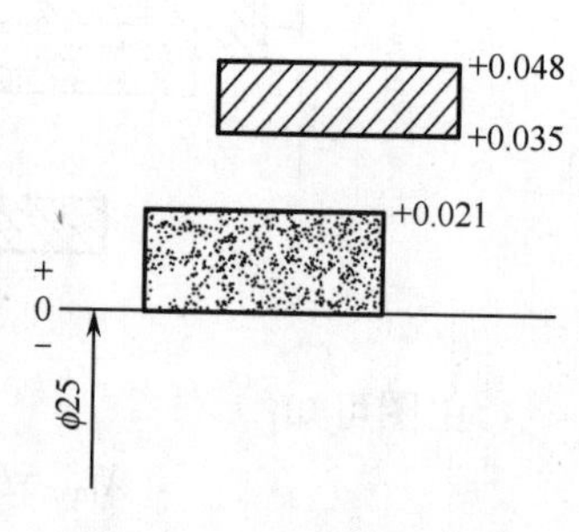

图 2-16　尺寸公差带图

任务 2　识读尺寸公差及配合标注

图 1-1 所示减速器中输出轴端盖与箱体座孔的极限与配合如图 2-17 所示，试解释端盖与箱体座孔配合公差代号ϕ100J7/f9 的含义。

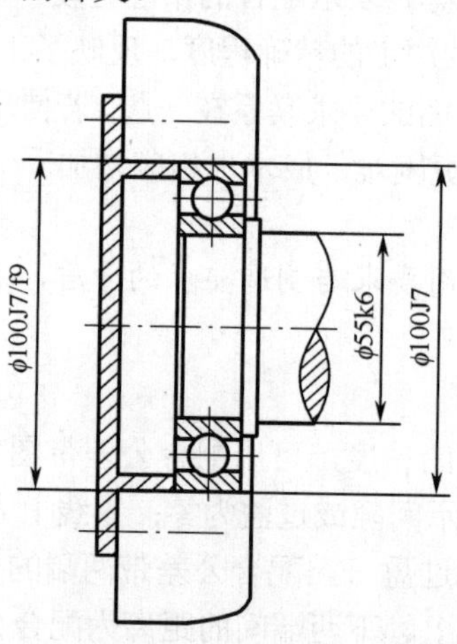

图 2-17　减速器输出轴端盖与箱体孔的极限与配合

为了实现互换性和满足各种使用要求，由孔、轴公差带结合形成各种配合。各种配合是由孔和轴公差带之间的关系决定的，而公差带有两个基本参数，即公差带的大小和位置。标准公差决定公差带的大小，基本偏差决定公差带的位置。为了使公差与配合实现标准化，国家标准 GB/T 1800.1—2009《产品几何技术规范（GPS）极限与配合 第 1 部分：公差、偏差和配合的基础》规定了标准公差系列和基本偏差系列。

2.2.1 基准制

所谓基准制，即以两个相配合零件中的一个为基准件，并选定标准公差带，然后按使用要求的最小间隙或最小过盈确定非基准件公差带位置，从而形成各种配合的一种制度。

1. 基孔制

它是基本偏差为一定的孔公差带与不同基本偏差的轴公差带形成各种配合的一种制度，如图 2-18（a）所示。基孔制中配合的孔称为基准孔，它是配合的基准件。标准规定，基准孔的基本偏差（下偏差）为零，即 EI=0；而上偏差为正值，即公差带在零线上侧。

基孔制中配合的轴为非基准件，如图 2-18（a）所示。当轴的基本偏差为上极限偏差且为负值或零时，是间隙配合；基本偏差为下极限偏差且为正值时，若孔与轴公差带相交叠为过渡配合，相错开为过盈配合。另外，在图 2-18（a）中，轴的另一极限偏差用一条虚线画出，以示意其位置随公差带大小而变化的范围。这样，随着孔与轴的另一极限偏差线位置之间的关系不同，在过渡配合与过盈配合之间，出现了配合类别不确定的“过渡配合或过盈配合”区。

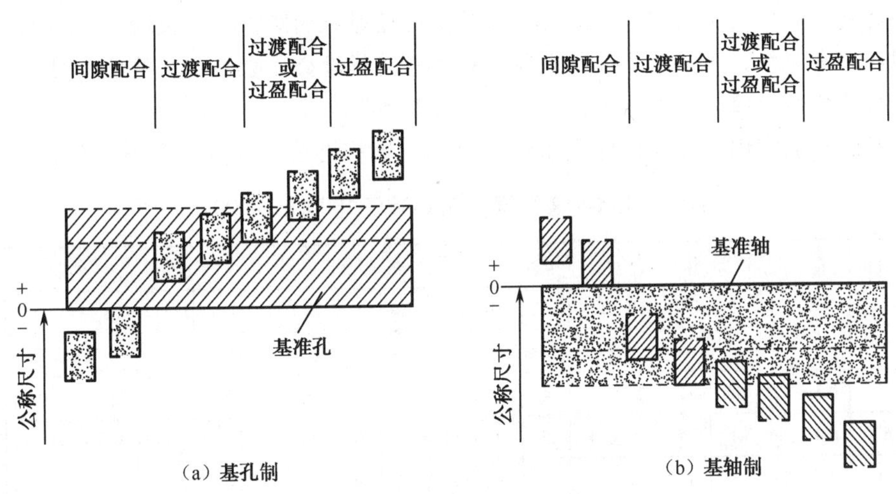

图 2-18 基孔制与基轴制

2. 基轴制

它是基本偏差为一定的轴的公差带与不同基本偏差的孔形成各种配合的制度，如图 2-18（b）所示。

基轴制中配合的轴称为基准轴，是配合的基准件，而孔为非基准件。标准规定，基准轴的基本偏差（上偏差）为零，即 es=0；而下偏差为负值，即公差带在零线下侧。与基孔制相似，随着基准轴与相配孔公差之间相互关系不同，可形成不同松紧程度的间隙配合、过渡配合和过盈配合。

2.2.2 标准公差系列

标准公差是国标规定的用来确定公差带大小的任一公差值。标准公差系列是由不同公差等级和不同公称尺寸的标准公差构成的。

1．公差等级

确定尺寸精确程度的等级称为公差等级。规定和划分公差等级的目的，是简化和统一对公差的要求，使规定的公差等级既能满足广泛的不同使用要求，又能大致代表各种加工方法的精度。这样既有利于设计，也有利于制造。

在机械产品中，公称尺寸小于或等于 500mm 的零件应用最广，因此这一尺寸段称为常用尺寸段。在国家标准中，常用尺寸范围内规定了 20 个标准公差等级，用 IT（国际公差）和阿拉伯数字表示，公差（精度）等级代号分别为IT01、IT0、IT1、IT2～IT18，其中 IT01 精度等级最高，其他等级依次降低，IT18 等级最低。

2．尺寸分段

实践证明，公差等级相同而公称尺寸相近的公差数值差别不大。为了减少标准公差数目、统一公差值、简化公差表格以及便于实际应用，国家标准将公称尺寸分成若干段。尺寸分段后，对同一尺寸段内的所有公称尺寸，在相同的公差等级的情况下规定相同的标准公差。

【特别提示】

在公称尺寸相同的条件下，标准公差数值随公差等级的降低而依次增大，加工难度依次降低。同一公差等级、同一尺寸分段内各公称尺寸的标准公差数值是相同的。同一公差等级对所有公称尺寸的一组公差也被认为具有同等的精确程度。

机械制造行业常用尺寸（公称尺寸至 500mm）的标准公差数值如表 2-1 所示。

表 2-1　标准公差数值（摘自 GB/T 1800.1—2009）

公称尺寸/mm		公差等级																			
		IT01	IT0	IT1	IT2	IT3	IT4	IT5	IT6	IT7	IT8	IT9	IT10	IT11	IT12	IT13	IT14	IT15	IT16	IT17	IT18
大于	至	μm													mm						
—	3	0.3	0.5	0.8	1.2	2	3	4	6	10	14	25	40	60	0.10	0.14	0.25	0.40	0.60	1.0	1.4
3	6	0.4	0.6	1	1.5	2.5	4	5	8	12	18	30	48	75	0.12	0.18	0.30	0.48	0.75	1.2	1.8
6	10	0.4	0.6	1	1.5	2.5	4	6	9	15	22	36	58	90	0.15	0.22	0.36	0.58	0.90	1.5	2.2
10	18	0.5	0.8	1.2	2	3	5	8	11	18	27	43	70	110	0.18	0.27	0.43	0.70	1.10	1.8	2.7
18	30	0.6	1	1.5	2.5	4	6	9	13	21	33	52	84	130	0.21	0.33	0.52	0.84	1.30	2.1	3.3
30	50	0.6	1	1.5	2.5	4	7	11	16	25	39	62	100	160	0.25	0.39	0.62	1.00	1.60	2.5	3.9
50	80	0.8	1.2	2	3	5	8	13	19	30	46	74	120	190	0.30	0.46	0.74	1.20	1.90	3.0	4.6
80	120	1	1.5	2.5	4	6	10	15	22	35	54	87	140	220	0.35	0.54	0.87	1.40	2.20	3.5	5.4
120	180	1.2	2	3.5	5	8	12	18	25	40	63	100	160	250	0.40	0.63	1.00	1.60	2.50	4.0	6.3
180	250	2	3	4.5	7	10	14	20	29	46	72	115	185	290	0.46	0.72	1.15	1.85	2.90	4.6	7.2
250	315	2.5	4	6	8	12	16	23	32	52	81	130	210	320	0.52	0.81	1.30	2.10	3.20	5.2	8.1
315	400	3	5	7	9	13	18	25	36	57	89	140	230	360	0.57	0.89	1.40	2.30	3.60	5.7	8.9
400	500	4	6	8	10	15	20	27	40	63	97	155	250	400	0.63	0.97	1.55	2.50	4.00	6.3	9.7

注：公称尺寸小于或等于 1mm 时，无 IT14～IT18。

2.2.3 基本偏差系列

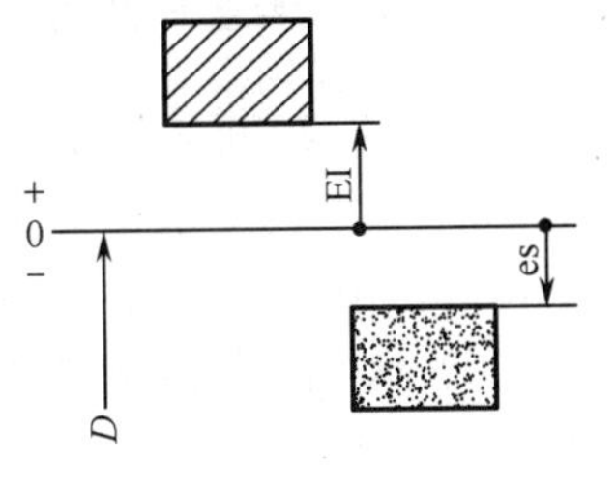

图 2-19 基本偏差

基本偏差是指两个极限偏差中靠近零线或位于零线的那个偏差。因此公差带在零线之上的，以下极限偏差为基本偏差；公差带在零线之下的，以上极限偏差为基本偏差。如图 2-19 所示，孔的基本偏差为下极限偏差（EI），轴的基本偏差为上极限偏差（es）。

1. 基本偏差代号

公差带是由公差带大小和公差带位置两部分构成的，大小由标准公差决定，而位置则由基本偏差确定。为满足机器中各种不同性质和不同松紧程度的配合，需要一系列不同的公差带位置以组成各种不同的配合。

国家标准中已经将基本偏差标准化，孔和轴分别规定了 28 种公差带位置，用拉丁字母表示。大写字母表示孔，小写字母表示轴。26 个字母中除去 5 个容易与其他含义混淆的字母 I（i）、L（l）、O（o）、Q（q）、W（w），剩下的 21 个字母加上 7 个双写的字母 CD（cd）、EF（ef）、FG（fg）、JS（js）、ZA（za）、ZB（zb）、ZC（zc），共 28 种，作为基本偏差的代号。这 28 种基本偏差构成基本偏差系列，如图 2-20 所示。

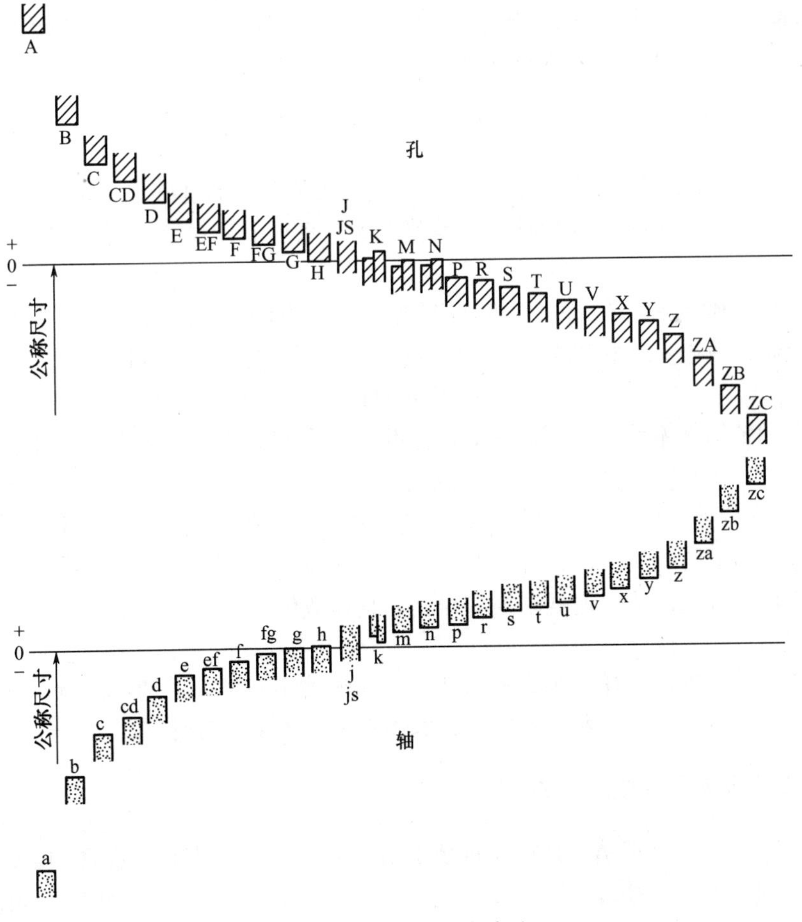

图 2-20 基本偏差系列

2. 基本偏差系列特点

从图 2-20 可以看出，这些基本偏差的主要特点如下：

① 基本偏差系列中的 H（h）其基本偏差为零，即 H 的下极限偏差 EI=0，h 的上极限偏差 es=0。由前述可知，H 和 h 分别为基准孔和基准轴的基本偏差代号。

② JS（js）与零线对称；上极限偏差 ES（es）= +IT/2，下极限偏差 EI（ei）= −IT/2，上、下极限偏差均可作为基本偏差。以 J 和 j 为基本偏差组成的公差带跨在零线上，不对称分布，它们的基本偏差不一定是靠近零线的那个偏差。JS（js）将逐渐取代近似对称的偏差 J 和 j，所以在新的国家标准中，孔仅保留了 J6，J7，J8，轴仅保留了 j5，j6，j7 和 j8 等几种。因此，在基本偏差系列中将 J 和 j 放在 JS 和 js 的位置上。

③ 在孔的基本偏差系列中，A～H 的基本偏差为下极限偏差 EI（为正值或零）；J～ZC 的基本偏差为上极限偏差 ES（多为负值）。

④ 在轴的基本偏差系列中，a～h 的基本偏差为上极限偏差 es（为负值或零）；j～zc 的基本偏差为下极限偏差 ei（多为正值）。

⑤ K、M、N 的基本偏差为上极限偏差；k 的基本偏差为下极限偏差；因精度等级不同，其基本偏差数值不同，故同一代号有两个位置。

⑥ 在基本偏差系列图中，仅绘出了公差带的一端，对公差带的另一端未绘出“开口”，因为它取决于公差等级和这个基本偏差的组合。

3. 基本偏差数值

① 轴的基本偏差的确定。轴的各种基本偏差是在基孔制的基础上制定的，是根据生产实践经验和科学实验，对于轴的各种基本偏差整理为一系列的计算公式得到的，具体数值列于表 2-2 中。

轴的基本偏差确定后，在已知公差等级的情况下，即可确定轴的另一极限偏差。例如，轴的基本偏差为上偏差 es，标准公差为 IT，则可算出另一极限偏差 ei 为

$$ei=es-IT$$

同样，已知轴的基本偏差为下偏差 ei，标准公差为 IT，则可算出另一极限偏差 es 为

$$es=ei+IT$$

② 孔的基本偏差的确定。孔的基本偏差是在基轴制基础上制定的。由于基轴制与基孔制是两种平行等效的配合制度，所以孔的基本偏差不需要另外制定一套计算公式，而是根据同一字母的轴的基本偏差，按一定规则换算得到，具体数值列于表 2-3 中。

【特别提示】

在实际应用中，不论选择同级公差的孔、轴，还是不同级公差的孔、轴，也不论选用哪一种代号的配合，均可直接从表格中查出基本偏差值，不必另行计算。

4. 各种基本偏差所形成配合的特征

① 间隙配合：a～h（或 A～H）11 种基本偏差与基准孔的基本偏差 H（或基准轴的基本偏差 h）形成间隙配合。其中 a 与 H（或 A 与 h）形成配合的间隙最大。此后，间隙依次减小，基本偏差 h 与 H 所形成配合的间隙最小，该配合的最小间隙为零。

② 过渡配合：js，j，k，m，n（或 JS，J，K，M，N）5 种基本偏差与基准孔基本偏差 H（或基准轴基本偏差 h）形成过渡配合。其中 js 与 H（或 JS 与 h）形成的配合较松，获得间隙的概率较大。此后，配合依次变紧，n 与 H（或 N 与 h）形成的配合较紧，获得过盈的概率较大。而标准公差等级很高的 n 与 H（或 N 与 h）形成的配合则为过盈配合。

③ 过盈配合：p～zc（或 P～ZC）12 种基本偏差与基准孔的基本偏差 H（或基准轴的基本偏差 h）形成过盈配合。其中 p 与 H（或 P 与 h）形成配合的过盈最小。此后，过盈依次增大，基本偏差 zc 与 H（或 ZC 与 h）所形成配合的过盈最大。

5. 公差带代号和配合代号

把孔、轴基本偏差代号和公差等级代号组合，就组成它们的公差带代号。例如，孔公差带代号 H7，F8，M6，K5 等，轴的公差带代号 h7，f8，m6，v5 等。注有公差的尺寸可以表示为 $\phi45^{+0.039}_{0}$、ϕ45H8 或 ϕ45H8（$^{+0.039}_{0}$）。把孔和轴公差带代号组合，就组成配合代号。用分数形式表示，分子代表孔，分母代表轴，如 ϕ45H8/f7、ϕ50H7/m6、ϕ50M7/h6 等，如图 2-21 所示。

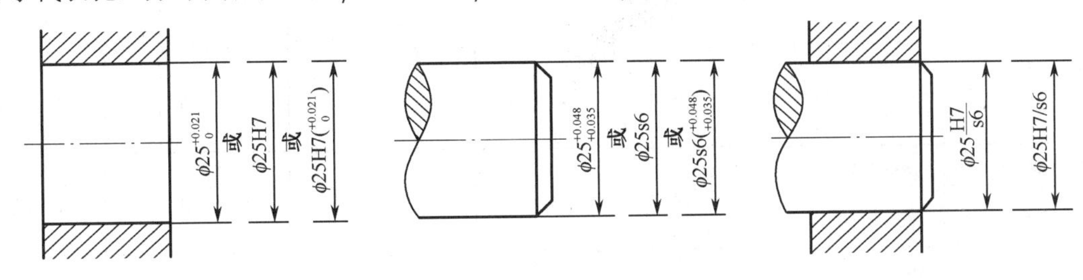

图 2-21 孔、轴尺寸及配合尺寸的标注

【特别提示】

如图 2-21 所示配合尺寸的标注为常见的孔与轴都是非标准件的配合代号在装配图上的标注形式，当孔与轴有一个是标准件时，装配图上只在非标准件的公称尺寸后标注出基本偏差代号与公差等级。如减速器箱体座孔、输出轴轴颈与轴承的配合代号如图 2-17 所示。

6. 应用举例

【例 2.3】 确定 ϕ35 H7/g6 及 ϕ35 G7/h6 配合中孔与轴的极限偏差。

解 由表 2-1 查得，IT6=16μm，IT7=25μm。

由表 2-2 查得，g 的基本偏差 es=−9μm。

则

ϕ35 H7：ES=+25μm，ES=0

ϕ35 g6：es=−9μm，ei=es-IT6=−9−16=−25μm

查表 2-3 得 G 的基本偏差 EI=+9μm。

故

ϕ35 G7：ES=EI+IT7=9+25=+34μm，EI=+9μm

ϕ35 h6：es=0，ei=es-IT6=0−16=−16μm

因而两对孔、轴配合可以表示为图 2-22 所示。

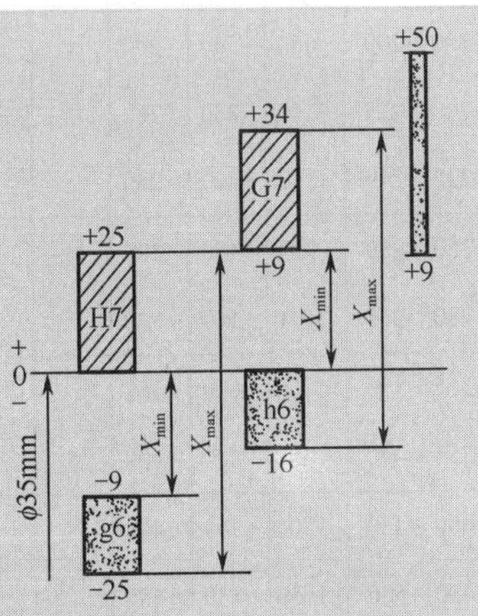

图 2-22 配合孔轴公差带

从图中可以看到 ϕ35 H7/g6 及 ϕ35 G7/h6 两对配合的最大间隙与最小间隙均相等，即配合性质相同。

表 2-2　轴的基本偏差数值

公称尺寸/mm	基本偏差																
	上极限偏差 es												下极限偏差 ei				
	a	b	c	cd	d	e	ef	f	fg	g	h	js	j			k	
	所有公差等级												5～6	7	8	4～7	≤3 >7
≤3	-270	-140	-60	-34	-20	-14	-10	-6	-4	-2	0	偏差等于 $\pm\frac{IT}{2}$	-2	-4	-6	0	0
>3～6	-270	-140	-70	-46	-30	-20	-14	-10	-6	-4	0		-2	-4	—	+1	0
>6～10	-280	-150	-80	-56	-40	-25	-18	-13	-8	-5	0		-2	-5	—	+1	0
>10～14 >14～18	-290	-150	-95	—	-50	-32	—	-16	—	-6	0		-3	-6	—	+1	0
>18～24 >24～30	-300	-160	-110	—	-65	-40	—	-20	—	-7	0		-4	-8	—	+2	0
>30～40 >40～50	-310 -320	-170 -180	-120 -130	—	-80	-50	—	-25	—	-9	0		-5	-10	-	+2	0
>50～65 >65～80	-340 -360	-190 -200	-140 -150	—	-100	-60	—	-30	—	-10	0		-7	-12	—	+2	0
>80～100 >100～120	-380 -410	-220 -240	-170 -180	—	-120	-72	—	-36	—	-12	0		-9	-15	—	+3	0
>120～140 >140～160 >160～180	-460 -520 -580	-260 -280 -310	-200 -210 -230	—	-145	-85	—	-43	—	-14	0		-11	-18	—	+3	0
>180～200 >200～225 >225～250	-660 -740 -820	-340 -380 -420	-240 -260 -280	—	-170	-100	—	-50	—	-15	0		-13	-21	—	+4	0
>250～280 >280～315	-920 -1050	-480 -540	-300 -330	—	-190	-110	—	-56	—	-17	0		-16	-26	—	+4	0
>315～355 >355～400	-1200 -1350	-600 -680	-360 -400	—	-210	-125	—	-62	—	-18	0		-18	-28	—	+4	0
>400～450 >450～500	-1500 -1650	-760 -840	-440 -480	—	-230	-135	-	-68	—	-20	0		-20	-32	—	+5	0

注：① 公称尺寸小于 1mm 时，各级的 a 和 b 均不采用；

② js 的数值：对 IT7～IT11，若 IT 的数值（μm）为奇数，则取 js=±（ITn-1）/2。

（摘自 GB/T 1800.1—2009）

单位：μm

公称尺寸/mm	基本偏差													
	下极限偏差 ei													
	m	n	p	r	s	t	u	v	x	y	z	za	zb	zc
	所有公差等级													
≤3	+2	+4	+6	+10	+14	—	+18	—	+20	—	+26	+32	+40	+60
>3～6	+4	+8	+12	+15	+19	—	+23	—	+28	—	+35	+42	+50	+80
>6～10	+6	+10	+15	+19	+23	—	+28	—	+34	—	+42	+52	+67	+97
>10～14	+7	+12	+18	+23	+28	—	+33	—	+40	—	+50	+64	+90	+130
>14～18								+39	+45	—	+60	+77	+108	+150
>18～24	+8	+15	+22	+28	+35	—	+41	+47	+54	+63	+73	+98	+136	+188
>24～30						+41	+48	+55	+64	+75	+88	+118	+160	+218
>30～40	+9	+17	+26	+34	+43	+48	+60	+68	+80	+94	+112	+148	+220	+274
>40～50						+54	+70	+81	+97	+114	+136	+180	+242	+325
>50～65	+11	+20	+32	+41	+53	+66	+87	+102	+122	+144	+172	+226	+300	+405
>65～80				+43	+59	+75	+102	+120	+146	+174	+210	+274	+360	+480
>80～100	+13	+23	+37	+51	+71	+91	+124	+146	+178	+214	+258	+335	+445	+585
>100～120				+54	+79	+104	+144	+172	+210	+256	+310	+400	+525	+690
>120～140	+15	+27	+43	+63	+92	+122	+170	+202	+248	+300	+365	+470	+620	+800
>140～160				+65	+100	+134	+190	+228	+280	+340	+415	+535	+700	+900
>160～180				+68	+108	+146	+210	+252	+310	+380	+465	+600	+780	+1000
>180～200	+17	+31	+50	+77	+122	+166	+236	+284	+350	+425	+520	+670	+880	+1150
>200～225				+80	+130	+180	+258	+310	+385	+470	+575	+740	+960	+1250
>225～250				+84	+140	+196	+284	+340	+425	+520	+640	+820	+1050	+1350
>250～280	+20	+34	+56	+94	+158	+218	+315	+385	+475	+580	+710	+920	+1200	+1550
>280～315				+98	+170	+240	+350	+425	+525	+650	+790	+1000	+1300	+1700
>315～355	+21	+37	+62	+108	+190	+268	+390	+475	+590	+730	+900	+1150	+1500	+1900
>355～400				+114	+208	+294	+435	+530	+660	+820	+1000	+1300	+1650	+2100
>400～450	+23	+40	+68	+126	+232	+330	+490	+595	+740	+920	+1100	+1450	+1850	+2400
>450～500				+132	+252	+360	+540	+660	+820	+1000	+1250	+1600	+2100	+2600

表 2-3　孔的基本偏差数值

公称尺寸/mm	基本偏差																		
	下极限偏差 EI												上极限偏差 ES						
	A	B	C	CD	D	E	EF	F	FG	G	H	JS	J			K		M	
	所有的公差等级												6	7	8	≤8	>8	≤8	>8
≤3	+270	+140	+60	+34	+20	+14	+10	+6	+4	+2	0	偏差等于 $\pm\frac{IT}{2}$	+2	+4	+6	0	0	−2	−2
>3～6	+270	+140	+70	+36	+30	+20	+14	+10	+6	+4	0		+5	+6	+10	$-1+\Delta$	—	$-4+\Delta$	−4
>6～10	+280	+150	+80	+56	+40	+25	+18	+13	+8	+5	0		+5	+8	+12	$-1+\Delta$	—	$-6+\Delta$	−6
>10～14	+290	+150	+95	—	+50	+32	—	+16	—	+6	0		+6	+10	+15	$-1+\Delta$	—	$-7+\Delta$	−7
>14～18																			
>18～24	+300	+160	+110	—	+65	+40	—	+20	—	+70	0		+8	+12	+20	$-2+\Delta$	—	$-8+\Delta$	−8
>24～30																			
>30～40	+310	+170	+120	—	+80	+50	—	+25	—	+9	0		+10	+14	+24	$-2+\Delta$	—	$-9+\Delta$	−9
>40～50	+320	+180	+130																
>50～65	+340	+190	+140	—	+100	+60	—	+30	—	+10	0		+13	+18	+28	$-2+\Delta$	—	$-11+\Delta$	−11
>65～80	+360	+200	+150																
>80～100	+380	+220	+170	—	+120	+72	—	+36	—	+12	0		+16	+22	+34	$-3+\Delta$	—	$-13+\Delta$	−13
>100～120	+410	+240	+180																
>120～140	+440	+260	+200	—	+145	+85	—	+43	—	+14	0		+18	+26	+41	$-3+\Delta$	—	$-15+\Delta$	−15
>140～160	+520	+280	+210																
>160～180	+580	+310	+230																
>180～200	+660	+340	+240	—	+170	+100	—	+50	—	+15	0		+22	+30	+47	$-4+\Delta$	—	$-17+\Delta$	−17
>200～225	+740	+380	+260																
>225～250	+820	+420	+280																
>250～280	+920	+480	+300	—	+190	+110	—	+56	—	+17	0		+25	+36	+55	$-4+\Delta$	—	$-20+\Delta$	−20
>280～315	+1050	+540	+330																
>315～355	+1200	+600	+360	—	+120	+150	—	+62	—	+18	0		+29	+39	+60	$-4+\Delta$	—	$-21+\Delta$	−21
>355～400	+1350	+680	+400																
>400～450	+1500	+760	+440	—	+230	+135	—	+68	—	+20	0		+33	+43	+66	$-5+\Delta$	—	$-23+\Delta$	−23
>450～500	+1650	+840	+480																

注：① 公称尺寸小于 1mm 时，各级的 A 和 B 及大于 8 级的 N 均不采用；

② JS 的数值，对 IT7～IT11，若 IT 的数值（μm）为奇数，则取 JS=±(ITn−1）/2；

③ 特殊情况：当公称尺寸大于 250mm～315mm 时，M6 的 ES 等于−9μm（不等于−11μm）。

（摘自 GB/T 1800.1—2009）　　　　单位：μm

公称尺寸/mm	基本偏差															Δ/μm					
	上极限偏差 ES																				
	N		P～ZC	P	R	S	T	U	V	X	Y	Z	ZA	ZB	ZC						
	≤8	>8	≤7	>7												3	4	5	6	7	8
≤3	-4	-4	在大于7级的相应数值上增加一个Δ值	-6	-10	-14	—	-18	—	-20	—	-26	-32	-40	-60	0					
>3～6	-8+Δ	0		-12	-15	-19	—	-23	—	-28	—	-35	-42	-50	-80	1	1.5	1	3	4	6
>6～10	-10+Δ	0		-15	-19	-23	—	-28	—	-34	—	-42	-52	-67	-97	1	1.5	2	3	6	7
>10～14 >14～18	-12+Δ	0		-18	-23	-28	—	-33	— -39	-40 -45	— —	-50 -60	-64 -77	-90 -108	-130 -150	1	2	3	3	7	9
>18～24 >24～30	-15+Δ	0		-22	-28	-35	— -41	-41 -48	-47 -55	-54 -64	-65 -75	-73 -88	-98 -118	-136 -160	-188 -218	1.5	2	3	4	8	12
>30～40 >40～50	-17+Δ	0		-26	-34	-43	-48 -54	-60 -70	-68 -81	-80 -95	-94 -114	-112 -136	-148 -180	-200 -242	-274 -325	1.5	3	4	5	9	14
>50～65 >65～80	-20+Δ	0		-32	-41 -43	-53 -59	-66 -75	-87 -102	-102 -120	-122 -146	-144 -174	-172 -210	-226 -274	-300 -360	-400 -480	2	3	5	6	11	16
>80～100 >100～120	-23+Δ	0		-37	-51 -54	-71 -79	-92 -104	-124 -144	-146 -172	-178 -210	-214 -254	-258 -310	-335 -400	-445 -525	-585 -690	2	4	5	7	13	19
>120～140 >140～160 >160～180	-27+Δ	0		-43	-63 -65 -68	-92 -100 -108	-122 -134 -146	-170 -190 -210	-202 -228 -252	-248 -280 -310	-300 -340 -380	-365 -415 -465	-470 -535 -600	-620 -700 -780	-800 -900 -1000	3	4	6	7	15	23
>180～200 >200～225 >225～250	-31+Δ	0		-50	-77 -80 -84	-122 -130 -140	-166 -180 -196	-236 -258 -284	-284 -310 -340	-350 -385 -425	-425 -470 -520	-520 -575 -640	-670 -740 -820	-880 -960 -1050	-1150 -1250 -1350	3	4	6	9	17	26
>250～280 >280～315	-34+Δ	0		-56	-94 -98	-158 -170	-218 -240	-315 -350	-385 -425	-475 -525	-580 -650	-710 -790	-920 -1000	-1200 -1300	-1500 -1700	4	4	7	9	20	29
>315～355 >355～400	-37+Δ	0		-62	-108 -114	-190 -208	-268 -294	-390 -435	-475 -530	-590 -660	-730 -820	-900 -1000	-1150 -1300	-1500 -1650	-1900 -2100	4	5	7	11	21	32
>400～450 >450～500	-40+Δ	0		-68	-126 -132	-232 -252	-330 -360	-490 -540	-595 -660	-740 -820	-920 -1000	-1100 -1250	-1450 -1600	-1850 -2100	-2400 -2600	5	5	7	13	23	34

【验证讨论】

$\phi35$ H7/p6 及 $\phi35$ P7/h6 两对配合的配合性质是否相同？

2.2.4 国标中规定的公差带与配合

1. 孔、轴的一般、常用和优先公差带代号

根据国家标准提供的标准公差和基本偏差，可以组成大量的、不同大小与位置的孔、轴公差带（孔有 543 种，轴有 544 种）。由不同的孔、轴公差带又可以组合成多种多样的配合。如果如此多的公差与配合全部投入使用，显然很不经济。为了尽量减少零件、定值刀具、量具和工艺装备的品种及规格，对公差带和配合的选择应加以限制。因此，国家标准对孔、轴规定了一般公差带、常用公差带和优先公差带。选用公差带时，应按优先、常用、一般公差带的顺序选取。

国家标准规定了一般、常用和优先的轴公差带共 119 种，如图 2-23 所示。其中方框内的 59 种为常用公差带，圆圈内的 13 种为优先公差带。

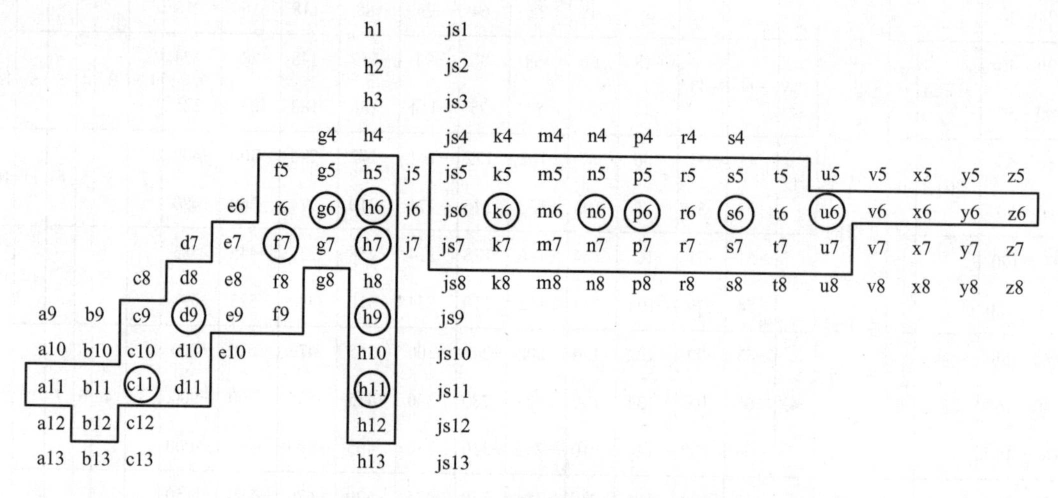

图 2-23　一般、常用和优先的轴公差带

国家标准规定了一般、常用和优先的孔公差带共 105 种，如图 2-24 所示。其中方框内的 44 种为常用公差带，圆圈内的 13 种为优先公差带。

2. 孔、轴常用和优先配合代号

孔、轴公差带进行组合可得 30 万种配合，远远超过了实际需要，因此，国家标准在规定孔、轴公差带选用的基础上，还规定了孔、轴公差带的组合。公称尺寸不大于 500mm 范围内，基孔制规定常用配合 59 种，优先配合 13 种，如表 2-4 所示。基轴制规定常用配合 47 种，优先配合 13 种，如表 2-5 所示。一般情况下，当轴的标准公差等级小于或等于 IT7 级时，与低一级的基准孔相配合；大于或等于 IT8 级时，与同级基准孔相配合；即当孔的标准公差等级小于 IT8 级或少数等于 IT8 级时，与高一级的基准轴相配合，其余与同级基准轴相配合。

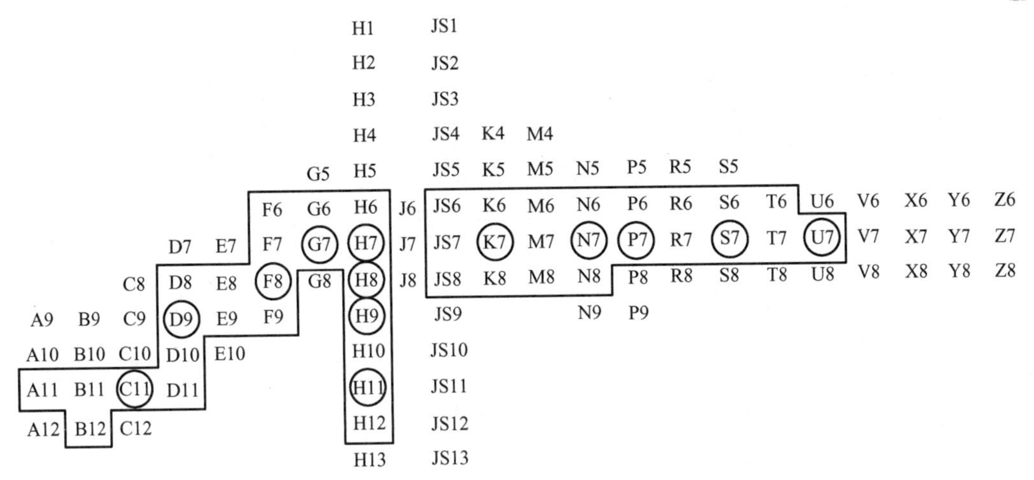

图 2-24 一般、常用和优先的孔公差带

表 2-4 基孔制优先、常用配合（GB/T 1801—2009）

基准孔	轴																				
	a	b	c	d	e	f	g	h	js	k	m	n	p	r	s	t	u	v	x	y	z
	间隙配合								过渡配合				过盈配合								
H6						$\frac{H6}{f5}$	$\frac{H6}{g5}$	$\frac{H6}{h5}$	$\frac{H6}{js5}$	$\frac{H6}{k5}$	$\frac{H6}{m5}$	$\frac{H6}{n5}$	$\frac{H6}{p5}$	$\frac{H6}{r5}$	$\frac{H6}{s5}$	$\frac{H6}{t5}$					
H7						$\frac{H7}{f6}$	◤$\frac{H7}{g6}$	◤$\frac{H7}{h6}$	$\frac{H7}{js6}$	◤$\frac{H7}{k6}$	$\frac{H7}{m6}$	◤$\frac{H7}{n6}$	◤$\frac{H7}{p6}$	$\frac{H7}{r6}$	◤$\frac{H7}{s6}$	$\frac{H7}{t6}$	◤$\frac{H7}{u6}$	$\frac{H7}{v6}$	$\frac{H7}{x6}$	$\frac{H7}{y6}$	$\frac{H7}{z6}$
H8					$\frac{H8}{e7}$	◤$\frac{H8}{f7}$	$\frac{H8}{g7}$	◤$\frac{H8}{h7}$	◤$\frac{H8}{js7}$	$\frac{H8}{k7}$	$\frac{H8}{m7}$	$\frac{H8}{n7}$	$\frac{H8}{p7}$	$\frac{H8}{r7}$	$\frac{H8}{s7}$	$\frac{H8}{t7}$	$\frac{H8}{u7}$				
H8				$\frac{H8}{d8}$	$\frac{H8}{e8}$	$\frac{H8}{f8}$		$\frac{H8}{h8}$													
H9			$\frac{H9}{c9}$	◤$\frac{H9}{d9}$	$\frac{H9}{e9}$	$\frac{H9}{f9}$		◤$\frac{H9}{h9}$													
H10			$\frac{H10}{c10}$	$\frac{H10}{d10}$				$\frac{H10}{h10}$													
H11	$\frac{H11}{a11}$	$\frac{H11}{b11}$	◤$\frac{H11}{c11}$	$\frac{H11}{d11}$				◤$\frac{H11}{h11}$													
H12		$\frac{H12}{b12}$						$\frac{H11}{h12}$													

注：① $\frac{H6}{n5}$，$\frac{H7}{p6}$ 在公称尺寸小于或等于 3mm 和 $\frac{H8}{r7}$ 在公称尺寸小于或等于 100mm 时，为过渡配合；

② 标注◤的配合为优先配合。

表 2-5　基轴制优先、常用配合（GB/T 1801—2009）

基准轴	孔																				
	A	B	C	D	E	F	G	H	JS	K	M	N	P	R	S	T	U	V	X	Y	Z
	间隙配合								过渡配合				过盈配合								
h5						$\frac{F6}{h5}$	$\frac{G6}{h5}$	$\frac{H6}{h5}$	$\frac{JS6}{h5}$	$\frac{K6}{h5}$	$\frac{M6}{h5}$	$\frac{N6}{h5}$	$\frac{P6}{h5}$	$\frac{R6}{h5}$	$\frac{S6}{h5}$	$\frac{T6}{h5}$					
h6						$\frac{F7}{h6}$	◤ $\frac{G7}{h6}$	◤ $\frac{H7}{h6}$	$\frac{JS7}{h6}$	◤ $\frac{K7}{h6}$	$\frac{M7}{h6}$	◤ $\frac{N7}{h6}$	◤ $\frac{P7}{h6}$	$\frac{R7}{h6}$	◤ $\frac{S7}{h6}$	$\frac{T7}{h6}$	◤ $\frac{U7}{h6}$				
h7					$\frac{E8}{h7}$	◤ $\frac{F8}{h7}$		◤ $\frac{H8}{h7}$	$\frac{JS8}{h7}$	$\frac{K8}{h7}$	$\frac{M8}{h7}$	$\frac{N8}{h7}$									
h8				$\frac{D8}{h8}$	$\frac{E8}{h8}$	$\frac{F8}{h8}$		$\frac{H8}{h8}$													
h9				◤ $\frac{D9}{h9}$	$\frac{E9}{h9}$	$\frac{F9}{h9}$		◤ $\frac{H9}{h9}$													
h10				$\frac{D10}{h10}$				$\frac{H10}{h10}$													
h11	$\frac{A11}{h11}$	$\frac{B11}{h11}$	◤ $\frac{C11}{h11}$	$\frac{D11}{h11}$				◤ $\frac{H11}{h11}$													
h12		$\frac{B12}{h12}$						$\frac{H12}{h12}$													

注：标注◤的配合为优先配合。

由表 2-4 和表 2-5 可知：当相配合的孔和轴公差带均为优先公差带时，可组成优先配合。当相配合的孔和轴公差带均是常用公差带，或其中一个是常用公差带，另一个是优先公差带时，则组成常用配合。

同理，选用配合时，应尽量选用优先、常用配合。

【特别提示】

当有特殊需要时，可以根据生产和使用的要求自行选用公差带并组成配合。

3．一般公差、线性尺寸的未注公差

一般公差是指在车间一般加工条件下可保证的公差，是机床设备在正常维护和操作情况下能达到的经济加工精度。采用一般公差时，在该尺寸后不标注极限偏差或其他代号，所以也称未注公差。

一般公差主要用于较低精度的非配合尺寸。当功能上允许的公差等于或大于一般公差时，均应采用一般公差；只有当要素的功能允许比一般公差大的公差，且注出更为经济时，如装配所钻盲孔的深度，则相应的极限偏差要在尺寸后注出。在正常情况下，一般公差可不必检验。一般公差适用于金属切削加工的尺寸、一般冲压加工的尺寸，对非金属材料和其他工艺方法加工的尺寸也可参照采用。

GB/T 1804—2000 中规定了四个公差等级，其线性尺寸一般公差等级及其极限偏差数值如表 2-6 所示。

表 2-6 线性尺寸的未注极限偏差的数值（摘自 GB/T 1804—2000） 单位：mm

公差等级	尺寸分段							
	0.5～3	>3～6	>6～30	>30～120	>120～400	>400～1000	>1000～2000	>2000～4000
f（精密级）	±0.05	±0.05	±0.1	±0.15	±0.2	±0.3	±0.5	—
m（中等级）	±0.1	±0.1	±0.2	±0.3	±0.5	±0.8	±1.2	±2
c（粗糙级）	±0.2	±0.3	±0.5	±0.8	±1.2	±2	±3	±4
v（最粗级）	—	±0.5	±1	±1.5	±2.5	±4	±6	±8

采用一般公差时，在图样上不标注公差，但应在技术要求中做相应注明，如选用中等级 m 时，表示为 GB/T 1804—2000-m。

图 1-1 所示减速器中输出轴端盖与箱体座孔的极限与配合如图 2-17 所示，配合公差代号为ϕ100J7/f9，其含义解读如下：

由于箱体座孔同时与轴承外环和端盖两个零件的外径尺寸配合，而轴承为标准部件，所以箱体座孔的公称尺寸与轴承外环的公称尺寸相同，为ϕ100mm；箱体座孔内径尺寸公差要由与标准部件轴承的配合性质决定，考虑在满足功能要求前提下的装配工艺，箱体座孔与轴承外环选择过渡配合，考虑运转及负荷状态，参照轴承公差及配合标准，箱体座孔的公差代号为 J7，即箱体座孔的尺寸公差代号为ϕ100J7。查标准公差数值表，IT7=0.035mm；查孔的基本偏差数值表，箱体座孔的基本偏差为上极限偏差 ES=+0.022mm；则通过计算得下极限偏差 EI=−0.013mm；上极限尺寸 D_{max}=ϕ100.022mm；下极限尺寸 D_{min}=ϕ99.987mm。

输出轴端盖与轴承座孔配合，所以输出轴端盖配合外径公称尺寸为ϕ100mm，配合要求很松，它的连接可靠性主要靠螺钉连接来保证，对配合精度要求低，相配合的孔件和轴件既没有相对运动，又不承受外界负荷，所以输出轴端盖的配合外径采用 IT9 是经济合理的。为了保证在拧紧螺钉时不使端盖发生歪斜，输出轴端盖与轴承座孔配合间隙不可太大，所以可选输出轴端盖的公差代号为 f9，即输出轴端盖的配合外径尺寸公差代号为ϕ100f9，查标准公差数值表，IT9=0.087mm；查轴的基本偏差数值表，输出轴端盖的配合外径的基本偏差为上极限偏差即 es=−0.036mm；则通过计算得下极限偏差 ei=−0.123mm；上极限尺寸 d_{max}=ϕ99.964mm；下极限尺寸 d_{min}=ϕ99.877mm。

减速器中输出轴端盖与箱体座孔的配合公差代号为ϕ100J7/f9，标注在减速器装配图中。

任务 3 设计尺寸公差及配合

试选用图 1-1 所示减速器中输出轴轴头与大齿轮孔、轴颈与轴承的公差与配合，并标注

在装配图中，装配图如图 2-25 所示。

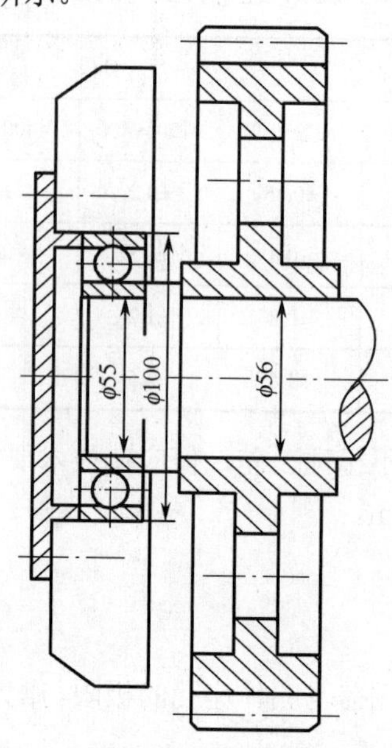

图 2-25　减速器输出轴与齿轮及轴承的装配图

设计尺寸公差及配合，即极限与配合的选择，是机械设计和制造中非常重要的一环，是一项既重要又困难的工作。合理地选择，不但有利于产品质量的提高，而且还有利于生产成本的降低。在设计工作中，极限与配合的选择主要包括配合制、公差等级和配合种类的选择。选择原则是既要保证机械产品的性能优良，又要兼顾经济可行。

2.3.1　配合制的选择

配合制主要指基准制和非基准制，基准制包括基孔制和基轴制，基孔制和基轴制可以满足同样的使用要求。选用配合制主要从产品结构、工艺和经济性等方面来综合考虑，并遵循以下原则进行。

1. 一般情况下优先选用基孔制

因为一般孔比轴难加工，并且通常用定值刀具（如钻头、绞刀、拉刀等）加工，使用塞规检验，而轴使用通用刀具（如车刀、砂轮等）加工，便于用普通计量器具测量。因此，优先采用基孔制可减少定值刀具和塞规的规格种类和数量，是经济合理的。

2. 有些情况下选用基轴制

在下列情况下采用基轴制较为经济合理：

（1）当配合的公差等级要求不高时，可直接采用冷拉钢材（这种轴是按基轴制的轴制造的，已经标准化，尺寸公差等级一般为 IT7～IT9）直接做轴，而不需要进行机械加工，因此采用基轴制较为经济合理，对于细小直径的轴尤为明显。

（2）在同一公称尺寸的轴上需要装配几个具有不同配合性质的零件时，要求采用基轴制。如图 2-26（a）所示活塞连杆机构中，活塞销同时与连杆孔和活塞孔相配合，连杆要转动，故采用间隙配合（H6/h5），而与活塞孔的配合要求紧些，故采用过渡配合（M6/h5）。如采用基孔制，则如图 2-26（b）所示，活塞销需做成中间小、两头大的阶梯形，这种形状的活塞销加工不方便，同时装配也困难，易拉毛连杆孔。反之，采用基轴制，如图 2-22（c）所示，则活塞销的尺寸不变，制成光轴，而连杆孔、活塞孔分别按不同要求加工，较为经济合理且便于装配。

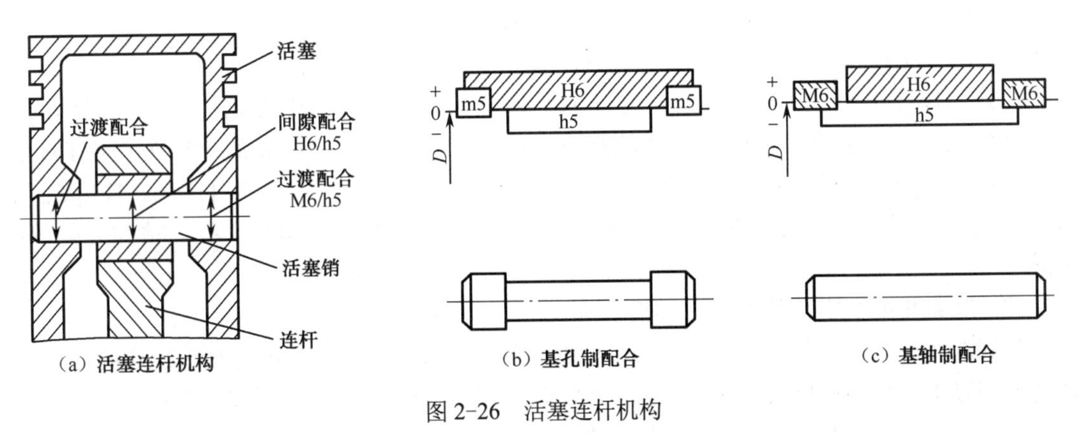

图 2-26 活塞连杆机构

（3）若与标准件配合，应以标准件为基准件来确定采用基孔制还是基轴制。

对于与标准件（或标准部件）配合的孔或轴，基准制的选择要依据标准件而定。例如，与滚动轴承内圈相配合的轴应选用基孔制，而与滚动轴承外圈相配合的壳体孔则应选用基轴制。

3. 特殊情况可以采用非基准制

为满足配合的特殊要求，必要时采用任意孔、轴公差带组成非基准制的配合（混合制配合），如图 2-17 减速器中箱体座孔和输出轴端盖处的配合。

2.3.2 尺寸公差等级选择

公差等级的选择是一项重要又比较困难的工作，因为公差等级的高低直接影响产品使用性能和加工的经济性。公差等级过低，产品质量得不到保证；公差等级过高，将使制造成本增加。所以，必须综合考虑这两方面。

1. 公差等级选择原则

选用公差等级的原则：在充分满足使用要求的前提下，考虑工艺的可能性，尽量选用精度较低的公差等级。

2. 公差等级的选择方法

（1）类比法（经验法）：参考经过实践证明合理的类似产品的公差等级，将所设计的机械（机构、产品）的使用性能、工作条件、加工工艺装备等情况与之进行比较，从而确定合理的公差等级。初学者多采用类比法，此方法主要通过查阅有关的参考资料、手册，并进行分析

比较后确定公差等级。类比法多用于一般要求的配合。

（2）计算法：根据一定理论和计算公式计算后，再根据尺寸公差与配合的标准确定合理的公差等级。即根据工作条件和使用性能要求确定配合部位的间隙或过盈允许的界限，然后通过计算法确定相配合的孔、轴的公差等级。计算法多用于重要的配合。

3．确定公差等级应考虑的几个问题

（1）遵守工艺等价原则。

在按使用要求确定了配合公差 T_f 后，由于 $T_f=T_h+T_s$，这里 T_h 与 T_s 的公差分配可按工艺等价性考虑。孔和轴的工艺等价性是指孔和轴加工难易程度应相当。

在公称尺寸小于或等于 500mm 时，为了使组成配合的孔、轴工艺等价，孔比轴的公差等级要低一级，主要用于中高精度的配合：在间隙和过渡配合中孔的标准公差≤IT8，过盈配合中孔的标准公差≤IT7 时，可确定轴的公差等级比孔高一级，如 H7/f6、H7/p6；低精度的孔和轴可采用同级配合，如 H8/s8；在公称尺寸大于 500mm 时，孔、轴的公差等级相同。

（2）联系相配合零部件的相关精度要求。

与标准件配合的零件，其公差等级由标准件的精度要求所决定。如与轴承配合的孔和轴，其公差等级由轴承的精度等级来决定，与 0 级滚动轴承配合的轴径一般为 IT6、轴承座孔一般为 IT7。与齿轮孔相配合的轴，其配合部位的公差等级由齿轮的精度等级所决定，如 7、8 级齿轮的基准轴为 IT6，7、8 级齿轮的基准孔为 IT7。

（3）满足配合要求的前提下，孔、轴的公差等级可以任意组合，不受工艺等价原则限制。

如轴承端盖与轴承座孔的配合要求很松，它的连接可靠性主要靠螺钉连接来保证，对配合精度要求低，相配合的孔件和轴件既没有相对运动，又不承受外界负荷，所以轴承端盖的配合外径采用 IT9 是经济合理的。轴承座孔的的公差等级是由轴承的外径精度所决定的，如 IT7，此处如果轴承端盖的配合外径按工艺等价原则采用 IT6，则反而是不合理的，会提高制造成本，对提高产品质量起不到任何作用。

（4）联系配合。

一般的非配合尺寸要比配合尺寸的公差等级低；对过渡配合或过盈配合，一般不允许其间隙或过盈的变动太大，因此公差等级不能太低，孔可选标准公差≤IT8，轴可选标准公差≤IT7。间隙配合可不受此限制。但间隙小的配合公差等级应较高，间隙大的配合公差等级可以低些。如选用 H6/g5 和 H11/a11 是可以的，而选用 H11/g11 和 H6/a5 就不合理了。

（5）用类比法确定公差等级时，在满足设计要求的前提下，应尽量考虑工艺的可能性和经济性，查明各个公差等级的应用范围，了解各种加工方法所能达到的精度，具体如表 2-7～表 2-9 所示。

表 2-7　公差等级的应用范围

应用		公差等级 IT																			
		01	0	1	2	3	4	5	6	7	8	9	10	11	12	13	14	15	16	17	18
量块		——	——	——																	
量规	高精度			——	——	——	——														
	低精度							——	——	——											

续表

应用			公差等级IT																			
			01	0	1	2	3	4	5	6	7	8	9	10	11	12	13	14	15	16	17	18
孔与轴配合	特别精密	轴				——	——	——														
		孔					——	——	——													
	精密配合	轴							——	——	——											
		孔								——	——	——										
	中等精度	轴										——	——	——								
		孔											——	——	——							
	低精度														——	——	——					
非配合尺寸																——	——	——	——	——	——	——
原材料公差												——	——	——	——	——	——					

表2-8 常用公差等级的应用实例

公差等级	应用
IT5（孔为IT6）	主要用在配合公差、几何公差要求很高的地方，其配合性质稳定，一般在机床、发动机、仪表等重要部位应用。例如，与IT5滚动轴承配合的外壳孔；与IT6滚动轴承配合的机床主轴，机床的尾架、套筒，精密机械及高速机械中的轴颈，精密丝杠轴径等
IT6（孔为IT7）	配合性质能达到较高的均匀性。例如，与IT6滚动轴承相配合的孔、轴径；与齿轮、蜗轮、联轴器、带轮、凸轮等连接的轴径，机床丝杠轴径；摇臂钻立柱；机床夹具中导向件的外径；IT6精度齿轮的基准孔，IT7、IT8精度齿轮的基准轴
IT7	IT7精度比IT6精度稍低，应用条件与IT6基本相似，在一般机械制造中应用较为普遍。例如，联轴器、带轮、凸轮等孔径；机床夹盘座孔；夹具中固定钻套；IT7、IT8齿轮基准孔，IT9、IT10齿轮基准轴
IT8	在机械制造中属于中等精度。例如，轴承座衬套沿宽度方向尺寸，IT9～IT12齿轮基准孔；IT11～IT12齿轮基准轴
IT9、IT10	主要用于机械制造中轴套外径与孔；操纵件与轴；带轮与轴；单键与花键
IT11、IT12	配合精度很低，装配后可能产生很大间隙，适用于基本上没有什么配合要求的场合。例如，机床的法兰盘与止口；滑块与滑移齿轮；加工工序间尺寸；冲压加工的配合件；机床制造中的扳手孔与扳手座的连接

表2-9 各种加工方法能达到的公差等级

加工方法	公差等级IT																			
	01	0	1	2	3	4	5	6	7	8	9	10	11	12	13	14	15	16	17	18
研磨	——	——	——	——	——	——	——													
珩磨						——	——	——	——											

续表

加工方法	公差等级 IT																			
	01	0	1	2	3	4	5	6	7	8	9	10	11	12	13	14	15	16	17	18
圆磨							—	—	—	—										
平磨							—	—	—	—										
金刚石车							—	—	—											
全刚石镗							—	—	—											
拉削							—	—	—	—										
铰孔								—	—	—	—	—								
车									—	—	—	—	—							
镗									—	—	—	—	—							
铣										—	—	—	—							
刨插												—	—							
钻孔												—	—	—	—					
滚压、挤压												—	—							
冲压												—	—	—	—	—				
压铸													—	—	—	—				
粉末冶金成形								—	—	—										
粉末冶金烧结									—	—	—	—								
砂型锻造、气割																		—	—	—
锻造																		—		

2.3.3 配合的选择

选择配合主要是为了解决配合零件在机器工作时的相互关系，以保证机器中各个零件能协调动作，实现预定的任务。正确地选择配合，可以提高机器的性能、质量和使用寿命，并使加工经济合理。

选择配合时，应首先考虑选用标准中规定的优先配合，其次是常用配合，再次采用一般用途孔、轴公差带组成的配合，必要时可选用任意孔、轴公差带组成的配合。

1. 配合选择的方法

配合的选择有三种方法：计算法、实验法和类比法。

用计算法选择标准公差等级和配合种类，通常要用到相关专业理论知识，通过一些公式计算出极限间隙或极限过盈，可以借助计算机来完成。

用实验法选择标准公差等级和配合种类，主要用于对产品质量和性能有极大影响的重要配合，通过一定数量的实验，确定出最佳工作性能所需的极限间隙或极限过盈，这种方法费时、费力，费用颇高，因此很少采用。

用类比法选择标准公差等级和配合种类是设计时常用的方法，借鉴使用效果良好的同类产品的技术资料或参考有关资料并加以分析来确定孔轴的极限尺寸。这种方法就是凭经验，在生产实践中广泛应用。

2. 配合选择的步骤

采用类比法时，可以按照下列步骤选择配合。功能要求及对应的配合类型如表 2-10 所示。

表 2-10 配合类型选择的一般方法

<table>
<tr><td rowspan="4">无相对运动</td><td rowspan="3">要传递转矩</td><td rowspan="2">要精确同轴</td><td>永久结合</td><td>过盈配合</td></tr>
<tr><td>可拆结合</td><td>过渡配合或基本偏差为 H（h）①的间隙配合加紧固件②</td></tr>
<tr><td colspan="2">不要精确同轴</td><td>间隙配合加紧固件</td></tr>
<tr><td colspan="3">不要传递转矩</td><td>过渡配合或轻的过盈配合</td></tr>
<tr><td rowspan="2">有相对运动</td><td colspan="3">只有移动</td><td>基本偏差为 H（h），G(g) ①等的间隙配合</td></tr>
<tr><td colspan="3">转动或转动和移动形成的复合运动</td><td>基本偏差为 A～F（a～f）①等的间隙配合</td></tr>
</table>

注：① 指非基准件的基本偏差代号；

② 紧固件指键、销钉和螺钉等。

1）确定配合的类型

根据配合部位的功能要求，确定配合的类型。

（1）间隙配合

间隙配合有 A～H（a～h）共 11 种，其特点是利用间隙存储润滑油及补偿温度变形、安装误差、弹性变形所引起的误差。它在生产中应用广泛，不仅用于运动配合，加紧固件后也可用于传递力矩。不同基本偏差代号与基准孔（或基准轴）分别形成不同间隙的配合，主要依据变形、误差需要补偿间隙的大小、相对运动速度、是否要求定心和是否经常装拆来选定。间隙配合的性能特征如表 2-11 所示。

表 2-11 各种间隙配合的性能特征

<table>
<tr><td>基本偏差代号</td><td>a,b（A,B）</td><td>c（C）</td><td>d（D）</td><td>e（E）</td><td>f（F）</td><td>g（G）</td><td>h（H）</td></tr>
<tr><td>间隙大小</td><td>特大间隙</td><td>很大间隙</td><td>大间隙</td><td>中等间隙</td><td>小间隙</td><td>较小间隙</td><td>很小间隙
X_{min}=0</td></tr>
<tr><td>配合松紧程度</td><td colspan="7">松←-------------------------------→紧</td></tr>
<tr><td>定心要求</td><td colspan="5">无对中、定心要求</td><td>略有定心功能</td><td>有一定的定心功能</td></tr>
<tr><td>摩擦类型</td><td colspan="2">紊流液体摩擦</td><td colspan="4">层流液体摩擦</td><td>半液体摩擦</td></tr>
<tr><td>润滑性能</td><td colspan="7">差----------------→好←----------------差</td></tr>
<tr><td>相对运动速度</td><td>-</td><td>慢速转动</td><td colspan="2">高速转动</td><td>中速转动</td><td colspan="2">低速转动或移动（或手动移动）</td></tr>
</table>

（2）过渡配合

过渡配合有 JS～N（js～n）5 种基本偏差，其主要特点是定心精度高且可拆卸，也可加键、销紧固件后用于传递力矩，主要根据机构受力情况、定心精度和要求装拆次数来考虑基本偏差的选择。定心要求高、受冲击负荷、不常拆卸的，可选较紧的基本偏差，如 N（n）；反之应选较松的配合，如 K（k）或 JS（js）。过渡配合的性能特征如表 2-12 所示。

表 2-12 各种过渡配合的性能特征

基本偏差	js（JS）	k（K）	m（M）	n（N）
间隙或过盈量	过盈率很小 稍有平均间隙	过盈率中等 平均间隙（过盈）接近零	过盈率较大 平均过盈较小	过盈率大 平均过盈稍大
定心要求	可达较好的定心精度	可达较高的定心精度	可达精密的定心精度	可达很精密的定心精度
装配和拆卸性能	木锤装配 拆卸方便	木锤装配 拆卸比较方便	最大过盈时需要相当的压入力可以拆卸	用锤或压力机装配，拆卸困难

（3）过盈配合

过盈配合有 P～ZC（p～zc）12 种基本偏差，其特点是由于有过盈，装配后孔的尺寸被胀大而轴的尺寸被压小；产生弹性变形，在结合面上产生一定的正压力和摩擦力，用以传递力矩和紧固零件。选择过盈配合时，如不加键、销等紧固件，则最小过盈应能保证传递所需的力矩，最大过盈应不使材料破坏，故配合公差不能太大，所以公差等级一般为 IT5～IT7。基本偏差根据最小过盈量及结合件的标准来选取。过盈配合的性能特征如表 2-13 所示。

表 2-13 各种过盈配合的性能特征

基 本 偏 差	p、r（P、R）	s、t（S、T）	u、v（U、V）	x、y、z（X、Y、Z）
过盈量	较小与小的过盈	中等与大的过盈	很大的过盈	特大过盈
传递扭矩的大小	加紧固件传递一定的扭矩与轴向力，属轻型过盈配合；不加紧固件可用于准确定心，仅传递小扭矩，需轴向定位部位	不加紧固件传递较小的扭矩与轴向力，属中型过盈配合	不加紧固件传递较大的扭矩与动载荷，属重型过盈配合	需传递特大扭矩和动载荷，属特重型过盈配合
装配和拆卸性能	装配时适用吨位小的压力机，用于需要拆卸的配合中	用于很少拆卸的配合中	用于不拆卸（永久结合）的配合	

注：① p（P）与 r（R）在特殊情况下可能为过渡配合，如当公称尺寸小于 3mm 时，H7/p6 为过渡配合；当公称尺寸小于 100mm 时，H8/r7 为过渡配合。

② x（X），y（Y），z（Z）一般不推荐，选用时需经实验后才可应用。

2）确定非基准件的基本偏差代号

根据配合部位具体的功能要求，通过查表，比照配合的应用实例，参考各种配合的性能特征，选择合适的配合，即确定非基准件的基本偏差代号。具体可参考表 2-14 优先配合选用说明及表 2-15 各种基本偏差的特性及应用。

表 2-14 优先配合选用说明

配合类别	配合特征	配 合 代 号	应　用
间隙配合	特大间隙	$\frac{H11}{a11}$ $\frac{H11}{b11}$ $\frac{H12}{b12}$	用于高温或工作时要求大间隙的配合
	很大间隙	$\left(\frac{H11}{c11}\right)$ $\left(\frac{H11}{d11}\right)$	用于工作条件较差、受力变形或为了便于装配而需要大间隙的配合和高温工作的配合

续表

配合类别	配合特征	配合代号	应用
间隙配合	较大间隙	H9/c9 H10/c10 H8/d8 (H9/d9) H10/d10 H8/e7 H8/e8 H9/e9	用于高速重载的滑动轴承或大直径的滑动轴承，也可用于大跨距或多支点支承的配合
	一般间隙	H6/f5 H7/f6 (H8/f7) H8/f8 H9/f9	用于一般转速的动配合，当温度影响不大时，广泛应用于普通润滑油润滑的支承处
	很小间隙	(H7/g6) H8/g7	用于精密滑动零件或缓慢间歇回转的零件配合
	很小间隙和零间隙	H6/g5 H6/h5 (H7/h6) (H8/h7) H8/h8 (H9/h9) H10/h10 (H11/h11) H12/h12	用于不同精度要求的一般定位件的配合和缓慢移动与摆动零件的配合
过渡配合	绝大部分有微小间隙	H6/js5 H7/js6 H8/js7	用于易于装拆的定位配合或加紧固件后可传递一定静载荷的配合
	大部分有微小间隙	H6/k5 (H7/k6) H8/k7	用于稍有振动的定位配合，加紧固件可传递一定载荷，装拆方便，可用木锤敲入
	大部分有微小过盈	H6/m5 H7/m6 H8/m7	用于定位精度较高且能抗振的定位配合。加键可传递较大载荷。可用铜锤敲入或小压力压入
	绝大部分有微小过盈	(H7/n6) H8/n7	用于精度定位或紧密组合件的配合。加键能传递大力矩或冲击性载荷，只在大修时拆卸
	绝大部分有较小过盈	H8/p7	加键后能传递很大力矩，且承受振动和冲击的配合。装配后不再拆卸
过盈配合	轻型	H6/n5 H6/p5 (H7/p6) H6/r5 H7/r6 H8/r7	用于精确的定位配合，一般不能靠过盈传递力矩，要传递力矩尚需加紧固件
	中型	H6/s5 (H7/s6) H8/s7 H6/t5 H7/t6 H8/t7	无须加紧固件就可传递较小力矩和轴向力。加紧固件后可承受较大载荷或动载荷的配合
	重型	(H7/u6) H8/u7 H7/v6	无须加紧固件就可传递和承受大的力矩和动载荷的配合。要求零件材料有高强度
	特重型	H7/x6 H7/y6 H7/z6	能传递与承受很大力矩和动载荷配合，需经实验后方可应用

注：① 括号内的配合为优先配合；

② 国家标准规定的59种基轴制配合的应用与本表中的同名配合相同。

表2-15 各种基本偏差的特性及应用

配合	基本偏差	特性及应用示例
间隙配合	a（A）、b（B）	可得到特别大的间隙，应用很少
	c（C）	可得到很大的间隙，一般适用于缓慢、松弛的动配合，当工作条件较差（如农业机械）、受力变形，或为了便于装配而必须保证有较大的间隙时，推荐配合为H11/c11，其较高等级的H8/c7配合，适用于轴在高温工作的紧密动配合，如内燃机排气阀和导管

续表

配合	基本偏差	特性及应用示例
间隙配合	d（D）	一般用于IT7～IT11，适用于松的转动配合，如密封盖、轮滑、空转带轮等与轴的配合，也适用于大直径滑动轴承配合，如透平机、球磨机、轧滚成形和重型弯曲机以及其他重型机械中的一些滑动轴承
	e（E）	多用于IT7～IT9，通常用于要求有明显间隙，易于转动的轴承配合，如大跨距轴承，多支点轴承等配合。高级的e轴适用于大的、高速、重载支承，如涡轮发电机、大型电动机及内燃机主要轴承、凸轮轴轴承等配合
	f（F）	多用于IT6～IT8的一般转动配合，当温度影响不大时，被广泛用于普通润滑油（或润滑脂）润滑的支承，如主轴箱、小电动机、泵等的转轴与滑动轴承的配合
	g（G）	配合间隙很小、制造成本高，除很轻载荷的精密装置外，不推荐用于转动配合。多用于IT5～IT7，最适合不回转的精密滑动配合，也用于插销等定位配合，如精密连杆轴承、活塞、滑阀、连杆销等
	h（H）	多用于IT4～IT11，广泛用于无相对转动的零件，作为一般的定位配合，若没有温度、变形影响，也可用于精密滑动配合，如车床尾座孔与滑动套筒的配合为H6/h5
过渡配合	js（JS）	偏差完全对称（±IT/2）、平均间隙较小的配合，多用于IT4～IT7，并允许略有过盈的定位配合，如联轴节、齿圈与钢制轮毂，可用木锤装配
	k（K）	平均间隙接近于零的配合，适用于IT4～IT7，推荐用于稍有过盈的定位配合，如为了消除振动用的定位配合，一般用木锤装配
	m（M）	平均过盈较小的配合，适用于IT4～IT7，一般可用木锤装配，但在最大过盈时，要求有相当的压入力
	n（N）	平均过盈较大，很少得到间隙，适用于IT4～IT7，用锤子或压入机装配，通常推荐用于紧密的组件配合。H6/n5配合时为过盈配合。如冲床上齿轮与轴的配合，用锤子或压入机装配
过盈配合	p（P）	与H6或H7孔配合时是过盈配合，与H8孔配合时则为过渡配合，对非铁零件，为较轻的压入配合，当需要时易于拆卸，对钢、铸铁或钢、钢组件装配是标准压入配合
	r（R）	对铁类零件为中等打入配合，对非铁零件为轻打入配合，当需要时可以拆卸，与H8孔配合，ϕ100mm以上时为过盈配合，直径小时为过渡配合
	s（S）	用于钢和铁制零件的永久性和半永久性装配，可产生相当大的结合力，当用弹性材料（如轻合金）时，配合性质与铁类零件的p轴相当，如套环压装在轴上、阀座等的配合。当尺寸较大时，为了避免损伤配合表面，需用热胀法或冷缩法装配
	t（T）	过盈较大的配合；对钢和铸铁零件适用于永久性结合，不用键可传递力矩，需用热胀法或冷缩法装配，如联轴节与轴的配合
	u（U）	过盈大，一般应验算在最大过盈时工件材料是否损坏，要用热胀法或冷缩法装配。如火车轮毂和轴的装配
	v（V）、x（X）、y（Y）、z（Z）	过盈大，目前使用的经验和资料还很少，必须经实验后再应用，一般不推荐

3）配合选择的注意事项

在选择配合时，还要综合考虑以下一些因素。

（1）孔和轴的定心精度。相互配合的孔、轴定心精度要求高时，不宜用间隙配合，多用过渡配合。过盈配合也能保证定心精度。

（2）受载荷情况。若载荷较大，对过盈配合过盈量要增大，对过渡配合要选用过盈概率大的过渡配合。

（3）拆装情况。经常拆装的孔和轴的配合比不经常拆装的配合要松些。有时零件虽然不经常拆装，但受结构限制装配困难的配合，也要选松一些的配合。

（4）配合件的材料。当配合件中有一件是铜或铝等塑性材料时，因它们容易变形，选择配合时可适当增大过盈或减小间隙。

（5）装配变形。对于一些薄壁套筒的装配，还要考虑到装配变形的问题。如图 2-27 所示，套筒外表面与机座孔的配合为过盈配合，套筒内孔与轴的配合为间隙配合。当套筒压入机座孔后套筒内孔会收缩，使内孔变小，因而就无法满足ϕ60H7/f6 预定的间隙要求。在选择套筒内孔与轴的配合时，此变形量应给予考虑。具体办法有两个，一是将内孔做大些，以补偿装配变形；二是用工艺措施来保证，将套筒压入机座孔后，再按ϕ60H7 加工套筒内孔。

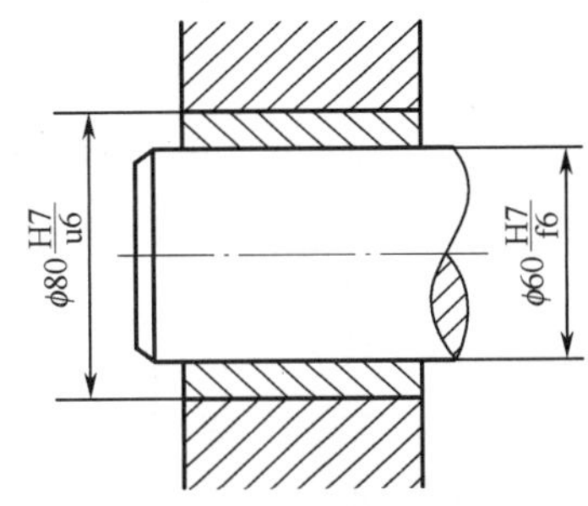

图 2-27 具有装配变形的结构

（6）工作温度。当工作温度与装配温度相差较大时，选择配合时要考虑到热变形的影响。

（7）生产类型。在大批量生产时，加工后的尺寸通常按正态分布。但在单件小批生产时，多采用试切法，加工后孔的尺寸多偏向下极限尺寸，轴的多偏向上极限尺寸。这样，对同一配合，单件小批生产比大批量生产总体上就显得紧一些。因此，在选择配合时，对同一使用要求，单件小批生产时采用的配合应比大批生产时要松一些。例如，大批量生产时的配合为ϕ60H7/js6，而在单件小批生产时应选择ϕ60H7/h6。

选择配合时，应根据零件的工作条件，综合考虑以上各因素的影响，当工作条件变化时，可参考表 2-16 对配合的间隙或过盈的大小进行调整。

表 2-16 工作条件对配合间隙和过盈的影响

具体工作情况		间隙量	过盈量	具体工作情况		间隙量	过盈量
工作温度	孔高于轴时	减小	增大	生产类型	单件小批量	增大	减小
	轴高于孔时	增大	减小		大批量	减小	—
表面粗糙度较粗		减小	增大	材料的线膨胀系数	孔大于轴	减小	增大
配合面几何误差较大		增大	减小		孔小于轴	增大	减小
润滑油黏度较大		增大	—	两支承距离较大或多支承		增大	—
经常拆卸		—	减小	工作中有冲击		减小	增大
旋转速度较高		增大	增大	有轴向运动		增大	—
定心精度或配合精度较高		减小	增大	配合长度较大		增大	减小

1）确定减速器输出轴轴头与大齿轮孔的配合

（1）分析

为了保证该对齿轮的正常传递运动和转矩，要求齿轮在减速器中装配位置正确，才能正常啮合，减小磨损，延长使用寿命。因此ϕ56mm 输出轴轴颈与齿轮孔的配合有以下要求。

① 定心精度。ϕ56mm 输出轴的轴线与齿轮孔的轴线的同轴度要高，即ϕ56mm 输出轴与齿轮孔之间要求同心（对中），而且配合的一致性要高。

因为输入轴上齿轮与输出轴上齿轮的相对位置是由输入轴与轴承、输出轴与轴承、轴承与箱体座孔的配合及箱体上轴承座孔轴线的相对位置来确定的。所以ϕ56mm 输出轴与齿轮孔的配合很大程度上决定了齿轮在箱体内的空间位置精度。

② ϕ56mm 输出轴与齿轮孔之间无相对运动，传递运动由键实现。

③ 应便于减速器的装配和拆卸、维修。

（2）根据上述分析选择配合

① 配合制的选择。输出轴与齿轮孔均是非标准件，属于一般场合，应选择基孔制，即孔的基本偏差代号为 H。

② 尺寸公差等级的选择。ϕ56mm 齿轮孔的尺寸公差等级是依据齿轮面精度等级确定的，依据圆柱齿轮公差相关要求，减速器中齿轮一般为 8 级精度，8 级精度的齿轮孔为 7 级、轴为 6 级，所以齿轮孔的公差等级为 IT7，ϕ56mm 输出轴轴头的公差等级为 IT6。

③ 基本偏差的选择。根据ϕ56mm 输出轴与齿轮孔的配合要求，它们之间应无相对运动，有精确的同轴度要求，且由键传递转矩，需要拆卸等。

首先确定配合的大致类别。由表 2-10 可知，选择“基本偏差代号为 h 的间隙配合加紧固件”，即 ϕ56mm 输出轴与齿轮孔的配合代号为ϕ56H7/h6，它们是由基准件组成的，既是基孔制，也是基轴制，它是优先选用配合，ϕ56mm 输出轴与齿轮孔的配合标注如图 2-28 所示。

2）*确定减速器输出轴轴颈与轴承的配合*

轴承是标准件，所以轴颈的公差等级应与轴承的公差等级相协调，如 0 级轴承配合轴颈一般为 IT6、箱体座孔一般为 IT7，所以减速器输出轴轴颈的公差等级为 IT6；结合轴承内圈工作条件及内圈公称内径ϕ56mm，查相关轴承国家标准，可知轴颈的基本偏差代号为 k，所以减速器输出轴轴颈的公差代号为 k6。由于轴承是标准件，因而在装配图上只需标出轴颈的公差代号，如图 2-28 所示。

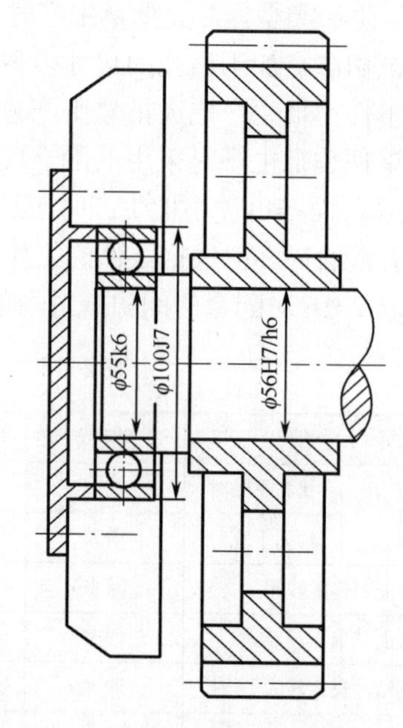

图 2-28　减速器输出轴轴头与齿轮孔的配合

项目3 测量技术

知识点	知识重点	量块、测量器具与测量方法的分类，确定验收极限及选择所需的通用计量器具
	知识难点	随机误差、系统误差、粗大误差的特性及等精度直接测量的数据处理
	必须掌握的理论知识	测量的基础知识、测量的基本条件、测量误差、误收和误废概念，确定验收极限及选择所需的通用计量器具
教学方法	推荐教学方法	任务驱动教学法
	推荐学习方法	课堂：听课+互动+技能训练 课外：了解测量技术的现状及发展趋势
技能训练	理论	练习题5，练习题6
	实践	任务书4，用光学仪器测轴径

任务1 选择计量器具

被检验工件为$\phi 50h9$Ⓔ（单件或小批量生产），试确定验收极限，并选择适当的计量器具。

在各种几何量的测量中，尺寸测量是最基础的。几何量中形状、位置、表面粗糙度等误差的测量大都是以长度值来表示的，它们的测量实质上仍然是以尺寸测量为基础的。因此，许多通用性的尺寸测量器具并不只限于测量简单的尺寸，它们也常在形状和位置误差等的测量中使用。

3.1.1 测量技术基础

1. 测量的概念

测量是在一定的检测条件下，利用某种计量器具对被测对象进行一系列操作，以确定其具体量值为目的的实验过程。测量的实质是将被测几何量与复现计量单位的标准量进行比较，从而确定比值的过程。

一个完整的测量过程应包括以下四个要素：

（1）测量对象：本课程涉及的测量对象是几何量，包括长度、角度、表面粗糙度、形状和位置误差、螺纹的各种参数等。

（2）计量单位：在机械制造中常用的计量单位中，长度为毫米（mm）、角度为弧度（rad），在机械图样上以毫米为单位时可省略。

（3）测量方法：指测量时所采用的测量原理、计量器具及测量条件的总和。测量条件是测量时零件和测量器具所处的环境，如温度、湿度、振动和灰尘等。

（4）测量精度：指测量结果与真值的一致程度。测量结果越接近真值，测量精度越高；反之，测量精度越低。

【特别提示】

测量的基本要求是保证测量精度，提高测量效率，降低测量成本。

2．长度计量单位与量值传递系统

1）长度计量单位

我国统一实行法定计量单位，其中长度的基本单位为米（m）。机械制造中常用的为毫米（mm），1mm=0.001m。精密测量时，多采用微米（μm）为单位，1μm=0.001mm。超精密测量时，则用纳米（nm）为单位，1nm=0.001μm。

米的定义是不断完善的，目前在用的是 1983 年第 17 届国际计量大会正式通过的新定义："米是光在真空中 1/299 792 458s 时间间隔内所经路径的长度。"

2）长度量值传递系统

1985 年，我国用自己研制的碘吸收稳定的 0.633μm 氦氖激光辐射来复现我国的国家长度基准。

在实际生产和科研中，不便于用光波作为长度基准进行测量，而是采用各种计量器具进行测量。为了保证量值统一，必须把长度基准和量值准确地传递到生产中应用的计量器具和工件上去。因此，必须建立一套长度的最高基准到被测工件的严密而完整的长度量值传递系统。我国从组织上，自国务院到地方，已建立起各级计量管理机构，负责其管辖范围内的计量工作和量值传递工作。从国家波长基准开始，长度量值分两个平行的系统向下传递：一个是端面量具系统，一个是刻线量具系统。如图 3-1 所示为长度量值传递系统，其中以量块为标准器的传递系统应用较广。

3）量块

量块是由两个相互平行的测量面之间的距离来确定其工作长度的高精度量具，在计量部门和机械制造中应用很广。其在长度计量中作为实物标准，用来体现测量单位，并作为尺寸传递的标准器。此外，量块还广泛用于计量器具、机床、夹具的调整，有时也直接用于工件的测量和检验及精密划线等。

（1）量块的构成

量块是没有刻度的平面平行端面量具，用特殊合金钢或陶瓷制成，其线膨胀系数小，不易变形且耐磨性好，具有研合性。量块的形状有长方体和圆柱体两种，常用的是长方体。量块上有两个平行的测量面，其表面光滑平整（达镜面精度），两个测量面间具有精确的尺寸。从量块一个测量面上任意一点（距离过缘 0.5mm 区域除外）到另一个测量面相研合的面（如平晶）的垂直距离为量块长度 L_i。从量块一个测量面上中心点到另一个测量面相研合的面的垂直距离为量块的中心长度 L_o。量块上标出的长度尺寸称为量块的标称长度，如图 3-2 所示。

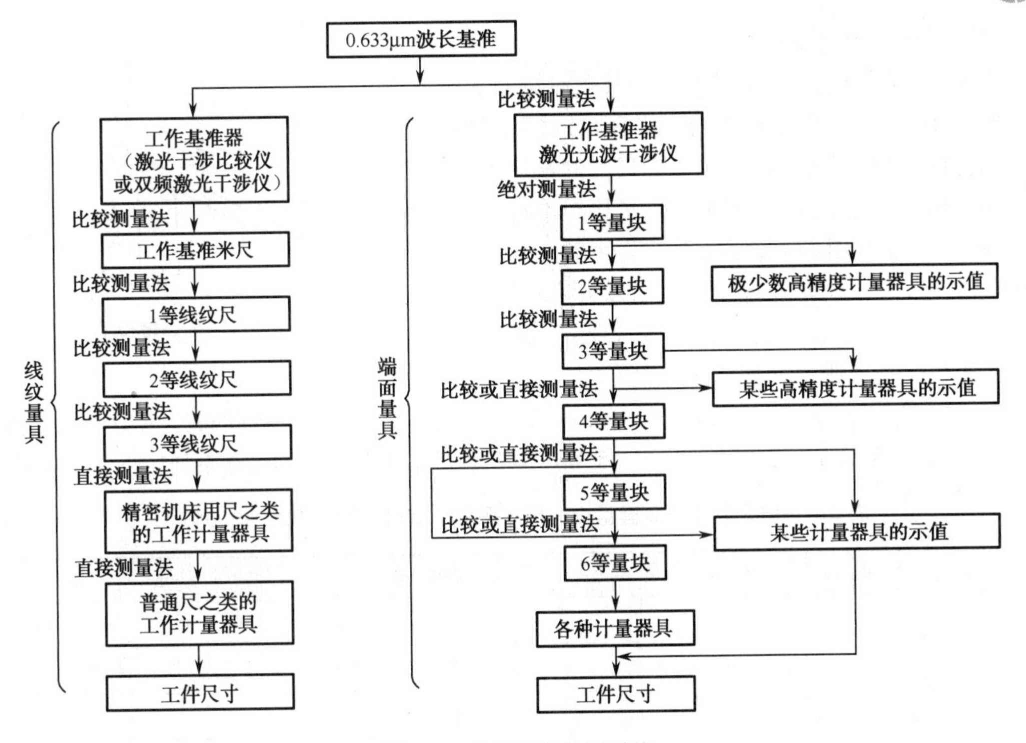

图 3-1　长度量值传递系统

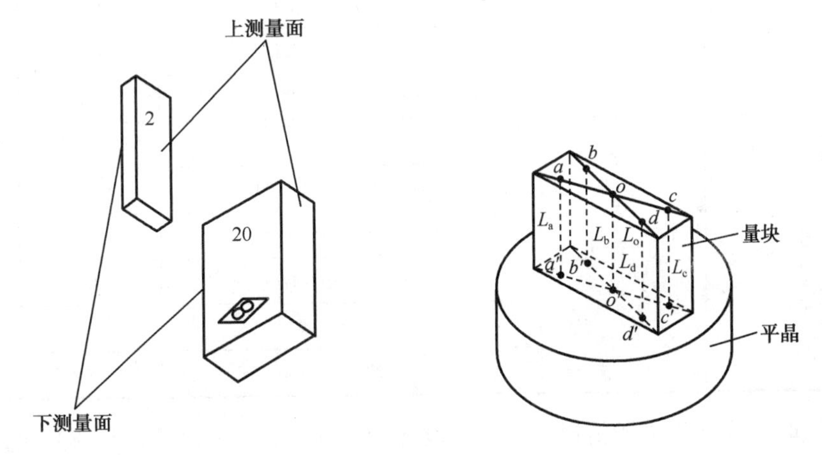

图 3-2　量块

（2）量块的精度

GB/T 6093—2001 按制造精度将量块分为 00，0，1，2，3 和 K 级共 6 级，其中 00 级精度最高，3 级精度最低，K 级为校准级。量块按“级”使用时，以量块的标称长度为工作尺寸，该尺寸包含了量块的制造误差，它们将引入到测量结果中。由于不需要修正，故使用方便。

JJG146—2003《量块检定规程》按检定精度将量块分为 1～6 等，精度依次降低。量块按“等”使用时，不再以标称长度作为工作尺寸，而是用量块经检定后所给出实测中心长度作为工作尺寸，该尺寸排除了量块的制造误差，仅包含检定时较小的测量误差。

【特别提示】

量块一般按“等”使用，比按“级”使用测量精度高。

（3）量块的组合及选用

量块的测量面极为光滑平整，将其顺测量面加压推合，就能研合在一起，这就是量块的可研合性。由于量块具有可研合的特性，可根据实际需要将不同尺寸的量块组合成所需要的长度标准尺寸。为了保证精度，量块组中量块一般不超过 4 块。研合量块组的正确方法：首先用航空汽油将选用的各量块清洗干净，用洁布擦干；然后以大尺寸量块为基础，顺次将小尺寸量块研合上去，如图 3-3 所示。研合量块时要小心，避免碰撞或跌落，切勿划伤测量面。

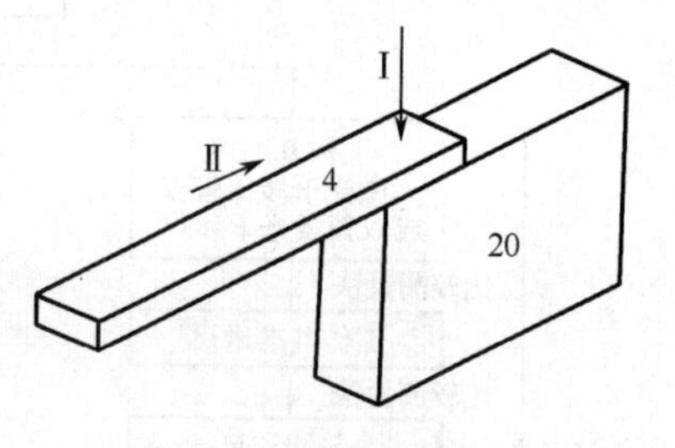

图 3-3　研合量块的方法

量块是按成套生产的，根据 GB/T 6093—2001 规定，共有 17 个系列的成套量块，每套的块数分别为 91、83、46、12、10、8、6、5 等，第 2 套及第 3 套量块的尺寸系列如表 3-1 所示。

表 3-1　第 2 套及第 3 套量块的尺寸系列（摘自 GB/T 6093—2001）

套　别	总 块 数	级　别	尺寸系列/mm	间隔/mm	块　数
2	83	00、0、1、2、3	0.5	—	1
			1	—	1
			1.005	—	1
			1.01、1.02、…、1.49	0.01	49
			1.5、1.6、…、1.9	0.1	5
			2.0、2.5、…、9.5	0.5	16
			10、20、…、100	10	10
3	46	0、1、2	1	—	1
			1.001、1.002、…、1.009	0.001	9
			1.01、1.02、…、1.09	0.01	9
			1.1、1.2、…、1.9	0.1	9
			2、3、…、9	1	8
			10、20、…、100	10	10

选用量块时，应从消去所需尺寸最小尾数开始，逐一选取。例如，从 83 块量块中选取 51.995mm 量块组的过程如图 3-4 所示。

3. 计量器具与测量方法

1）计量器具的分类

计量器具按用途不同分为标准、通用和专用计量器具；按结构和工作原理分为机械式、光学式、气动式、电动式和光电式计量器具；按结构、工作原理和用途的不同，计量器具是量具、量规、量仪和计量装置的总称；按用途和功效的不同可分为标准量具、极限量规、检验夹具和计量仪器四类。

图 3-4　量块组尺寸组成

（1）标准量具：只有某一个固定尺寸，通常用来校对和调整其他计量器具或作为标准用来与被测工件进行比较，如量块、直角尺、各种曲线样板及标准量规等。

（2）极限量规：一种没有刻度的专用检验工具，通规和止规成对使用，不能给出被检验工件的具体尺寸，但能确定被检验工件是否合格。光滑极限量规中，检验孔的量规称为塞规，检验轴的量规称为环规或卡规。

（3）检验夹具：一种专用的检验工具，当配合各种比较仪时，能用来检查更多或更复杂的参数。

（4）计量仪器：能将被测的量值转换成可直接观察的指示值或等效信息的计量器具。根据构造上的特点，计量仪器还可分为以下几种。

① 固定刻线量具：钢直尺、卷尺等；

② 游标类量具：游标卡尺、游标高度尺及游标量角器等；

③ 微动螺旋副类量具：外径千分尺、内径千分尺等；

④ 机械类量仪：百分表、千分表、杠杆比较仪、扭簧比较仪等；

⑤ 光学机械类量仪：光学计、测长仪、投影仪、干涉仪等；

⑥ 气动类量仪：压力式气动量仪、流量计式气动量仪等；

⑦ 电动类量仪：电感比较仪、电动轮廓仪等；

⑧ 光电式量仪：光电显微镜、光纤传感器、激光干涉仪等。

2）计量器具的基本度量指标

度量指标是用来说明计量器具的性能和功用的，它是选择和使用计量器具，研究和判断测量方法正确性的依据。计量器具的基本度量指标如表3-2所示。

表3-2　计量器具的基本度量指标

项　目	含　义	说　明
刻度间距	刻度尺或分度盘上相邻两刻线中心之间的距离。一般为1～2.5mm	与被测量的单位和标尺上的单位无关
分度值	指标尺或分度盘上相邻两刻线间所代表被测量的量值。一般来说，分度值越小，计量器具的精度越高	千分表的分度值为0.001mm，百分表的分度值为0.01mm
示值范围	从计量器具所能显示的最低值（起始值）到最高值（终止值）的范围，二者之差称为量程	光学比较仪的示值范围为±0.1mm
测量范围	在允许的误差限内，从计量器具所能测量的下限值（最小值）到上限值（最大值）的范围，二者之差称为量程	某千分尺的测量范围为75～100mm。某光学比较仪的测量范围为0～180mm
灵敏度	计量器具的指针对被测量变化的反应能力。当被测量变化与示值变化同类时，灵敏度又称放大比（放大倍数），通常，分度值越小，灵敏度越高	放大比 $K=c/i$，其值为常数（c 为计量器的刻度间距，i 为计量器具的分度值）
测量力	计量器具的测头与被测表面之间的接触压力。在接触测量中，要求有一定的恒定测量力	测量力太大会使零件或测头产生变形，测量力不恒定会使示值不稳定
示值误差	计量器具上的示值与被测量真值的代数差。一般来说，示值误差越小，精度越高	由于真值常不能确定，所以实践中常用约定值
示值变动	在测量条件不变的情况下，用计量器具对同一被测量进行多次测量（一般为5～10次）所得示值中的最大差值	示值变动又称测量重复性，通常以测量重复性误差的极限值（正、负偏差）来表示

续表

项目	含义	说明
回程误差	在相同条件下，对同一被测量进行往、返两个方向测量时，计量器具示值的最大变动量	是由计量器具中测量系统的间隙、变形和摩擦等原因引起的
不确定度	由于测量误差的存在而对被测量值不能肯定的程度。不确定度用极限误差表示，它是一个综合指标，包括示值误差、回程误差等	分度值为 0.01mm 的千分尺，在车间条件下测量一个尺寸小于 50mm 的零件时，其不确定度为 ±0.004mm

3）测量方法的分类

测量方法可以从不同角度进行分类，如表 3-3 所示。

表 3-3　测量方法分类

分类方式	名称	含义	说明
获得被测结果的方法	直接测量	直接从计量器具上获得被测量的量值的测量方法	如用游标卡尺、千分尺测量零件的直径或长度
	间接测量	先测量与被测量有一定函数关系的量，再通过函数关系计算出被测量的测量方法	为减少测量误差，一般都采用直接测量，必要时才采用间接测量
读数值是否为被测量的整个量值	绝对测量	被测量的全值从计量器具的读数装置直接读出	如用游标卡尺、千分尺测量零件，其尺寸由刻度尺上直接读出。测量精度低
	相对测量	从计量器具上仅读出被测量对已知标准量的偏差值，而被测量的量值为计量器具的示值与标准量的代数和	如用比较仪测量时，先用量块调整仪器零位，然后测量被测量。测量精度高
被测表面与计量器具的测头是否有机械接触	接触测量	计量器具在测量时，其测头与被测表面直接接触的测量	如用游标卡尺、千分尺测量零件的尺寸，会引起被测表面和计量器具有关部分产生弹性变形，进而影响到测量精度
	非接触测量	计量器具的测头与被测表面不接触的测量	如用气动量仪测量孔径和用光切显微镜测量工件的表面粗糙度
同时测量参数的数量	单项测量	分别测量工件的各个参数的测量	如分别测量螺纹的中径、螺距和牙型半角。其测量效率低，但测量结果便于工艺分析
	综合测量	同时测量工件上某些相关的几何量，综合判断结果是否合格	如用螺纹通规检验螺纹的单一中径、螺距和牙型半角实际值的综合结果，即作用中径。其测量效率高
测量在加工过程中所起的作用	主动测量	在加工过程中对零件的测量，其测量结果用来控制零件的加工过程，从而及时防止废品的产生	使检测与加工过程紧密结合，以保证产品品质
	被动测量	在加工后对零件进行的测量，其测量结果只能判断零件是否合格，仅限于发现并剔除废品	用于验收产品
被测量在测量过程中所处状态	静态测量	在测量时被测表面与计量器具的测头处于静止状态的测量	如用游标卡尺、千分尺测量零件尺寸
	动态测量	在测量时被测表面与计量器具的测头之间处于相对运动状态的测量	如用电动轮廓仪测量表面粗糙度，在磨削过程中测量零件尺寸

4. 测量精度

测量精度是指测量结果与真值的一致程度。而测量误差是客观存在的，彻底排除测量误差的影响是不可能的。测量误差影响越小，测量结果与真值越接近，精度越高；反之精度越低。为了能够区分测量误差对测量精度的影响，将测量精度分为精密度、正确度和准确度。精密度、正确度和准确度的关系如图 3-5 所示。

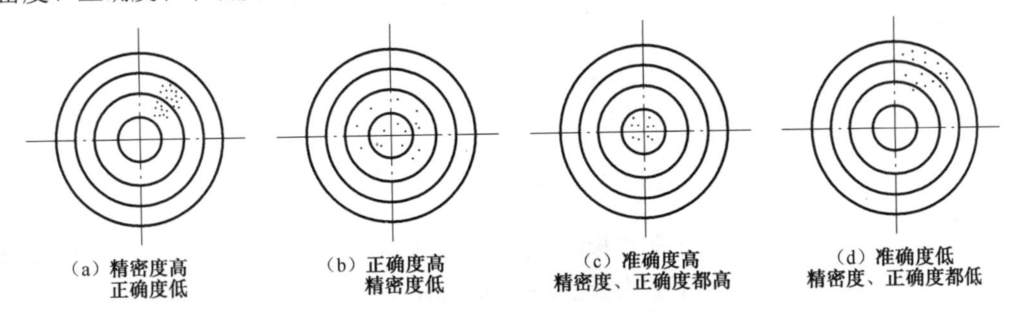

图 3-5 精密度、正确度和准确度的关系

（1）精密度反映测量结果受随机误差影响的程度。随机误差越小，测量结果的精密度越高。

（2）正确度反映测量结果受系统误差影响的程度。系统误差越小，测量结果的正确度越高。

（3）准确度（精确度）反映测量结果受随机误差和系统误差综合影响的程度。随机误差和系统误差越小，测量结果的准确度越高。准确度的定量特征可用测量结果的不确定度来表示。

【特别提示】

通常精密度高的，正确度不一定高；正确度高的，精密度不一定高；但准确度高时，精密度和正确度必定高。

3.1.2 确定验收极限

在进行检测时，把超出公差界限的废品误判为合格品而接收称为误收。将接近公差界限的合格品误判为废品而给予报废称为误废。

GB/T 3177—2009《光滑工件尺寸的检验》对验收原则、验收极限和计量器具的选择等做了规定。该标准适用于普通计量器具（如游标卡尺、千分尺及车间使用的比较仪等）对图样上注出的公差等级为 IT6～IT18、公称尺寸至 500mm 的光滑工件尺寸的检验，也适用于一般公差尺寸的检验。

国家标准规定的验收原则：所用验收方法应只接收位于规定的极限尺寸之内的工件。即允许有误废而不允许有误收，为了保证这个验收原则的实现，保证零件达到互换性要求，将误收减至最小，规定了验收极限。

验收极限是指检验工件尺寸时判断合格与否的尺寸界限。国家标准规定，验收极限可以按照下列两种方法之一确定。

方法 1：验收极限从图样上标定的上极限尺寸和下极限尺寸分别向工件公差带内移动一个安全裕度 A 来确定，如图 3-6 所示。所计算出的两极限值为验收极限（上验收极限和下验收极限），计算式如下。

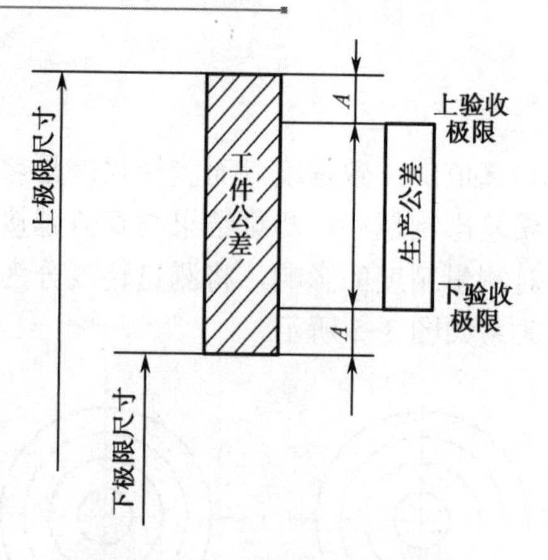

图 3-6　验收极限与安全裕度

$$上验收极限=上极限尺寸-A \tag{3-1}$$

$$下验收极限=下极限尺寸+A \tag{3-2}$$

安全裕度 A 由工件公差确定，A 的数值取工件公差的 1/10，其数值如表 3-4 所示。

表 3-4　安全裕度（A）与计量器具的测量不确定度允许值（u_1）　　单位：μm

公称尺寸/mm		公差等级																													
		IT6					IT7					IT8					IT9					IT10					IT11				
		T	A	u_1			T	A	u_1			T	A	u_1			T	A	u_1			T	A	u_1			T	A	u_1		
大于	至			Ⅰ	Ⅱ	Ⅲ			Ⅰ	Ⅱ	Ⅲ			Ⅰ	Ⅱ	Ⅲ			Ⅰ	Ⅱ	Ⅲ			Ⅰ	Ⅱ	Ⅲ			Ⅰ	Ⅱ	Ⅲ
—	3	6	0.6	0.54	0.9	1.4	10	1.0	0.9	1.5	2.3	14	1.4	1.3	2.1	3.2	25	2.5	2.3	3.8	5.6	40	4.0	3.6	6.0	9.0	60	6.0	5.4	9.0	14
3	6	8	0.8	0.72	1.2	1.8	12	1.2	1.1	1.8	2.7	18	1.8	1.6	2.7	4.1	30	3.0	2.7	4.5	6.8	48	4.8	4.3	7.2	11	75	7.5	6.8	11	17
6	10	9	0.9	0.81	1.4	2.0	15	1.5	1.4	2.3	3.4	22	2.2	2.0	3.3	5.0	36	3.6	3.3	5.4	8.1	58	5.8	5.2	8.7	13	90	9.0	8.1	14	20
10	18	11	1.1	1.0	1.7	2.5	18	1.8	1.7	2.7	4.1	27	2.7	2.4	4.1	6.1	43	4.3	3.9	6.5	9.7	70	7.0	6.3	11	16	110	11	10	17	25
18	30	13	1.3	1.2	2.0	2.9	21	2.1	1.9	3.2	4.7	33	3.3	3.0	5.0	7.4	52	5.2	4.7	7.8	12	84	8.4	7.6	13	19	130	13	12	20	29
30	50	16	1.6	1.4	2.4	3.6	25	2.5	2.3	3.8	5.6	39	3.9	3.5	5.9	8.8	62	6.2	5.6	9.3	14	100	10	9.0	15	23	160	16	14	24	36
50	80	19	1.9	1.7	2.9	4.3	30	3.0	2.7	4.5	6.8	46	4.6	4.1	6.9	10	74	7.4	6.7	11	17	120	12	11	18	27	190	19	17	29	43
80	120	22	2.2	2.0	3.3	5.0	35	3.5	3.2	5.3	7.9	54	5.4	4.9	8.1	12	87	8.7	7.8	13	20	140	14	13	21	32	220	22	20	33	50
120	180	25	2.5	2.3	3.8	5.6	40	4.0	3.6	6.0	9.0	63	6.3	5.7	9.5	14	100	10	9.0	15	23	160	16	15	24	36	250	25	23	38	56
180	250	29	2.9	2.6	4.4	6.5	46	4.6	4.1	6.9	10	72	7.2	6.5	11	16	115	12	10	17	26	185	18	17	28	42	290	29	26	44	65
250	315	32	3.2	2.9	4.8	7.2	52	5.2	4.7	7.8	12	81	8.1	7.3	12	18	130	13	12	19	29	210	21	19	32	47	320	32	29	48	72
315	400	36	3.6	3.2	5.4	8.1	57	5.7	5.1	8.4	13	89	8.9	8.0	13	20	140	14	13	21	32	230	23	21	35	52	360	36	32	54	81
400	500	40	4.0	3.6	6.0	9.0	63	6.3	5.7	9.5	14	97	9.7	8.7	15	22	155	16	14	23	35	250	25	23	38	56	400	40	36	60	90

由于验收极限向工件的公差带之内移动，为了保证验收时合格，在生产时工件不能按原有的极限尺寸加工，应按由验收极限所确定的范围生产，这个范围称为“生产公差”。

方法 2：验收极限等于图样上标定的上极限尺寸和下极限尺寸，即 A 值等于零。

方法 1 和方法 2，具体选择哪一种，要结合工件尺寸功能要求及其重要程度、尺寸公差等级、测量不确定度和工艺能力等因素综合考虑。具体原则：

（1）对要求符合包容要求的尺寸、公差等级高的尺寸，其验收极限按方法 1 确定。

（2）工艺能力指数 Cp≥1 时，其验收极限可以按方法 2 确定。

工艺能力指数 Cp 是工件公差值 T 与加工设备工艺能力 $C\sigma$之比值。C 为常数，工件尺寸遵循正态分布时 C=6；σ为加工设备的标准偏差，$Cp=T/6\sigma$。

（3）对偏态分布的尺寸，其验收极限可以仅对尺寸偏向的一边按方法 1 确定，而另一边按方法 2 确定。

（4）对非配合和一般的尺寸，其验收极限按方法 2 确定。

【特别提示】

对要求符合包容要求的尺寸，其轴的上极限尺寸和孔的下极限尺寸要按方法 1 确定。

3.1.3 选择普通计量器具

在进行检测时，要针对零件不同的结构特点和精度要求采用不同的计量器具。对于大批量生产，多采用专用量规检验，以提高检测效率。对于小批量生产，则常采用普通计量器具进行检测。下面主要介绍普通计量器具的选择及常用的尺寸测量方法。

计量器具的选择主要取决于计量器具的技术指标和经济指标。具体要求如下：

（1）选择计量器具应与被测工件的外形、位置、尺寸的大小及被测参数特性相适应，使所选计量器具的测量范围能满足工件的要求。

（2）选择计量器具应考虑工件的尺寸公差，使所选计量器具的不确定度既要保证测量精度要求，又要符合经济性要求。

为了保证测量的可靠性和量值的统一，国家标准规定：按照计量器具的测量不确定度允许值 u_1 选择计量器具。u_1 值大小分为Ⅰ、Ⅱ、Ⅲ挡，分别约为工件公差的 1/10、1/6 和 1/4。对于 IT6～IT11，u_1 值分为Ⅰ、Ⅱ、Ⅲ挡；对于 IT12～IT18，u_1 值分为Ⅰ、Ⅱ挡。一般情况下，优先选用Ⅰ挡，其次为Ⅱ、Ⅲ挡。

在选择计量器具时，所选用的计量器具的不确定度应小于或等于计量器具不确定度的允许值 u_1。表 3-5 为千分尺和游标卡尺的不确定度，表 3-6 为比较仪的不确定度，表 3-7 为指示表的不确定度。

表 3-5 千分尺和游标卡尺的不确定度

单位：mm

<table>
<tr><th colspan="2" rowspan="2">尺寸范围</th><th colspan="4">所使用的计量器具</th></tr>
<tr><th>分度值为 0.01
外径千分尺</th><th>分度值为 0.01
内径千分尺</th><th>分度值为 0.02
游标卡尺</th><th>分度值为 0.05
游标卡尺</th></tr>
<tr><th>大于</th><th>至</th><th colspan="4">不确定度</th></tr>
<tr><td>0</td><td>50</td><td>0.004</td><td rowspan="3">0.008</td><td rowspan="6">0.020</td><td rowspan="3">0.05</td></tr>
<tr><td>50</td><td>100</td><td>0.005</td></tr>
<tr><td>100</td><td>150</td><td>0.006</td></tr>
<tr><td>150</td><td>200</td><td>0.007</td><td rowspan="3">0.013</td><td rowspan="3">0.100</td></tr>
<tr><td>200</td><td>250</td><td>0.008</td></tr>
<tr><td>250</td><td>300</td><td>0.009</td></tr>
</table>

续表

<table>
<tr><th colspan="2" rowspan="2">尺寸范围</th><th colspan="4">所使用的计量器具</th></tr>
<tr><th>分度值为 0.01
外径千分尺</th><th>分度值为 0.01
内径千分尺</th><th>分度值为 0.02
游标卡尺</th><th>分度值为 0.05
游标卡尺</th></tr>
<tr><th>大于</th><th>至</th><th colspan="4">不确定度</th></tr>
<tr><td>300</td><td>350</td><td>0.010</td><td rowspan="3">0.020</td><td rowspan="7"></td><td rowspan="6">0.100</td></tr>
<tr><td>350</td><td>400</td><td>0.011</td></tr>
<tr><td>400</td><td>450</td><td>0.012</td></tr>
<tr><td>450</td><td>500</td><td>0.013</td><td>0.025</td></tr>
<tr><td>500</td><td>600</td><td rowspan="3"></td><td rowspan="3">0.030</td></tr>
<tr><td>600</td><td>700</td></tr>
<tr><td>700</td><td>1000</td><td>0.150</td></tr>
</table>

注：当采用比较测量时，千分尺的不确定度可小于本表规定的数值，一般可减小 40%。

表 3-6　比较仪的不确定度

单位：mm

<table>
<tr><th colspan="2" rowspan="2">尺寸范围</th><th colspan="4">所使用的计量器具</th></tr>
<tr><th>分度值为 0.0005（相当于放大 2000 倍）的比较仪</th><th>分度值为 0.001（相当于放大 1000 倍）的比较仪</th><th>分度值为 0.002（相当于放大 400 倍）的比较仪</th><th>分度值为 0.005（相当于放大 250 倍）的比较仪</th></tr>
<tr><th>大于</th><th>至</th><th colspan="4">不确定度</th></tr>
<tr><td>0</td><td>25</td><td>0.0006</td><td rowspan="2">0.0010</td><td>0.0017</td><td rowspan="6">0.0030</td></tr>
<tr><td>25</td><td>40</td><td>0.0007</td><td rowspan="3">0.0018</td></tr>
<tr><td>40</td><td>65</td><td rowspan="2">0.0008</td><td rowspan="2">0.0011</td></tr>
<tr><td>65</td><td>90</td></tr>
<tr><td>90</td><td>115</td><td>0.0009</td><td>0.0012</td><td rowspan="2">0.0019</td></tr>
<tr><td>115</td><td>165</td><td>0.0010</td><td>0.0013</td></tr>
<tr><td>165</td><td>215</td><td>0.0012</td><td>0.0014</td><td>0.0020</td><td rowspan="3">0.0035</td></tr>
<tr><td>215</td><td>265</td><td>0.0014</td><td>0.0016</td><td>0.0021</td></tr>
<tr><td>265</td><td>315</td><td>0.0016</td><td>0.0017</td><td>0.0022</td></tr>
</table>

注：测量时，使用的标准器由 4 块 1 级（或 4 等）量块组成。

表 3-7　指示表的不确定度

单位：mm

<table>
<tr><th colspan="2" rowspan="2">尺寸范围</th><th colspan="4">所使用的计量器具</th></tr>
<tr><th>分度值为0.001 的千分表（0 级在全程范围内，1 级在 0.2mm 内）；分度值为 0.002 的千分表(在 1 转范围内）</th><th>分度值为 0.001、0.002、0.005 的千分表(1 级在全程范围内）；分度值为 0.01 的百分表（0 级在任意 1mm 内）</th><th>分度值为 0.01 的百分表（0 级在全程范围内，1 级在任意 1mm 内）</th><th>分度值为 0.01 的百分表（1 级在全程范围内）</th></tr>
<tr><th>大于</th><th>至</th><th colspan="4">不确定度</th></tr>
<tr><td>0</td><td>25</td><td rowspan="3">0.005</td><td rowspan="3">0.010</td><td rowspan="3">0.018</td><td rowspan="3">0.030</td></tr>
<tr><td>25</td><td>40</td></tr>
<tr><td>40</td><td>65</td></tr>
</table>

续表

<table>
<tr><th rowspan="2" colspan="2">尺寸范围</th><th colspan="4">所使用的计量器具</th></tr>
<tr><th>分度值为0.001的千分表（0级在全程范围内，1级在0.2mm内）；分度值为0.002的千分表（在1转范围内）</th><th>分度值为0.001、0.002、0.005的千分表（1级在全程范围内）；分度值为0.01的百分表（0级在任意1mm内）</th><th>分度值为0.01的百分表（0级在全程范围内，1级在任意1mm内）</th><th>分度值为0.01的百分表（1级在全程范围内）</th></tr>
<tr><th>大于</th><th>至</th><th colspan="4">不确定度</th></tr>
<tr><td>65</td><td>90</td><td rowspan="2">0.005</td><td rowspan="6">0.010</td><td rowspan="6">0.018</td><td rowspan="6">0.030</td></tr>
<tr><td>90</td><td>115</td></tr>
<tr><td>115</td><td>165</td><td rowspan="4">0.006</td></tr>
<tr><td>165</td><td>215</td></tr>
<tr><td>215</td><td>265</td></tr>
<tr><td>265</td><td>315</td></tr>
</table>

3.1.4 常用计量器具的结构、原理及应用

在实际生产中，尺寸的测量方法和使用的计量器具种类很多，下面主要介绍几种常用的计量器具。

1. 固定刻线量具

（1）钢卷尺

在工厂中，常用钢卷尺来粗测量较为长大的工件。这种尺所能量得的准确度是±1 mm。一种钢卷尺的截面略做弧形，有弹性，因钢卷尺很薄，故能测直伸量也能测微弯曲量。另一种较长的钢卷尺是扁平状的，有10m、20m、30m、50m等不同长度。

（2）钢直尺（常称钢尺）

钢直尺用于较准确的测量，其刻度是用精密刻度机刻成的。按照准确度的不同分成几个等级。

钢尺必须具备下列条件才能使用：

① 尺面没有受过损伤；

② 端边必须和零线符合；

③ 尺的端边必须和长边垂直（图3-7）。

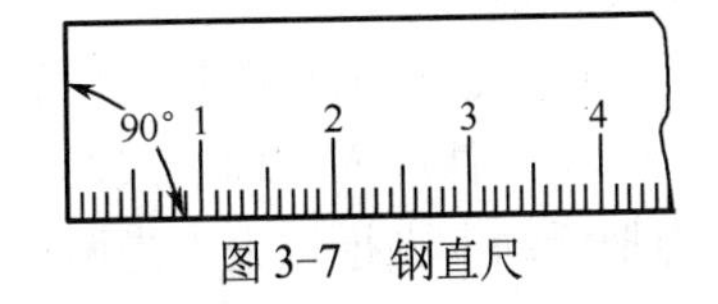

图3-7 钢直尺

用钢尺测量工件的方法如图3-8所示。首先应注意尺的零线是否确与工件的边缘重合，如果尺的零线模糊不清或有损伤时，可以改用零线后的某个刻度线作为测量的起线。读数方法要正确（图3-9），尺和靠边角尺的测量方法如图3-10所示。

2. 游标类量具

（1）原理。游标类量具是利用游标读数原理制成的一种常用量具，它具有结构简单、使用方便、测量范围大等特点。

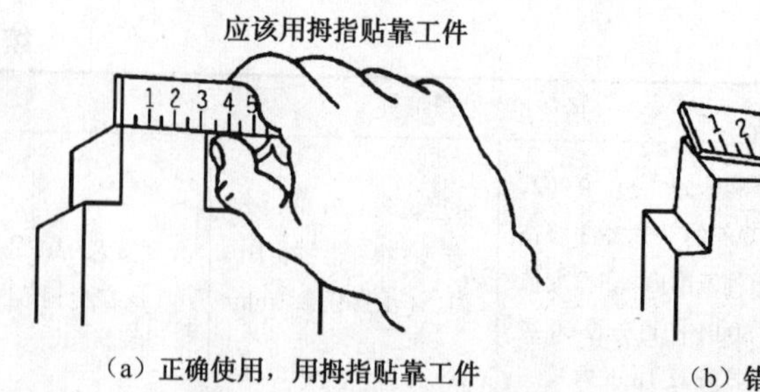

（a）正确使用，用拇指贴靠工件

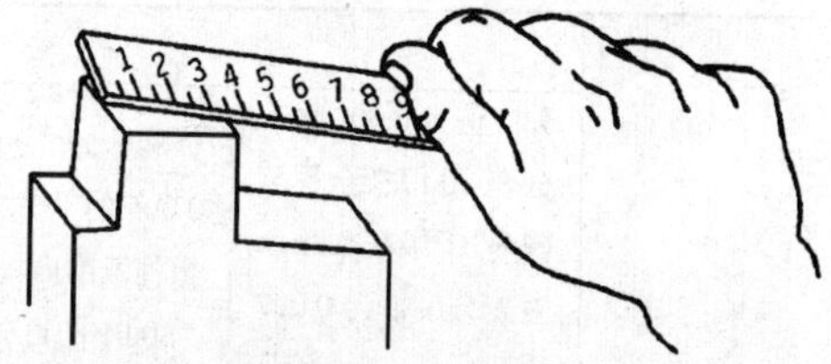

（b）错误使用，这样不可能把尺安放得稳妥

图 3-8　钢直尺

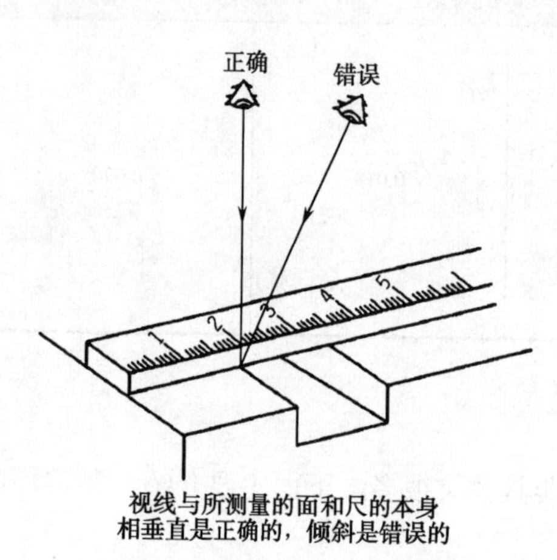

图 3-9　读数方法

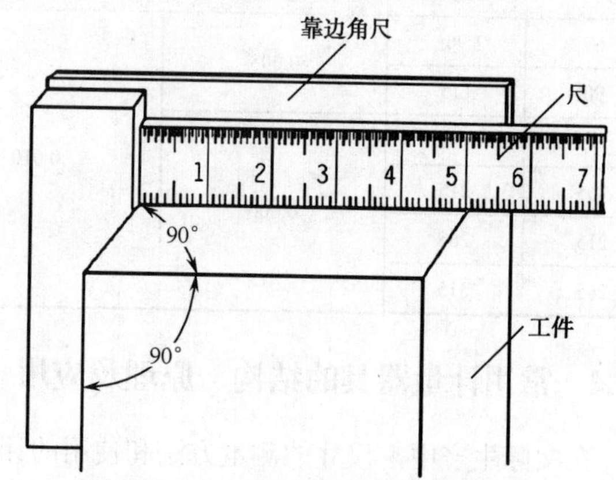

图 3-10　用靠边角尺的测量方法

（2）读数。游标卡尺的分度值有 0.1mm、0.05mm、0.02mm 三种。用游标量具进行测量时，首先读出主尺刻度的整数部分数值；再判断副尺（游标尺）游标第几根刻线与主尺刻线对齐，用副尺游标刻线的序号乘以分度值，即可得到被测量的小数部分数值；将整数部分与小数部分相加，即为测量所得结果，如图 3-11 所示。

【特别提示】

游标卡尺的游标尺的零刻线应与主尺的零刻线对齐，若对得不齐，应记录游标的读数（该值应在数据处理时作为定值系统误差予以修正）。游标卡尺的读数值就是测量时的读数精度，不要估读。

（3）游标卡尺测量工件的方法。

把工件放入游标卡尺两个张开的卡脚时，必须贴靠在左侧固定卡脚上，然后用轻微的压力把活动卡脚推过去。当两个卡脚的测量面已和工件均匀贴靠时，即可从游标卡尺上读出工件的尺寸，如图 3-12 所示。

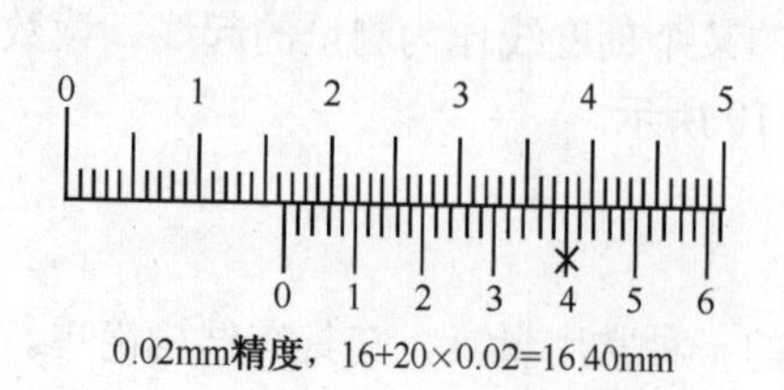

图 3-11　0.02mm 游标类量具读尺寸方法

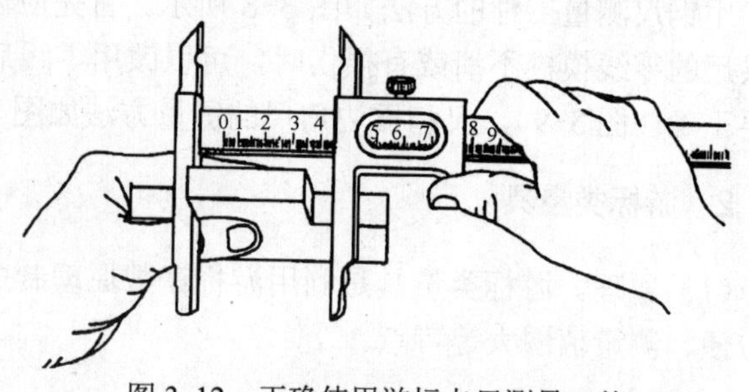

图 3-12　正确使用游标卡尺测量工件

在车床或磨床上使用游标卡尺测量工件尺寸，必须先使工件的运动停下后，才可用游标卡尺量尺寸。先把固定卡脚贴靠工件，然后移动活动卡脚，轻压到工件上。绝不可把已固定好开口的游标卡尺用一只手硬卡到工件上去，这样会使卡脚弯曲，使被测量面磨损，降低游标卡尺的精确度，如图3-13所示。

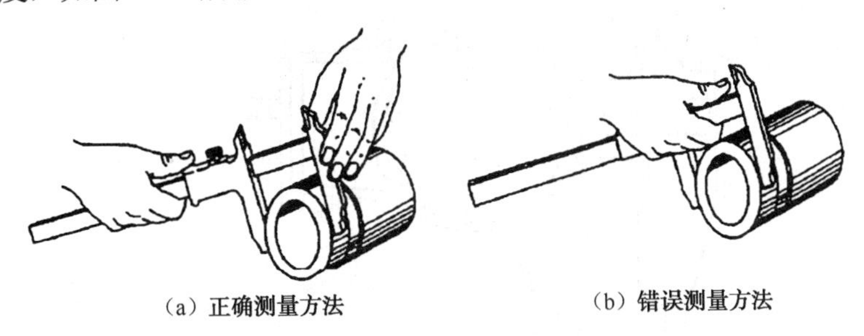

（a）正确测量方法　　（b）错误测量方法

图3-13　车削或磨削工件时的测量

（4）分类。

常用的游标量具有游标卡尺、深度游标尺、高度游标尺，它们的读数原理相同，所不同的主要是测量面的位置。除了测量功能外，高度尺还兼具划线功能，如图3-14所示。

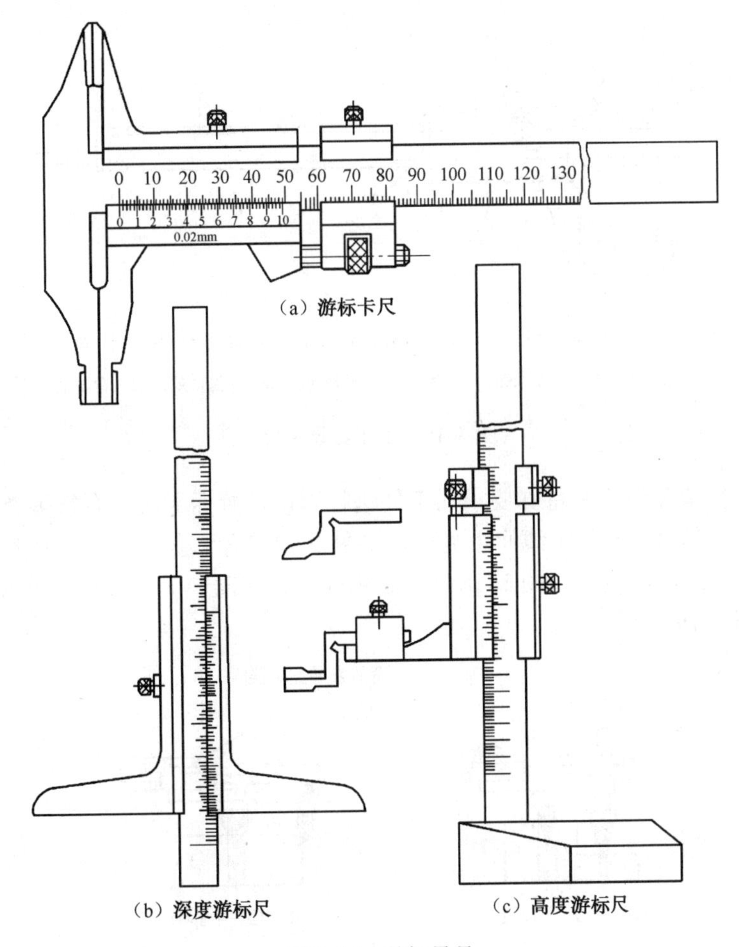

（a）游标卡尺

（b）深度游标尺　　（c）高度游标尺

图3-14　游标量具

为了读数方便，有的游标卡尺上装有测微表头，如图 3-15 所示，它是通过机械传动装置，将两测量爪相对移动转变为指示表的回转运动，并借助尺身刻度和指示表，对两测量爪相对移动所分隔的距离进行读数的。

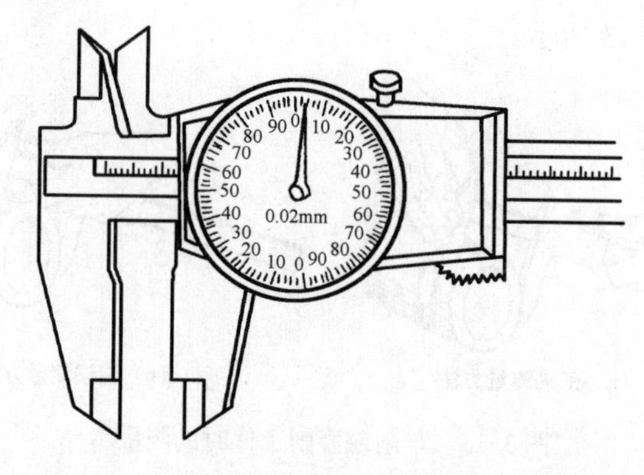

图 3-15　带表游标卡尺

如图 3-16 所示为电子数显卡尺，它具有非接触性电容式测量系统，由液晶显示器显示。用电子数显卡尺测量方便可靠。

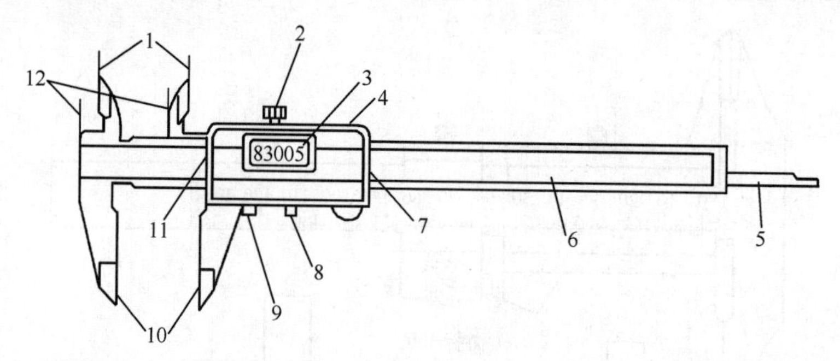

1—内测量爪；2—紧固螺钉；3—液晶显示器；4—数据输出端口；5—深度尺；6—尺身；
7、11—去尘板；8—置零按钮；9—米/英制换算按钮；10—外测量爪；12—台阶测量面

图 3-16　电子数显卡尺

为了便于对复杂工件或有特殊要求的工件进行测量，游标卡尺还有很多类型，如背置量爪型中心线卡尺，专门用于孔轴线间距测量，如图 3-17 所示；偏置卡尺，尺身量爪可上下滑动便于进行阶差端面的测量，如图 3-18 所示；内（外）凹槽卡尺，适用于对内（外）凹槽尺寸的测量，如图 3-19 所示。

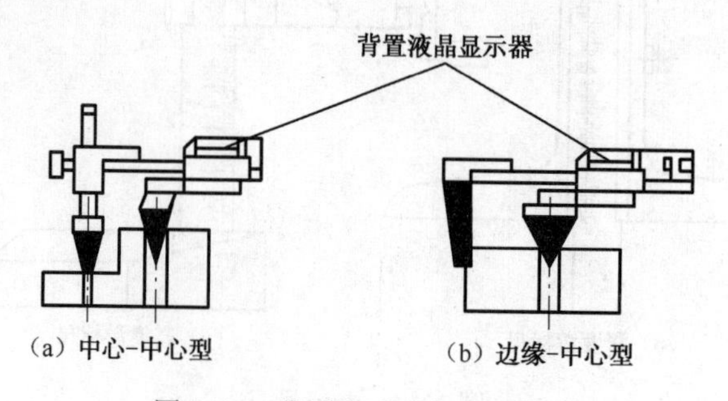

图 3-17　背置量爪型中心线卡尺

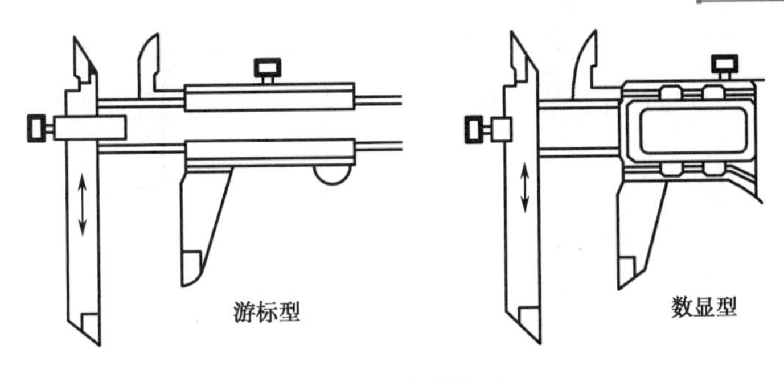

图 3-18 偏置卡尺

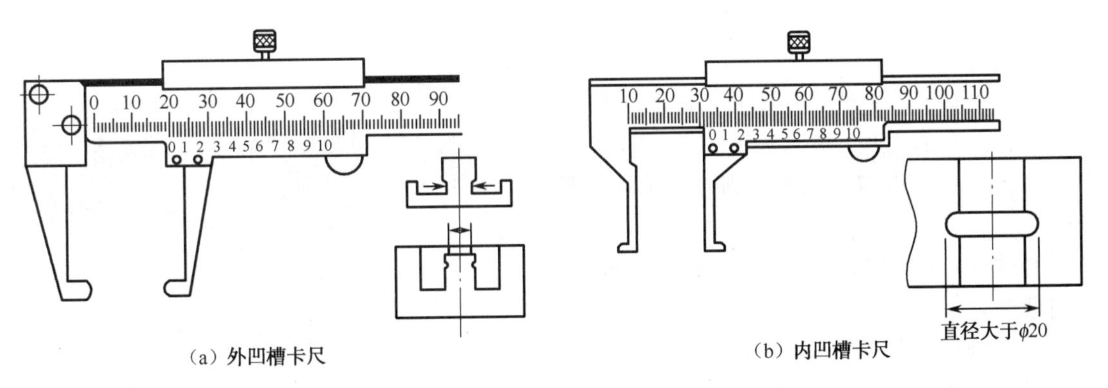

图 3-19 内（外）凹槽卡尺

3. 螺旋测微类量具

（1）原理。螺旋测微类量具是利用“螺旋”的角位移与其线位移成比例的原理进行测量和读数的一种测微量具。外径千分尺结构如图 3-20 所示。

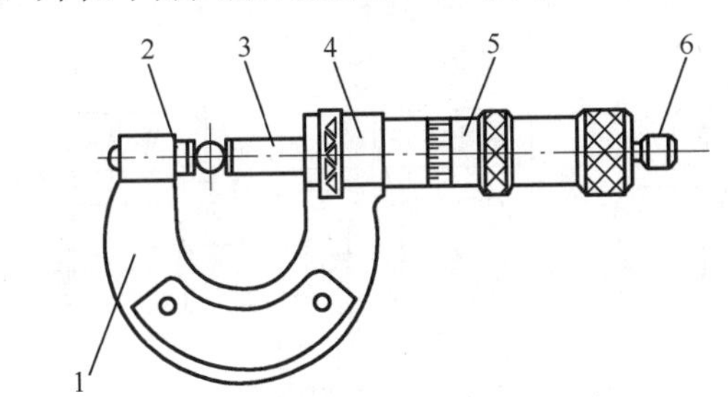

1—尺架；2—测砧；3—测微螺杆；4—固定套筒；5—微分筒；6—限荷棘轮

图 3-20 外径千分尺的结构

（2）分类。螺旋测微类量具可分为外径千分尺、内径千分尺、深度千分尺、螺纹千分尺、公法线千分尺等。常用外径千分尺的分度值为 0.01mm，测量范围有 0～25mm、25～50mm、50～75mm 以至几米以上，但测微螺杆的测量位移一般为 25mm。

（3）读数。在千分尺上读尺寸的方法，可分为三步：

步骤一，读出微分筒边缘处固定套筒露出刻线的毫米、半毫米整数；

步骤二，微分筒上哪一格与固定套筒上基准线对齐，要估读一位，再乘以分度值 0.01；

步骤三，把以上两个读数相加，如图 3-21 所示。

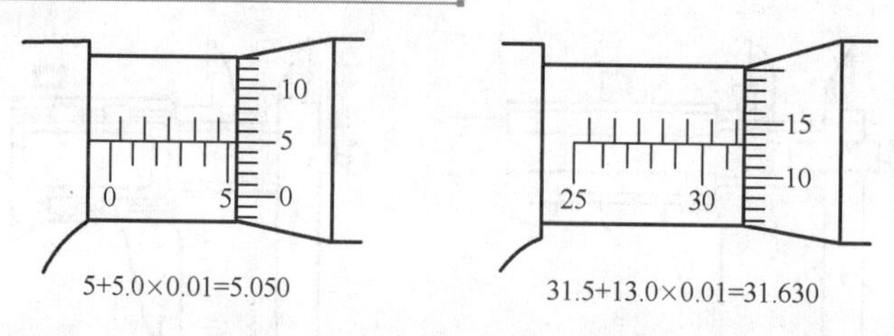

图 3-21　千分尺的读尺寸方法

（4）外径千分尺的测量方法。

步骤一，将被测物擦干净，千分尺使用时轻拿轻放；

步骤二，松开千分尺锁紧装置，校准零位，转动旋钮，使测砧与测微螺杆之间的距离略大于被测物体；

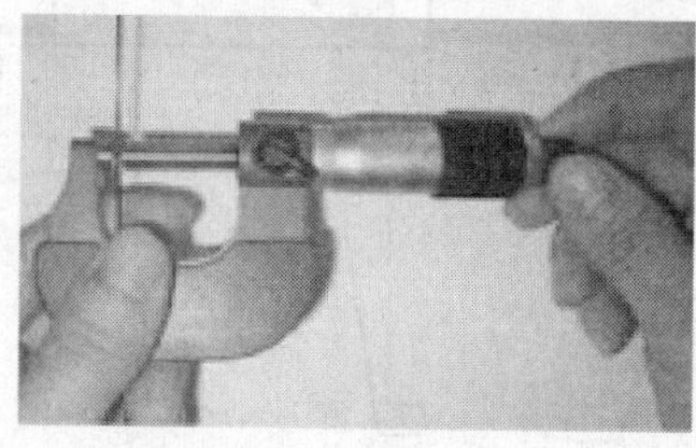

图 3-22　千分尺的读数操作方法

步骤三，一只手拿千分尺的尺架，将待测物置于测砧与测微螺杆的端面之间，另一只手转动旋钮，当螺杆要接近物体时，改旋棘轮机构，直至听到“咔咔咔”声，如图 3-22 所示。

步骤四，旋紧锁紧装置（防止移动千分尺时螺杆转动），即可读数。

（5）外径千分尺零误差的判定。

校准好的千分尺，当测微螺杆与测砧（或校零标准测杆）接触后，微分筒上的零线与固定刻度上的水平横线应该是对齐的，如图 3-23（a）所示，如果没有对齐，测量时就会产生系统误差——零误差。如无法消除零误差，则应考虑它们对读数的影响。

① 可动刻度的零线在水平横线上方，且第 X 条刻度线与横线对齐，即说明测量时的读数要比真实值小 X/100mm，这时零误差为负值，如图 3-23（b）所示。

② 可动刻度的零线在水平横线下方，且第 Y 条刻度线与横线对齐，则说明测量时的读数要比真实值大 Y/100mm，这时零误差为正值，如图 3-23（c）所示。

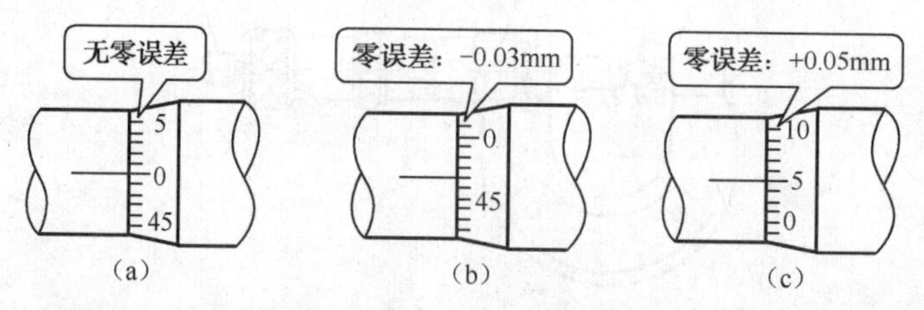

图 3-23　千分尺零误差的判定

对于存在零误差的千分尺，零误差应在数据处理时作为定值系统误差予以修正，应该给出千分尺读数的修正值（与零误差大小相等，符号相反），则测量结果应等于读数值加修正值，即

测量结果=固定刻度读数+可动刻度读数+修正值

4．机械量仪

（1）原理：机械量仪是利用机械机构将直线位移经传动、放大后，通过读数装置表示出来的一种测量器具。

（2）分类及用途。

① 百分表。百分表是应用最广的机械量仪，它的结构及安装方法如图 3-24 所示。分度值为 0.01mm 的称为百分表，分度值为 0.001mm（或 0.002mm）的称为千分表。百分表盘圆周刻有 100 条等分刻线，齿轮传动系统是测量杆移动 1mm，大指针回转一圈，小指针可指示大指针转过的圈数。指针的偏转量即为被测工件的实际偏差或间隙值。百分表的示值范围有 0～3mm、0～5mm、0～10mm 三种。

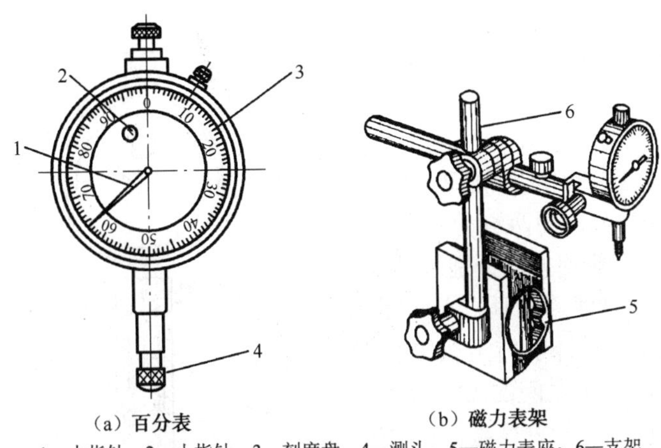

（a）百分表　　（b）磁力表架

1—大指针；2—小指针；3—刻度盘；4—测头；5—磁力表座；6—支架

图 3-24　百分表的结构及安装的方法

百分表的使用方法：

步骤一，百分表在使用时，可装在专用的磁性表架上（见图 3-24（b）），表架放在平板上，或放在某一平整位置上。百分表在表架上的上下、前后位置可以任意调节。

步骤二，调整表架，使量杆垂直被测量面，并使量杆略有压缩（即大指针有转动，一般为 0～1mm）。

步骤三，转动表圈使大指针对正表盘上的“0”，即“对零”。

步骤四，使量表与被测表面缓慢地产生相对运动。

步骤五，读出相对运动的前后指针的变化值即为相对长度变化值。

② 内径百分表。内径百分表是一种用相对测量法测量孔径的常用量仪，它可测量 6～1000mm 的内径尺寸，特别适合于测量深孔。内径百分表由百分表和表架等组成，结构如图 3-25 所示。内径百分表活动测头的位移量很小，它的测量范围是由更换或调整可换测头的长度而达到的。

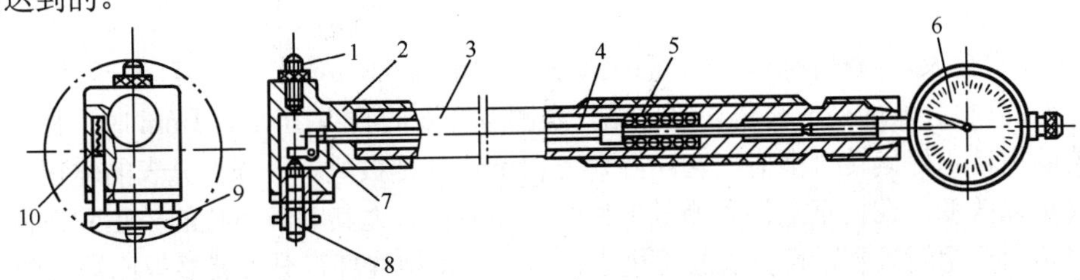

1—可换测头；2—主体；3—表架；4—传动杆；5—弹簧；6—量表；

7—杠杆；8—活动测头；9—定位护桥；10—弹簧

图 3-25　内径百分表

内径百分表的测量范围有 6～10mm、10～18mm、18～35mm、35～50mm、50～100mm、100～160mm、160～250mm、250～450mm 几种。

测量步骤：

步骤一，选择内径百分表，使其测量范围满足被测尺寸。并选择适当大小的可换测头，把它装于表杆端部壳体的螺孔中并用螺母背紧（此时两测量头自由状态的长度应比被测孔径大 0.5～1mm，使内径百分表测量时有半圈到一圈的预压量。预压量不能过大，更不能超出百分表规格的上限值）。

步骤二，用量块夹或外径千分尺得到调整零位的基准孔，基准孔的尺寸为被测孔的公称尺寸。

步骤三，调整零位。将内径百分表的两测头置于量块夹或外径千分尺的两测量面之间，按图 3-26 中 *A*、*B* 所示旋摆方向分别绕轴 *Y*、*Z* 摆动。随着两测量头连线逐渐垂直于两测量爪的测量面，大指针顺时针旋转至极限位置（此时内径百分表两测量头之间的尺寸恰为基准孔的标准量值）。调整百分表度盘，使“0”刻线与大指针顺时针旋转的极限位置重合。反复调整数次，直至大指针再无顺时针旋转超过此“0”刻线的状态时，“调零”操作结束。

测量孔径，读取偏差值。

步骤四，将内径百分表的两测量头置于被测件孔中，按图 3-26 中 *A* 的方式往复摆动，百分表大指针顺时针旋转至极限位置（拐点）的读数，即为被测孔径某测量位置的尺寸与基准孔标准量的偏差。

步骤五，记录数据，给出结论。在与工件中心线垂直的若干个测量平面内，测量若干方位。每个方位多测几次，取各次读数值的算术平均值作为测量结果，记入实验记录内。根据被测孔径的公差要求，判断被测孔径是否合格。

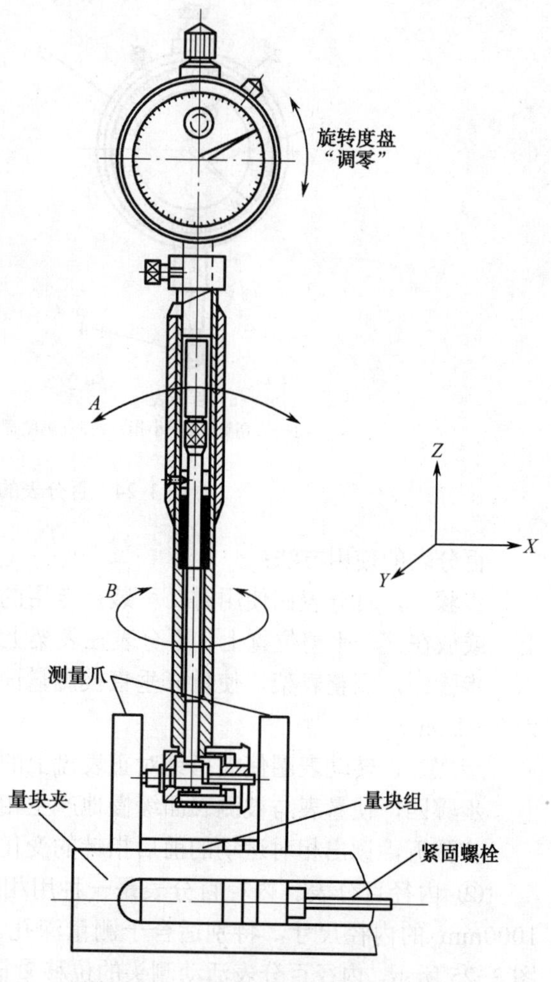

图 3-26　内径百分表调整零位示意图

③ 杠杆百分表。杠杆百分表又称靠表，其分度值为 0.01mm，示值范围一般为±0.4mm。图 3-27 为杠杆百分表的外形与传动原理图。当测量杆 6 的测头摆动 0.01mm 时，杠杆、齿轮传动机构的指针正好偏转一小格，这样得到 0.01mm 的读数值。杠杆百分表的体积小，测杆的方向又可以改变，在校正工件和测量工件时都很方便。尤其对于小孔的校正和在机床上校正零件时，由于空间限制，百分表放不进去，这时，使用杠杆百分表就显得比较方便了。

④ 扭簧比较仪。

原理：扭簧比较仪是利用扭簧作为传动放大机构，将测量杆的直线位移转变为指针的角位移的，其外形与传动原理示意图如图 3-28 所示。

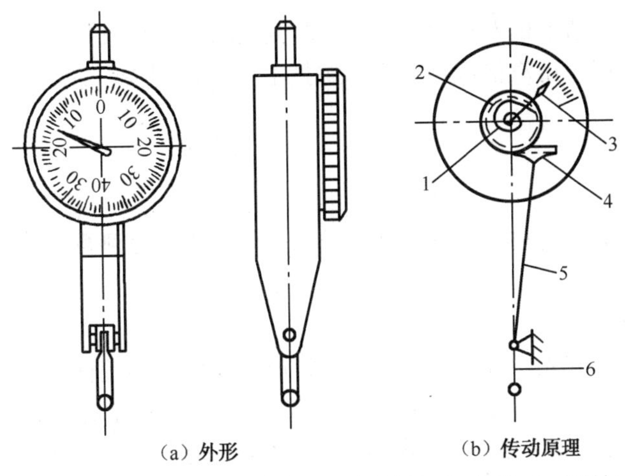

（a）外形　　（b）传动原理

1—小齿轮；2—大齿轮；3—指针；4—扇形齿轮；5—杠杆；6—测量杆

图 3-27　杠杆百分表的外形与传动原理示意图

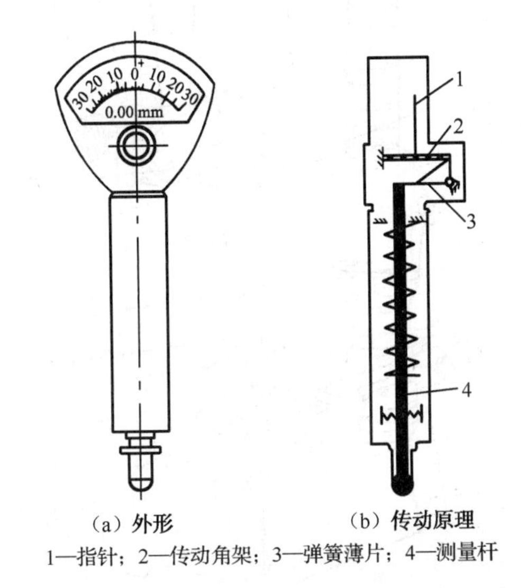

（a）外形　　（b）传动原理

1—指针；2—传动角架；3—弹簧薄片；4—测量杆

图 3-28　扭簧比较仪的外形与传动原理示意图

示值范围：扭簧比较仪的分度值有 0.001mm、0.0005mm、0.0002mm、0.0001mm 等四种，其标尺的示值范围分别为±0.03mm、±0.015mm、±0.006mm、±0.003mm。

用途：扭簧比较仪的结构简单，它的内部没有相互摩擦的零件，因此灵敏度极高，可用做精密测量。

测量步骤：

步骤一，按照工件尺寸公差要求选择并组合量块。

步骤二，用汽油或酒精棉球及绸布将仪器工作台擦干净后，把组合好的量块组置于比较仪的工作台上。松开横臂锁紧螺钉，缓慢地调整横臂高度，使比较仪测量头与量块上表面轻轻接触，将横臂锁紧。再通过微调旋钮进行微调，使度盘“0”刻度线与指示表的指针重合。轻轻按动测量头杠杆抬起夹数次，观察指针复位情况，直至指针与度盘“0”刻线准确重合为止。

步骤三，测量，记录数据。按动测量头杠杆抬起夹使测量头抬起。取下量块组，将被测工件置于测量头下，分别在不同的方位进行测量。每个测量点要重复测量几次，取各读数值

的算术平均值作为测量结果填入实验记录（注意偏差的正、负值）。

步骤四，测量完毕，用汽油或酒精棉球擦拭工作台、测头、量块并用绸布擦干净。涂覆防锈油脂。

5．光学量仪

（1）原理：光学量仪是利用光学原理制成的量仪，在长度测量中应用比较广泛的有光学计、测长仪等。

（2）分类及用途。

① 立式光学计。立式光学计是利用光学杠杆放大作用将测量杆的直线位移转换为反射镜的偏转，使反射光线也发生偏转，从而得到标尺影像的一种光学量仪。

立式光学计的外形结构如图 3-29 所示。测量时，先将量块置于工作台上，调整仪器使反射镜与主光轴垂直，然后换上被测工件。立式光学计的光学系统如图 3-30 所示。

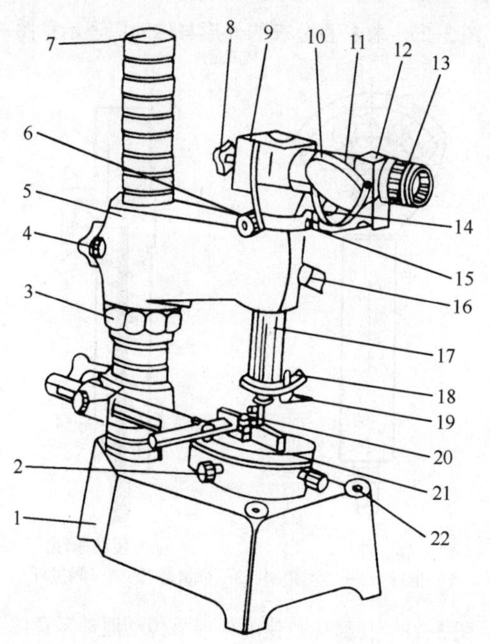

1—底座；2—调整螺钉；3—粗调节螺母；4、8、15、16—紧固螺钉；5—横臂；6—细调节手轮；

7—立柱；9—插孔；10—进光反射镜；11—连接座；12—目镜座；13—目镜；14—微调节手轮；

17—光学计管；18—螺钉；19—提升器；20—测头；21—工作台；22—基础调整螺钉

图 3-29　立式光学计外形结构

立式光学计的分度值为 0.001mm，示值范围为±0.1mm，测量范围为高 0～180mm、直径 0～150mm，仪器的最大不确定度为 0.00025mm，测量的最大不确定度为（0.5+L/100）μm（L是被测长度，单位为 mm）。

测量步骤：

步骤一，测头的选择。测头有球形、平面形和刀口形三种，根据被测零件表面的几何形状来选择，使测头与被测表面尽量满足点接触。所以，测量平面或圆柱面工件时，选用球形测头；测量球面工件时，选用平面形测头；测量直径小于 10mm 的圆柱形工件时，选用刀口形测头。

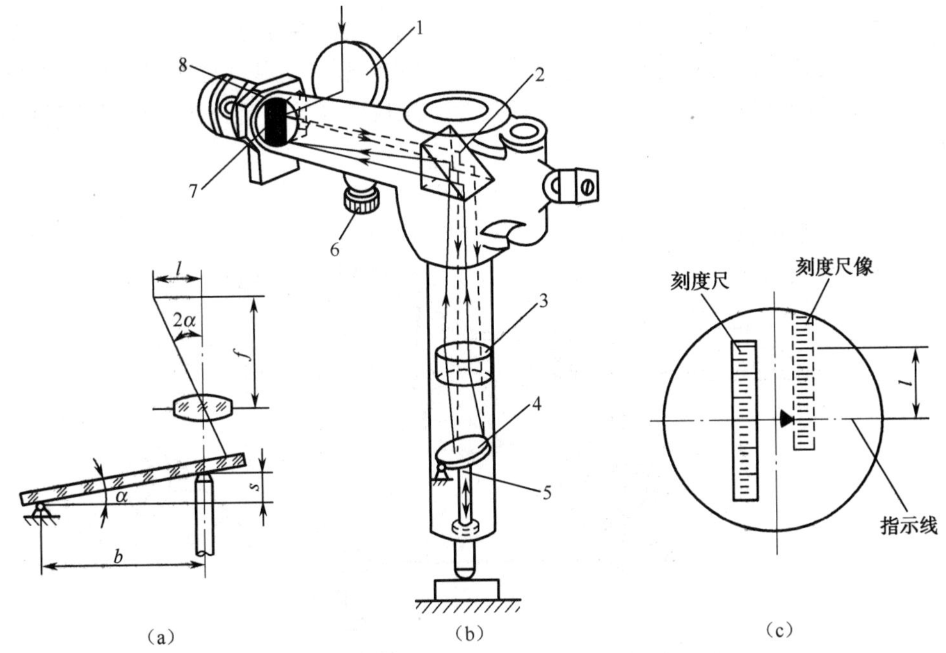

1—反射镜；2—直角棱镜；3—物镜；4—反射镜；5—测杆；

6—零位微调螺钉；7—刻度尺像；8—刻度尺；

图 3-30　立式光学计光学系统

步骤二，按工件的公称尺寸组合量块。

步骤三，调整仪器零位。选好量块组后，将下测量面置于工作台 21 中央，并使测头 20 对准一测量面中央。

a. 粗调节。松开支臂紧固螺钉 4，转动粗调节螺母 3，使支臂缓慢下降，直到测头与量块上测量面轻微接触，并能在视线中看到刻度尺像时，将支臂紧固螺钉 4 锁紧。

b. 细调节。松开光管紧固螺钉 16，转动细调节手轮 6，直至在目镜中观察到刻度尺像与指示线接近为止，如图 3-31（a）所示。然后拧紧光管紧固螺钉 16 锁紧。

c. 微调节。转动零位微调节手轮 14，使刻度尺的零线景像与指示线重合，如图 3-31（b）所示，然合提起测头提升器 19 数次，使零位稳定。

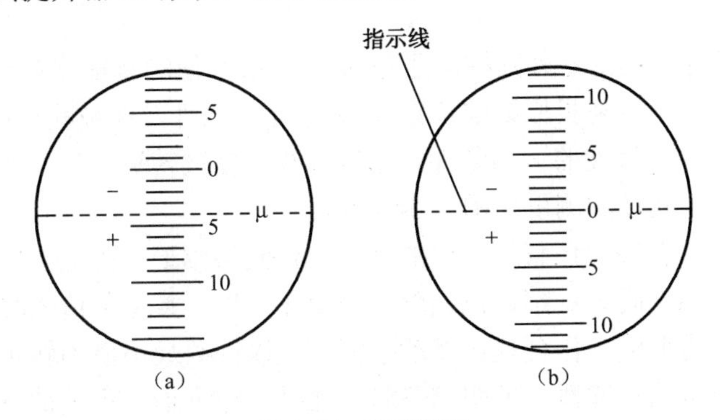

图 3-31　调整零位

步骤四，将工件放在工作台上进行测量，将测量结果填入记录表格。

步骤五，处理数据，根据尺寸公差要求判断是否合格。

② 万能测长仪。万能测长仪是一种精密量仪，它是利用光学系统和电气部分相结合的长度测量仪器。可按测量轴的位置分为卧式测长仪和立式测长仪两种。卧式测长仪结构如图 3-32 所示，可用于测量外尺寸、内尺寸、小孔径尺寸、螺纹中径等，因此卧式测长仪又称为万能测长仪。

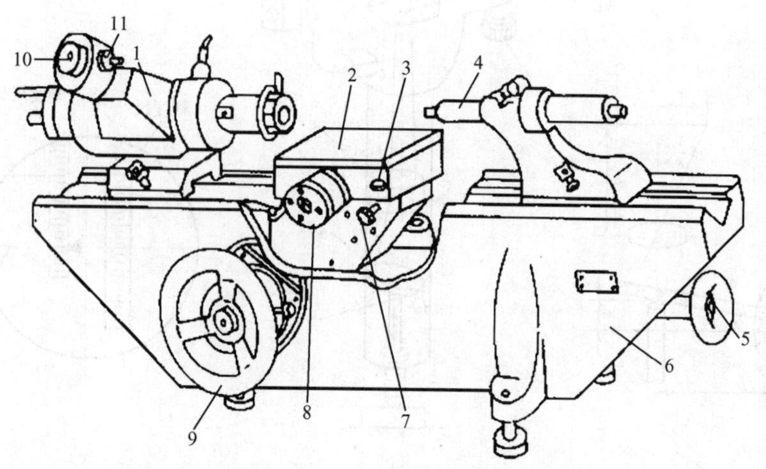

1—测座；2—万能工作台；3、7—手柄；4—尾座；5、8、9—手轮；
6—底座；10—目镜；11—读数回转手轮

图 3-32 万能测长仪

万能测长仪的技术指标如下。

a. 分度值。读数显微镜为 0.001mm；工作台微分筒为 0.01mm；直接测量范围为 0～100mm。

b. 使用范围。外尺寸测量（不用顶针架）为 0～500mm；内尺寸测量（深度为 4～50mm 时）为 150～250mm。

万能测长仪读数方法：从目镜中观察，可同时看到三种刻线，如图 3-33（b）所示，先读毫米数（7mm），然后按毫米刻线在固定分划板 4 上读出小数点后第一位数（4mm），再转动读数回转手轮 3，使靠近零点几毫米刻度值的一圈平面螺旋双刻线夹住毫米刻线，再从指示线对准的圆周刻度上读得微米数（0.051mm），所以从 3-33（b）中得到的读数是 7.451mm。

工件位置的确定：

在圆柱体的测定中（无论是外圆柱面还是内孔），必须使测量轴线穿过该曲面的中心，并垂直于圆柱体的轴线（符合阿贝原则的位置）。为了这一条件，在被测件固定于工作台上后，就要利用万能工作台各个可能的运动条件，通过寻找“度数转折点”，将工件调整到符合阿贝原则的正确位置上。孔径的测量如图 3-34 所示。

转动工作台升降手轮 9，调整工作台的高度，使测头位于孔内适当的位置。再慢慢旋转工作台横向移动手轮 8，同时观察目镜刻度尺的变化，以读数最大值为转折点，在此处将工作台横向固定。最后再调整工作台垂直摆动手柄 7，以读数最小值为转折点，在此处将工作台纵向偏摆固定，方可正式读数（见图 3-35）。此时，测量轴线穿过被测工件的曲面中心，且与圆柱体的轴线垂直。

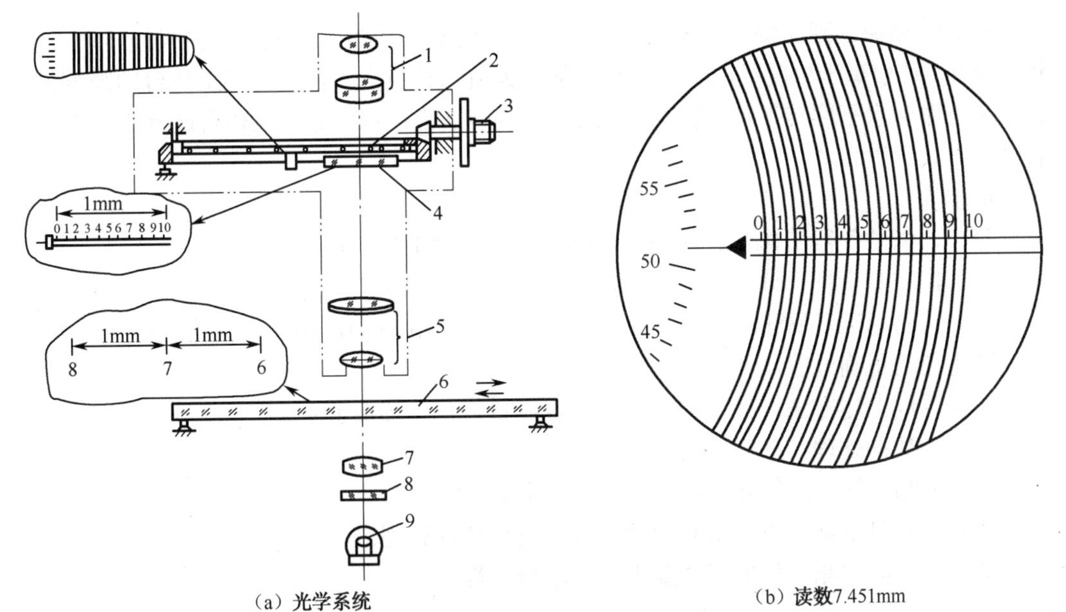

（a）光学系统　　（b）读数7.451mm

1—目镜；2—可移动分划板；3—手轮；4—固定分划板；5—物镜；

6—毫米刻线尺；7—聚光镜；8—滤色片；9—光源

图 3-33　万能测长仪的读数原理

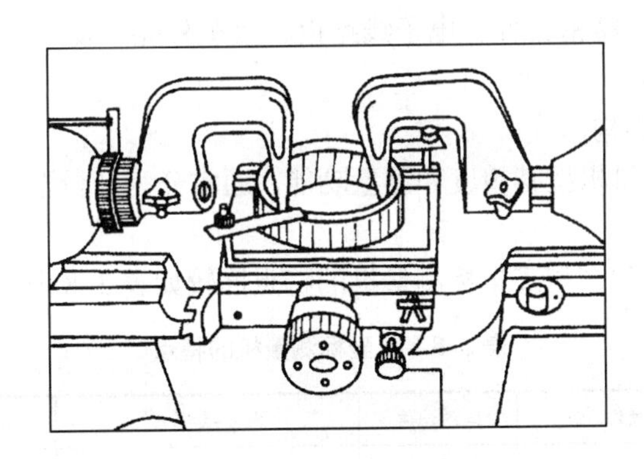

图 3-34　孔径的测量

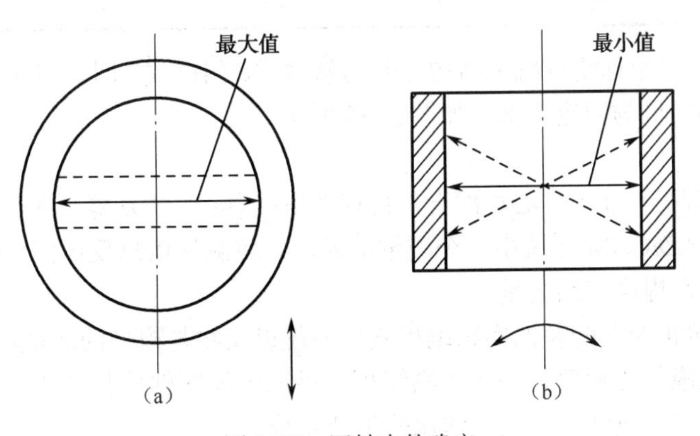

图 3-35　回转点的确定

若是测量轴径，则应将工件安放在工作台上，将测头接触工件外径。先慢慢转动工作台升降手轮 9，观察毫米刻度线的变化，以读数最大值为转折点，在此处将工作台的高度固定。然后扳动工作台水平回转手柄 3，以读数最小值为转折点，在此处将工作台的水平位置固定，然后进行正式读数。

测量步骤：

步骤一，清洁仪器工作台、内测钩、标准环和被测工件，接通电源。

步骤二，在测量杆上分别装上内测钩，并使内测钩的象鼻对齐。

步骤三，将标准环置于工作台上，使两测钩接触内孔表面，用工作台的几种调整方法，获得测量孔径的正确位置，记下读数值λ_1。

步骤四，同上述方法，换上被测工件进行测量，记下读数值λ_2。

步骤五，数据处理：$D=D_1+(\lambda_2-\lambda_1)$。

式中，D 为被测工件实际尺寸，D_1 为标准环孔径尺寸。

步骤六，将测量结果填入实验记录表格，进行数据处理。

步骤七，根据被测工件的尺寸要求，判断合格性。

6. 三坐标测量机

三坐标测量机是综合利用精密机械、微电子、光栅和激光干涉仪等先进技术的计量装置，目前广泛应用于机械制造、电子工业、航空和国防工业各部门，特别适用于测量箱体类零件的孔径、面距以及模具、精密铸件、电子线路板、汽车外壳、发动机零件、凸轮和飞机型体等带有空间曲面的零件。

（1）类型、特点及结构形式

① 类型：三坐标测量机按其精度和测量功能，通常分为计量型（万能型）、生产型（车间型）和专用型三大类。

② 特点：计量型与生产型三坐标测量机的特点比较如表 3-8 所示。

表 3-8 三坐标测量机的特点

类型	测量精度	软件功能	运动速度	测量头形式	价格	对环境条件要求
计量型	高	多	低	多为三维电感测量头	高	严格
生产型	一般较低	一般较少	高	多为电触式测量头	低	低

③ 结构形式：三坐标测量机按结构可分为悬臂式、门框式（即龙门式）、桥式和卧轴式，框式又可分为活动门框与固定门框，如图 3-36 所示。

（2）应用

① 三坐标测量机与加工中心相配合，具有“测量中心”的功能。在现代化生产中，三坐标测量机已成为 CAD/CAM 系统中一个测量单元，它将测量信息反馈到系统主控计算机，进一步控制加工过程，提高产品质量。

② 三坐标测量机及其配置的实物编程软件系统以实物与模型的测量，得到加工面几何形状的各种参数而生成加工程序，完成实物编程；借助于绘图软件和绘图设备，可得到整个实物外观设计图样，实现设计、制造一体化的生产系统。

③ 多台测量机联机使用，组成柔性测量中心，可实现生产过程的自动检测，提高生产效率。

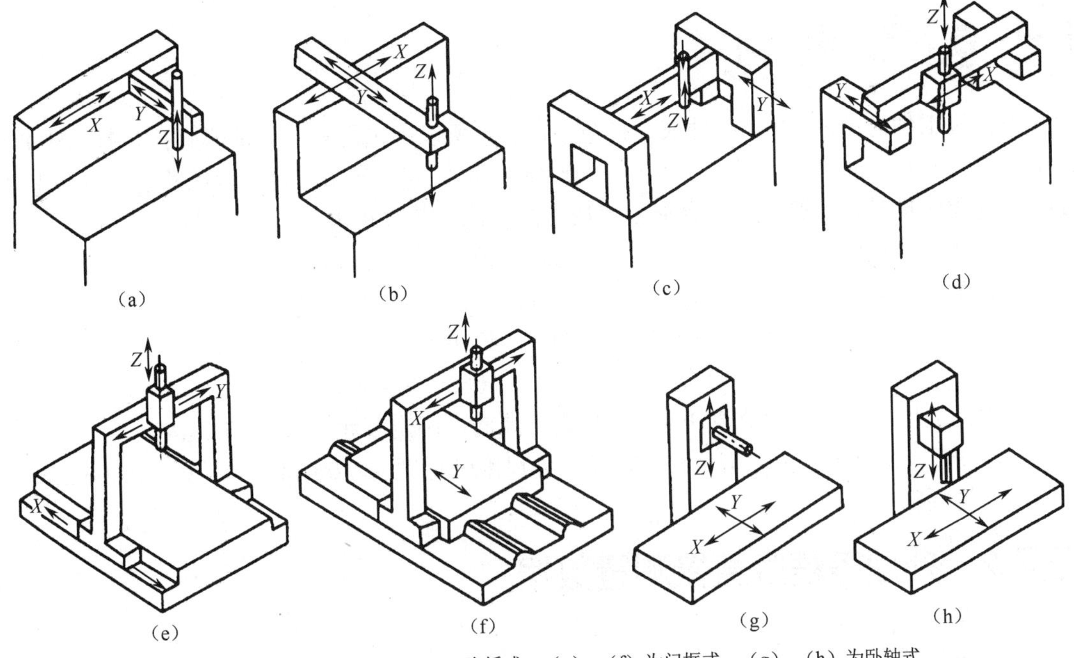

(a)、(b)为悬臂式；(c)、(d)为桥式；(e)、(f)为门框式；(g)、(h)为卧轴式

图 3-36　三坐标测量机的结构形式

(3)测量原理

三坐标测量机所采用的标准器是光栅尺。反射式金属光栅尺固定在导轨上，读数头(指示光栅)与其保持一定间隙安装在滑架上，当读数头随滑架沿着导轨运动时，由于光栅所产生的莫尔条纹的明暗变化，经光电元件接收，将测量位移所得的光信号转换成周期变化的电信号，经电路放大、整形、细分处理成计数脉冲，最后显示数字量。当探头移到空间某个点位置时，计算机屏幕上立即显示出 X、Y、Z 方向的坐标值。测量时，当三维探头与工件接触的瞬间，测量头向坐标测量机发出采样脉冲，锁存此时的测量头球心的坐标。当三维探头沿工件几何形状表面移动时，各点的坐标值被送入计算机，即可求得其空间坐标方程，经专用测量软件处理后，就可以精确地计算出零件的几何尺寸和几何误差，实现多种几何量测量、实物编程、设计制造一体化、柔性测量中心等功能。

(4)主要技术特性

① 计量型三坐标测量机用于精密测量，分辨率有 0.1μm、0.2μm、0.5μm、1μm 几种规格。生产型三坐标测量机用于加工过程中的检测，分辨率有 5μm 或 10μm；小型测量机分辨率可达 1μm 或 2μm。

② 按操作方式不同可分为手动、机动和自动测量机三种；按检测零件尺寸范围可分为大、中、小三类(大型机的 X 轴测量范围大于 2000mm；中型机的 X 轴测量范围为 600～2000mm；小型机的 X 轴测量范围一般小于 600mm)。

③ 三坐标测量机通常配置测量软件系统、输出打印机、绘图仪等外围设备，增强了计算机的数据处理和自动控制等功能。

被检验工件为ϕ50h9Ⓔ（单件或小批量生产），所以应选用普通计量器具；公差等级 IT9 介于 IT6～IT18 之间，公称尺寸ϕ50 小于 500mm，所以应按光滑工件尺寸的检验来计算验收极限和选择计量器具；遵守包容要求，应按方法 1 确定验收极限。

查标准公差数值表得 IT9=62μm，查轴的基本偏差数值表得 es=0。

查表 3-4 得安全裕度 A=6.2μm，由式（3-1）、式（3-2）分别得

$$上验收极限=50-0.0062=49.9938\text{mm}$$

$$下验收极限=50-0.062+0.0062=49.9442\text{mm}$$

按优先选用 I 挡的原则查表 3-4，得测量器具的不确定度允许值 u_1=5.6μm。

查表 3-5，得分度值为 0.01mm 的外径千分尺不确定度为 0.004mm，它小于 0.0056mm，因此能满足要求。

任务 2　处理等精度直接测量数据

用立式光学计对某轴同一部位进行 12 次测量，测得数值为 28.784、28.789、28.789、28.784、28.788、28.789、28.786、28.788、28.788、28.785、28.788、28.786，假设已经消除了定值系统误差，试给出其测量结果。

3.2.1　测量误差

1．测量误差的概念

在测量过程中，由于计量器具本身的误差及测量方法和测量条件的限制，任何一次测量的测得值都不可能是被测量的真值，两者存在差异，这种差异在数值上即表现为测量误差。

测量误差有下列两种形式：

（1）绝对误差δ：指被测量的量值 x 与其真值 x_0 之差的绝对值，即

$$\delta=|x-x_0| \tag{3-3}$$

测量误差可能是正值，也可能是负值。因此，真值可以表示为

$$x_0=x\pm\delta \tag{3-4}$$

利用式（3-4）可以由被测量的量值和测量误差来估算真值所在范围。测量误差的绝对值越小，被测量的量值就越接近真值，因此测量精度就越高；反之测量精度就越低。

【特别提示】

用绝对误差表示测量精度，适用于评定或比较大小相同的被测量的测量精度，对于大小不相同的被测量，则需要用相对误差来评定或比较它们的测量精度。

（2）相对误差f：指绝对误差与真值之比。由于真值不知道，因此在实际中常以被测量的测量值代替真值进行估算，即

$$f=\delta/x_0\approx\delta/x \quad (3-5)$$

2. 测量误差的来源

产生测量误差的因素很多，主要有以下几方面：

（1）计量器具误差：指计量器具本身所具有的误差，包括计量器具的设计、制造和使用过程中的各项误差，可用计量器具的示值精度或不确定度来表示。

（2）测量方法误差：指测量方法不完善（包括计算公式不精确、测量方法不适当、测量基准不统一、工件安装不合理及测量力不稳定）等引起的误差。

（3）测量环境误差：指测量时的环境条件不合标准条件所引起的误差。环境条件包括温度、湿度、气压、照明、灰尘等。其中，温度对测量结果的影响最大。

（4）人员误差：指测量人员的主观因素所引起的误差。例如，测量人员技术不熟练、视觉偏差、估读判断错误引起的误差。

【特别提示】

造成测量误差的因素很多，有些误差是不可避免的，有些误差是可以避免的。测量时应采取相应的措施，设法减小或消除它们对测量结果的影响，以保证测量的精度。

3. 测量误差的种类和特性

根据测量误差的性质、出现规律和特点，可以将测量误差分成系统误差、随机误差和粗大误差三种基本类型。

1）系统误差

系统误差是指在同一条件下，多次测量同一量值时，误差的绝对值和符号保持不变，或按一定规律变化的测量误差。前者称为定值系统误差，如千分尺零位不正确产生的误差。后者称为变值系统误差，如分度盘安装偏心的误差即按近正弦规律周期变化。

系统误差对测量结果有很大影响，因此在测量数据中如何发现并消除或减小系统误差是提高测量精度的一个重要问题。

（1）系统误差的发现

定值系统误差的大小和方向不变，因此它不能从一系列测得值的处理中揭示，只能通过实验对比来发现。实验对比法是通过改变测量条件进行不等精度测量的方法来分析测量结果的。如量块按标称长度使用引入的定值系统误差，只有用另一块更高级的量块进行对比测量，才能发现它。

变值系统误差可以从系列测得值的处理和分析中发现，常用的发现方法为残余误差观察法。残余误差观察法是将测量列按测量顺序排列或作图观察各残余误差的变化规律，如图3-37所示。

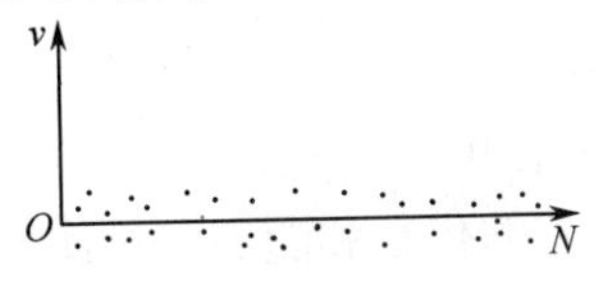

（a）不存在变值系统误差

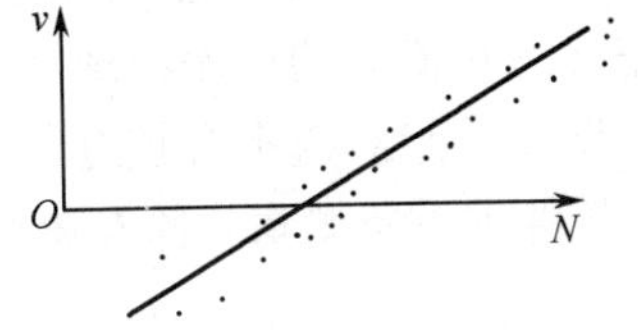

（b）存在线性系统误差

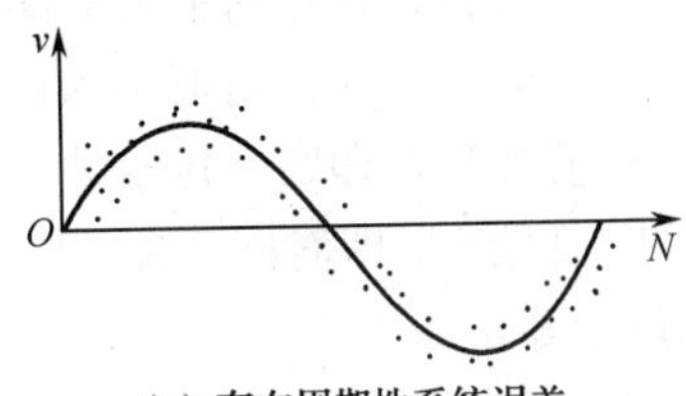

（c）存在周期性系统误差

图3-37 变值系统误差的发现

系统误差较随机误差大，如量块的误差所产生的系统误差，在高精度的测量中成为关键因素。

（2）系统误差的消除

① 误差根除法，即从产生误差的根源上消除，这是消除系统误差的根本方法。这要求测量人员对测量过程中可能产生系统误差的各个环节进行分析，找出产生误差的根源并加以消除。例如，为防止测量过程中仪器零位变动，测量开始和结束时都需要检查仪器零位。

② 误差修正法，即预先检定出测量仪器的系统误差，将其数值反向后作为修正值，用代数法加到实际测得值上，就可得到不包含该系统误差的测量结果。

③ 误差抵消法，即在对称位置上进行两头测量，使得两次测量读数时出现的系统误差大小相等、方向相反，再取两次测得值的平均值作为测量结果，来消除系统误差。例如，在工具显微镜上测量螺纹轴线与量仪工作台移动方向倾斜而引起的系统误差。

除了上述消除系统误差的方法外，还有半周期法和对称消除法等。

【特别提示】

从理论上讲，系统误差是可以完全消除的。但由于许多因素的影响，实际上只能减少到一定限度。一般来说，系统误差若能减少到使其影响值相当于随机误差的程度，则可认为已经被消除。

2）随机误差

随机误差指在相同条件下，多次测量同一量值时绝对值和符号以不可预定的方法变化的误差。所谓随机，则指在单次测量中，误差出现是无规律可循的。但若进行多次重复测量时，误差总体上服从正态分布规律，因此常用概率论和统计原理对它进行处理。随机误差是由测量过程中诸如环境变化、读数不一致等随机因素引起的。

（1）随机误差的分布特性

大量实验统计说明，多数随机误差服从正态分布规律，如图 3-38 所示。正态分布的随机误差有如下四个特点。

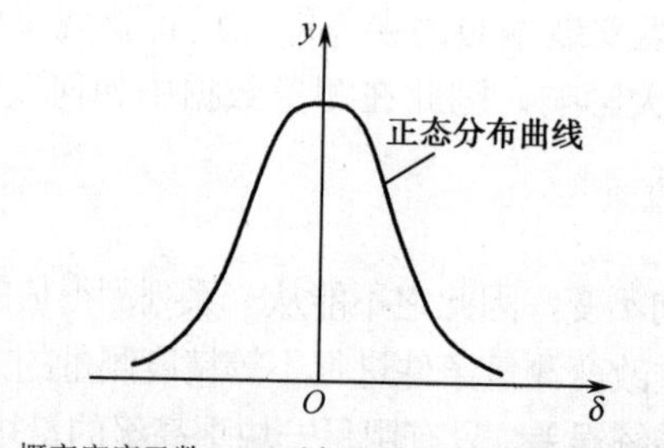

y—概率密度函数；δ—随机误差（测得值与真值之差）

图 3-38　正态分布曲线

① 对称性，即绝对值相等的正误差和负误差出现的次数大致相等。

② 单峰性，即绝对值小的误差比绝对值大的误差出现次数多。

③ 有界性，即在一定条件上，误差的绝对值不会超过一定的限度。

④ 抵偿性，即对同一量在同一条件下重复测量，各次随机误差的代数和随着测量次数增加趋近于零。

（2）随机误差的评定指标

实际使用时，可直接查正态分布积分表，下面列出几个特殊区间的概率值（$z=\delta/\sigma$，σ为

标准偏差）。

当 z=1 时，δ=±σ，P=0.6826=68.26%。

当 z=2 时，δ=±2σ，P=0.9544=95.44%。

当 z=3 时，δ=±3σ，P=0.9973=99.73%。

当 z=4 时，δ=±4σ，P=0.9993=99.93%。

可见，正态分布的随机误差有 99.73%的可能分布在±3σ范围内，而超出该范围的概率仅为 0.27%，可以认为这种可能性几乎没有了。因此，可将±3σ视为单次测量的随机误差的极限值，则单次测量结果为

$$x=x_i\pm\delta_{\lim}=x_i\pm3\sigma \tag{3-6}$$

$$\sigma=\sqrt{\frac{\sum_{i=1}^{n}\delta_i^2}{n}} \tag{3-7}$$

（3）随机误差的处理

由于被测几何量的真值未知，所以不能直接求得标准偏差σ的数值。在实际测量时，当测量次数 n 充分大时，随机误差的算术平均值趋于零，便可用测量列中各个测得值的算术平均值代替真值，并估算出标准偏差，进而确定测量结果。

假定直接测量列中不存在系统误差和粗大误差，可按如下步骤对随机误差进行处理（σ: 标准偏差，γ_i：残余误差，n：测量次数）。

① 计算算术平均值$\bar{x}$。

$$\bar{x}=\frac{x_1+x_2+\cdots+x_n}{n}=\frac{\sum_{i=1}^{n}x_i}{n} \tag{3-8}$$

② 计算残余误差γ_i：用算术平均值代替真值所计算的误差。

$$\gamma_i=x_i-\bar{x} \tag{3-9}$$

③ 计算标准偏差σ：用贝赛尔公式。

$$\sigma=\sqrt{\frac{\sum_{i=1}^{n}\nu_i^2}{n-1}} \tag{3-10}$$

则单次测量结果 x 为

$$x=x_i\pm3\sigma \tag{3-11}$$

（任一测量值 x，其落在±3 σ标准偏差范围内的概率为 99.73%）

④ 计算测量列算术平均值的标准偏差$\sigma_{\bar{x}}$。

$$\sigma_{\bar{x}}=\frac{\sigma}{\sqrt{n}} \tag{3-12}$$

⑤ 计算测量列算术平均值的极限误差$\delta_{\lim(\bar{x})}$。

$$\delta_{\lim(\bar{x})}=\pm3\ \sigma_{\bar{x}} \tag{3-13}$$

⑥ 写出多次测量结果的表达式。

$$x=\bar{x}\pm3\sigma_{\bar{x}} \tag{3-14}$$

3）粗大误差

粗大误差是指超出规定条件下预计的测量误差，即明显歪曲了测量结果的误差。造成粗

大误差的原因既有主观因素，如读数不正确，操作不正确；也有客观因素，如外界突然冲击、振动等。

在正常情况下，测量结果中不应该含有粗大误差，故在测量时应避免或剔除。判断粗大误差的基本原则是凡超出随机误差的实际分布范围的误差均视为粗大误差。判断粗大误差的准则有多种，当测量次数 $n>10$ 时，通常用拉依达准则来判断；当测量次数 $n\leq 10$ 时，常用格拉布斯准则。

拉依达准则又称 3σ准则，当测量列服从正态分布时，残余误差超出$\pm 3\sigma$的情况不会发生，故将超过$\pm 3\sigma$ 的残余误差作为粗大误差，即

$$|\gamma_i|>3\sigma \tag{3-15}$$

则认为残余误差对应的测得值含有粗大误差，在误差处理时应予以剔除。

【特别提示】

剔除含有粗大误差的测量值时，应根据剩下的测量值重新计算 σ，然后再根据 3σ准则去判断剩下的测量值中是否还存在粗大误差。每次只能剔除一个，直到剔除完为止。

3.2.2 数据处理

等精度测量是指在测量条件（包括测量仪器、测量人员、测量方法及环境条件等）不变的情况下，对某一被测量进行的多次测量。相反，在测量过程中全部或部分因素和条件发生改变，称为不等精度测量。

在相同的测量条件下，对同一被测量进行多次连续测量，得一测量列。测量列的测得值中可能同时含有系统误差、随机误差和粗大误差，或者只含有其中一类或某两类误差，因此在进行数据处理时，应对各类误差分别进行处理，最后综合分析，从而得出正确的测量结果。

对等精度直接测量的测量列按以下步骤进行数据处理：

① 依次计算测量列的算术平均值、残余误差。

② 判断测量列中是否存在系统误差。倘若存在，则应设法加以消除和减小。

③ 依次计算测量列的算术平均值、残余误差和任一测得值的标准偏差。

④ 判断是否存在粗大误差。如存在应剔除，一次只能剔除一个，并重新组成测量列，重复第③步计算，直到不含粗大误差为止。

⑤ 计算测量列算术平均值的标准偏差和测量极限误差。

⑥ 确定测量结果。

【特别提示】

以上第⑤步中的测量极限误差可认为是⑥中测量结果的不确定度，一般取 $z=3$，$P=99.73\%$，测量结果的不确定度一般保留一位或两位有效数字。

本任务测量应为等精度直接测量，给出测量结果需经以下步骤。

（1）计算算术平均值。

$$\bar{x}=\frac{\sum_{i=1}^{n}x_i}{n}=\frac{\sum_{i=1}^{12}x_i}{12}=28.787\text{mm}$$

计算残差：

$\gamma_i = x_i - \bar{x}$，如表 3-9 所示。

表 3-9 测量数值计算结果

序　　号	测得值 x_i/mm	残差 γ_i /μm	残差的平方 $\gamma_i^2/(\mu m)^2$
1	28.784	−3	9
2	28.789	+2	4
3	28.789	+2	4
4	28.784	−3	9
5	28.788	+1	1
6	28.789	+2	4
7	28.786	−1	1
8	28.788	+1	1
9	28.788	+1	1
10	28.785	−2	4
11	28.788	+1	1
12	28.786	−1	1
	$\bar{x} = 28.787$	$\sum_{i=1}^{12} v_i = 0$	$\sum_{i=1}^{12} v_i^2 = 40$

（2）判断变值系统误差。

根据残差观察法判断，测量列中的残差大体上正负相当，无明显的变化规律，所以认为无变值系统误差。

（3）计算残差的平方、平方和，如表 3-9 所示。

计算标准偏差：

$$\sigma = \sqrt{\frac{\sum_{i=1}^{n} v_i^2}{n-1}} = \sqrt{\frac{40}{11}} = 1.9\mu m$$

（4）判断粗大误差。

由标准偏差求得粗大误差的界限 $|\gamma_i| > 3\sigma = 5.7\mu m$，故不存在粗大误差。

（5）计算算术平均值的标准偏差。

$$\sigma_{\bar{x}} = \frac{\sigma}{\sqrt{n}} = \frac{1.9}{\sqrt{12}} = 0.55\mu m$$

$$\delta_{\lim(\bar{x})} = \pm 3\sigma_{\bar{x}} = \pm 0.0016mm$$

（6）写出测量结果。

$$x = \bar{x} \pm 3\sigma_{\bar{x}} = 28.787 \pm 0.0016mm$$

这时的置信概率为 99.73%。

项目4　几 何 公 差

知识点	知识重点	几何公差项目、特点、符号及其标注
	知识难点	几何公差带的含义，公差原则的有关术语、定义、含义、标注及应用
	必须掌握的理论知识	几何公差项目、特点、符号及其标注，几何公差带的含义，公差原则的有关术语、定义、含义、标注及应用，几何误差检测及评定知识
教学方法	推荐教学方法	任务驱动教学法
	推荐学习方法	课堂：听课+互动+技能训练 课外：了解简单机构实例的结构和功能要求，说明几何公差设计的含义
技能训练	理论	练习题 7，练习题 8，练习题 9，练习题 10
	实践	任务书 5，几何误差的测量

任务1　了解几何公差标注

解释图 4-1 中标注的几何公差的含义，并完成表 4-1。

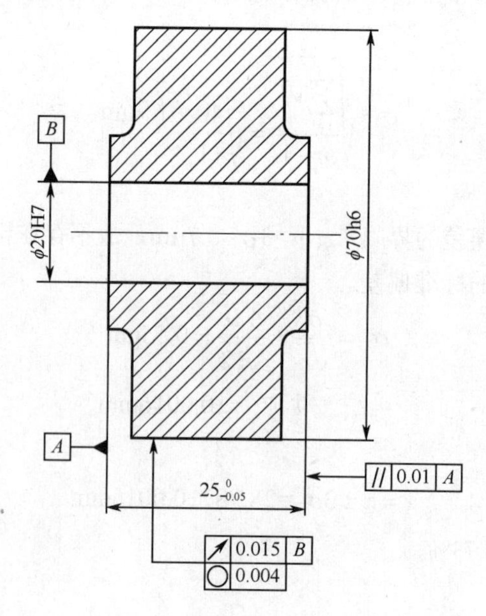

图 4-1　零件几何公差的标注

表 4-1 图 4-1 附表

图 序 号	公 差 项 目	公 差 值	被测提取要素	基 准 要 素
○ 0.004				
↗ 0.015 B				
// 0.01 A				

4.1.1 几何公差概述

在机械制造中，零件不仅会产生尺寸误差，也会产生几何误差，即零件加工后其表面、轴线、中心对称平面等的实际形状、方向、位置相对于所要求的理想形状、方向和位置不可避免地存在误差，此误差是由于机床精度、加工方法等多种因素造成的，它们对产品的寿命和使用性能有很大的影响。具体归纳为三个方面：

（1）影响零件的配合性质。当轴和孔的配合有几何误差时，对间隙配合，会因间隙不均匀而影响配合性能，并造成局部磨损使寿命降低；对过盈配合，会使过盈在整个结合面上大小不一，从而降低其连接强度；对过渡配合，会降低其定位精度。

（2）影响零件的功能要求。齿轮箱上各轴承孔的位置误差影响齿轮齿面的接触均匀性和齿侧间隙。

（3）影响零件的自由装配性。几何误差越大，零件的几何参数的精度越低，其质量也越低。为了保证零件的互换性和使用要求，有必要对零件规定几何公差，用以限制几何误差。

对于精密机械及经常在高速、高压、高温和重载条件下工作的机器，几何误差的影响更为严重，所以几何误差的大小是衡量机械产品质量的一项重要指标。几何公差是指零件的实际形状、实际方向和实际位置对理想形状、理想方向和理想位置所允许的最大变动量。

4.1.2 几何公差的研究对象

几何公差的研究对象是构成零件几何特征的点、线、面，这些点、线、面统称为几何要素，简称要素，它是几何公差研究的对象。如图 4-2 所示零件的要素包括：点——锥顶、球心；线——圆柱、圆锥的素线、轴线；面——端平面、球面、圆锥面及圆柱面等。一般在研究形状公差时，涉及的对象有线和面两类要素；在研究方向、位置和跳动公差时，涉及的对象有点、线和面三类要素。几何公差就是研究这些要素在形状及其相互间在方向或位置方面的精度问题的。

要素可以从不同的角度进行分类：

（1）按结构特征分类

组成要素：原称轮廓要素，是面和面上的线（构成零件外形特征的面）。如图 4-2 所示的圆柱和圆锥、端平面、球面、圆锥面及圆柱面的素线等。

导出要素：原称中心要素，由一个或几个组成要素得到的中心点、中心线或中心面。其特点是它不能被人们直接感觉到，而是通过相应的组成要素才能体现出来，如图 4-2 所示的球心、轴线等。

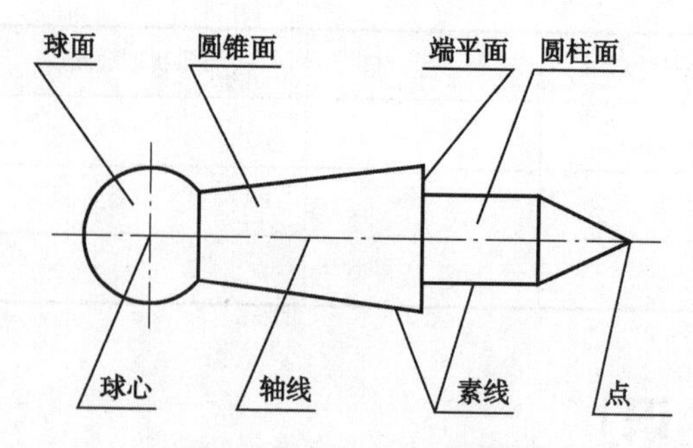

图 4-2　零件的几何要素

（2）按在几何公差中所处的地位分类

被测（提取）要素：图样中给出几何公差要求的要素，也就是需要研究和测量的要素，用几何公差代号注出。

基准要素：用来确定被测提取要素方向和（或）位置的要素，基准要素在图样上都标有基准符号或基准代号。

（3）按存在状态分类

拟合要素：原称理想要素，具有几何学意义的要素，按设计要求由图样给定的点、线、面的理想形态。它不存在任何误差，是绝对正确的几何要素。拟合要素是作为评定实际要素的依据，在生产中是不可能得到的。

实际要素：零件上实际存在的要素，通过测量反映出来的要素（由于测量误差总是客观存在的，因此，测得要素并非要素的真实状态）。实际要素一定是组成要素。

① 提取组成要素：按规定方法，由实际（组成）要素提取有限数目的点所形成的实际（组成）要素的近似替代。

② 提取导出要素：由一个或几个提取组成要素得到的中心点、中心线或中心面。

（4）按结构的性能分类

单一要素：指仅对要素本身给出几何公差要求的要素。

关联要素：指与零件上其他要素有功能关系的要素。

形状公差是指被测提取要素的形状所允许的变动量，所以，形状公差的研究对象是单一要素；方向公差、位置公差和跳动公差是指被测提取要素的方向、位置对基准要素所允许的变动量，所以，方向公差、位置公差和跳动公差的研究对象是关联要素。

4.1.3　几何公差的标注

为限制机械零件的几何误差，提高机械产品的精度，增加寿命，保证互换性生产，我国已制定一套最新《几何公差》国家标准，代号为 GB/T 1182—2008，GB/T 4249—2009、GB/T 16671—2009、GB/T 17851—2010 等。标准 GB/T 1182—2008《形状、方向、位置和跳动公差标注》中，规定了形状、方向、位置和跳动公差 4 大类、19 个特征项目、14 个专用符号，各特征项目的名称和符号如表 4-2 所示。几何公差标注要求及附加符号如表 4-3 所示。

表 4-2 几何公差特征项目名称和符号（GB/T 1182—2008）

公差类型	几何特征	符号	有无基准
形状公差	直线度	—	无
	平面度	⏥	无
	圆度	○	无
	圆柱度	⌭	无
	线轮廓度	⌒	无
	面轮廓度	⌓	无
方向公差	平行度	//	有
	垂直度	⊥	有
	倾斜度	∠	有
	线轮廓度	⌒	有
	面轮廓度	⌓	有
位置公差	位置度	⌖	有或无
	同心度（用于中心点）	◎	有
	同轴度（用于轴线）	◎	有
	对称度	⌯	有
	线轮廓度	⌒	有
	面轮廓度	⌓	有
跳动公差	圆跳动	↗	有
	全跳动	⌰	有

表 4-3 几何公差标注要求及附加符号

说 明	符 号	说 明	符 号
被测提取要素		包容要求	Ⓔ
基准要素	A A	可逆要求	Ⓡ
基准目标	$\phi2$ / A1	公共公差带	CZ
理论正确尺寸	50	小径	LD
延伸公差带	Ⓟ	大径	MD
最大实体要求	Ⓜ	中径、节径	PD
最小实体要求	Ⓛ	线素	LE
自由状态条件	Ⓕ	不凸起	NC
全周		任意横截面	ACS

1. 几何公差代号

几何公差代号包括几何公差框格及指引线、几何公差特征项目符号、几何公差值和有关符号、基准代号等，如图 4-3 所示。

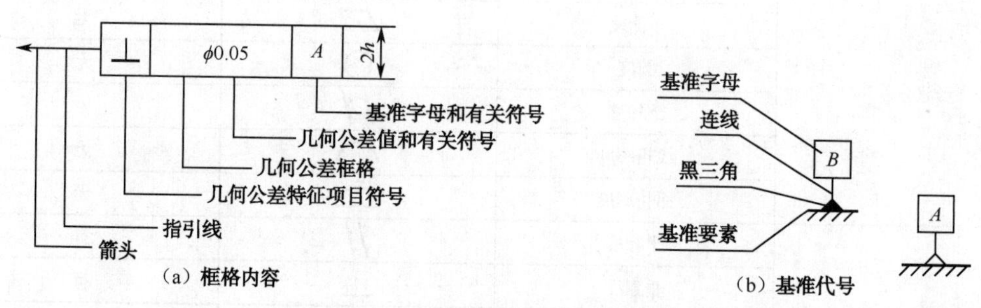

图 4-3　几何公差代号及基准代号

几何公差框格由两格或多格组成，在图样中应水平绘制。框格中的内容从左到右按以下次序填写：第一格，几何公差特征项目符号；第二格，几何公差值和有关符号，如公差带形状是圆形或圆柱形时则在公差值前加“ϕ”，如是球形时则加“$S\phi$”；第三格和以后各格表示基准的字母和有关符号。形状公差没有基准；一个字母标示单个基准；三个字母标示基准体系；在一格中以连字符隔开的两字母为公共或组合基准，如图 4-4 所示。

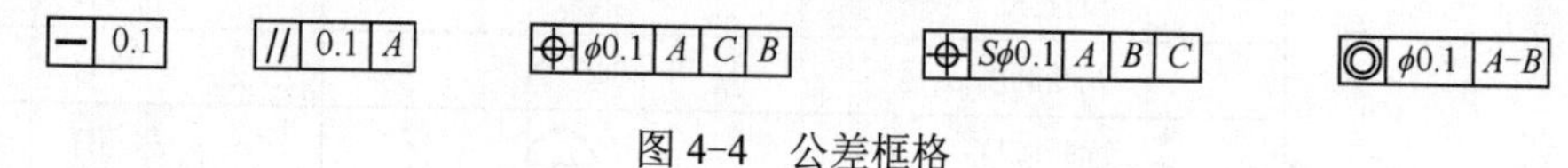

图 4-4　公差框格

当某项公差应用于几个相同要素时，应在公差框格的上方注写相同要素的个数及要素的尺寸，并在两者之间加上符号“×”；如果需要限制被测要素在公差带内的形状，应在公差框格的下方注明“NC”；如果需要就某个要素给出几种几何特征的公差，可将一个公差框格放在另一个的下面，如图 4-5 所示。

图 4-5　相同要素的公差框格

基准代号：与被测要素相关的基准用一个大写字母表示，字母标注在基准方格内，与一个涂黑（或空白）的三角形相连以表示基准；表示基准的字母还应标注在公差框格内。涂黑的和空白的基准三角形含义相同，如图 4-3（b）所示。

2. 几何公差代号的标注

（1）被测提取要素用公差框格注出，具体标注示例如表 4-4 所示。

表 4-4　被测提取要素几何公差标注示例

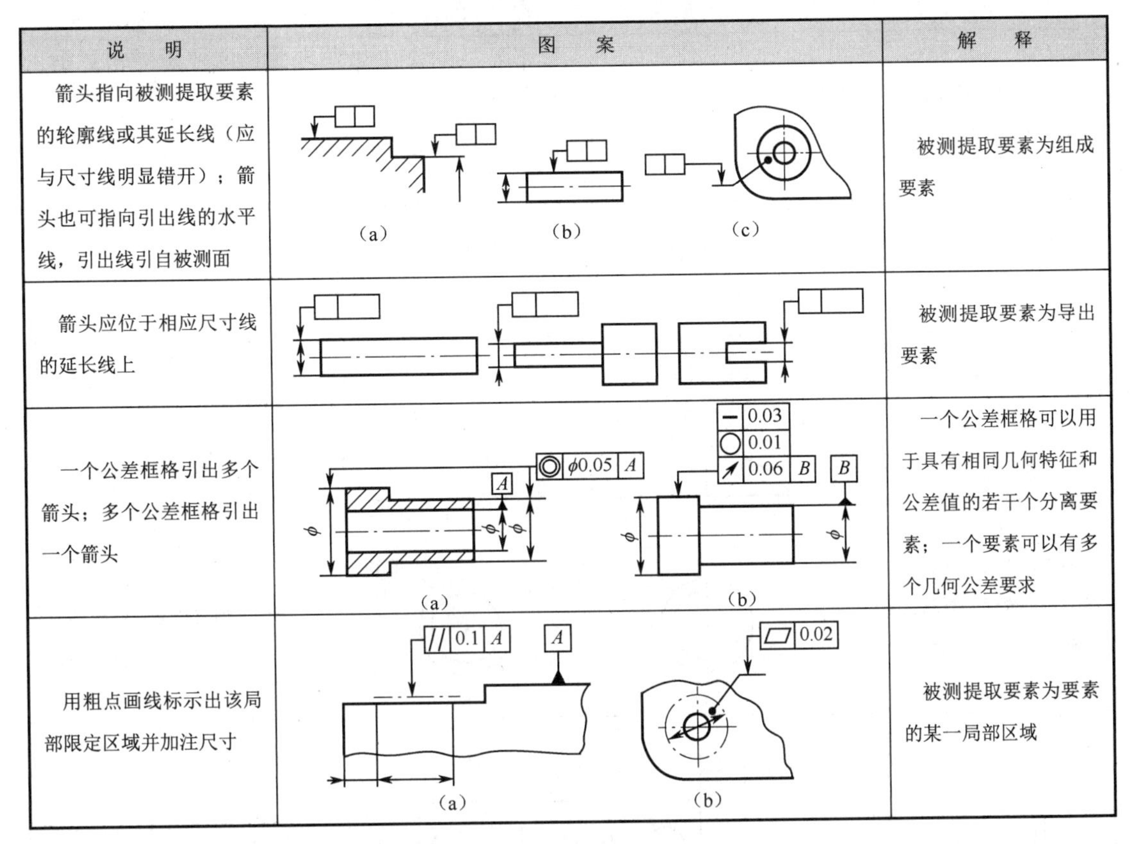

说　明	图　案	解　释
箭头指向被测提取要素的轮廓线或其延长线（应与尺寸线明显错开）；箭头也可指向引出线的水平线，引出线引自被测面	（a）　（b）　（c）	被测提取要素为组成要素
箭头应位于相应尺寸线的延长线上		被测提取要素为导出要素
一个公差框格引出多个箭头；多个公差框格引出一个箭头	◎ φ0.05 A；A；— 0.03；○ 0.01；↗ 0.06 B；B （a）　（b）	一个公差框格可以用于具有相同几何特征和公差值的若干个分离要素；一个要素可以有多个几何公差要求
用粗点画线标示出该局部限定区域并加注尺寸	// 0.1 A；A；▱ 0.02 （a）　（b）	被测提取要素为要素的某一局部区域

（2）基准要素用基准代号注出，具体标注示例如表 4-5 所示。

表 4-5　基准要素几何公差标注示例

说　明	图　案	解　释
基准三角形放置在基准要素的轮廓线或其延长线（应与尺寸线明显错开）；基准三角形放置在引出线的水平线，引出线引自基准面	A；B；A	基准要素为组成要素
箭头应位于相应尺寸线的延长线上。如果没有足够的位置标注基准要素尺寸的两个尺寸箭头，则其中一个箭头可用基准三角形代替	A；A；B；A （a）　（b）　（c）	基准要素为导出要素
公共基准用两个基准符号分别注出	A；B；↗ 0.045 A–B；C；D；⌯ 0.02 C–D （a）　（b）	公差框格的一格中以连字符隔开的两字母为公共或组合基准

续表

说　明	图　案	解　释
用粗点画线标示出该局部限定区域并加注尺寸	A	基准要素为要素的某一局部区域

（3）附加符号的应用，具体标注示例如表 4-6 所示。

表 4-6　附加符号几何公差标注示例

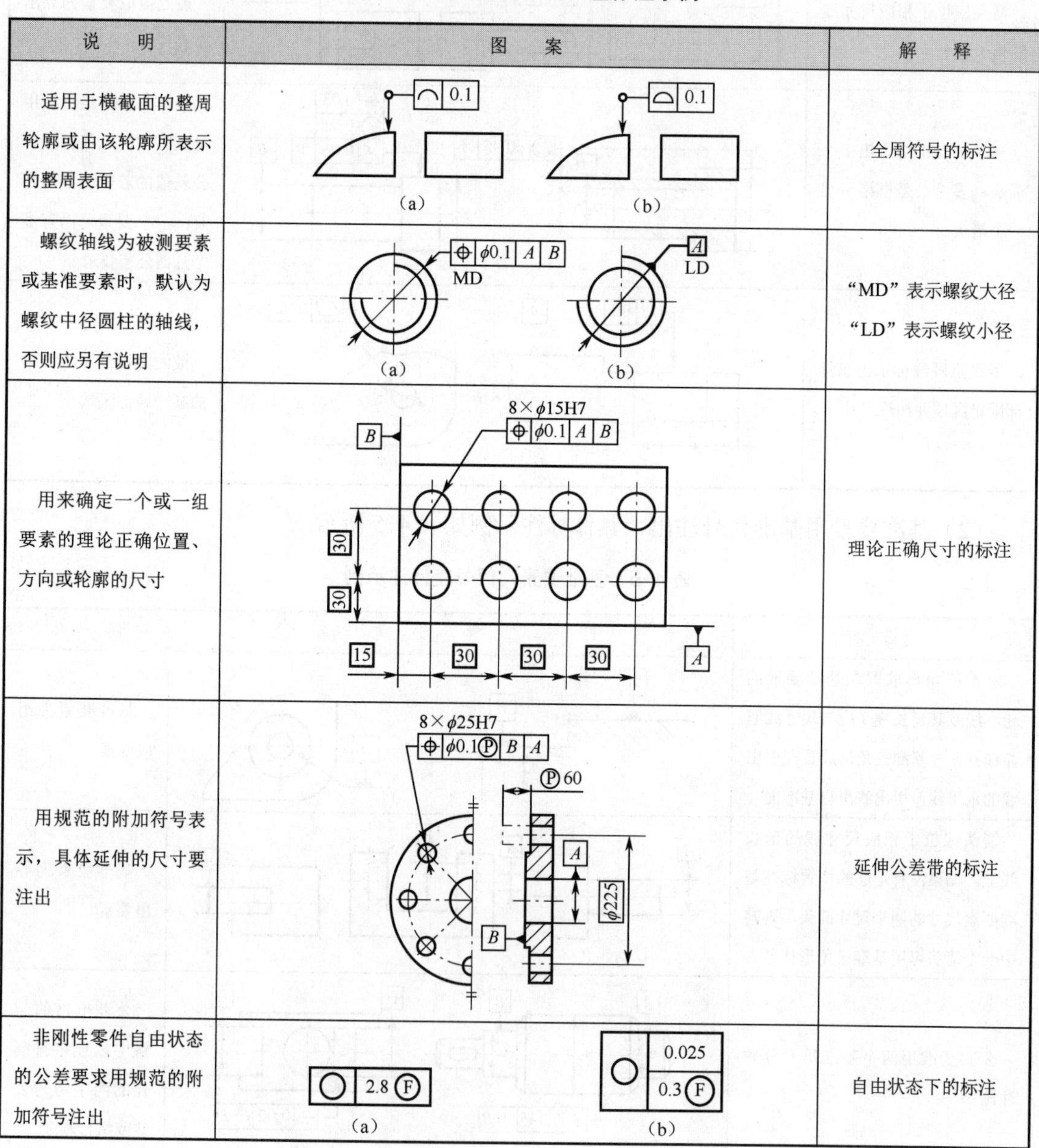

说　明	图　案	解　释
适用于横截面的整周轮廓或由该轮廓所表示的整周表面	0.1 （a）　0.1 （b）	全周符号的标注
螺纹轴线为被测要素或基准要素时，默认为螺纹中径圆柱的轴线，否则应另有说明	ϕ0.1 A B MD （a）　A LD （b）	“MD”表示螺纹大径 “LD”表示螺纹小径
用来确定一个或一组要素的理论正确位置、方向或轮廓的尺寸	8×ϕ15H7 ϕ0.1 A B　B　30　30　15　30　30　30　A	理论正确尺寸的标注
用规范的附加符号表示，具体延伸的尺寸要注出	8×ϕ25H7 ϕ0.1Ⓟ B A　Ⓟ60　A　ϕ225　B	延伸公差带的标注
非刚性零件自由状态的公差要求用规范的附加符号注出	2.8 Ⓕ （a）　0.025 0.3 Ⓕ （b）	自由状态下的标注

图 4-1 中标注的几何公差共三项，其中|○|0.004|的含义是ϕ70 圆柱面的圆度公差为 0.004mm；|↗|0.015|B|的含义是ϕ70 圆柱面对ϕ20 孔轴线的径向圆跳动公差为 0.015mm；|//|0.01|A|的含义是零件右端面对零件左端面的平行度公差为 0.01mm，具体如表 4-7 所示。

表 4-7 填充答案

图 序 号	公 差 项 目	公 差 值	被测提取要素	基 准 要 素
○ 0.004	圆度	0.004mm	ϕ70 圆柱面	无
↗ 0.015 B	径向圆跳动	0.015mm	ϕ70 圆柱面	ϕ20 孔轴线
// 0.01 A	平行度	0.01mm	零件右端面	零件左端面

任务 2 识读几何公差标注

图 4-6（a）中几何公差的标注有错误，将正确的几何公差标注在图 4-6（b）空白处（不改变几何公差特征符号）。

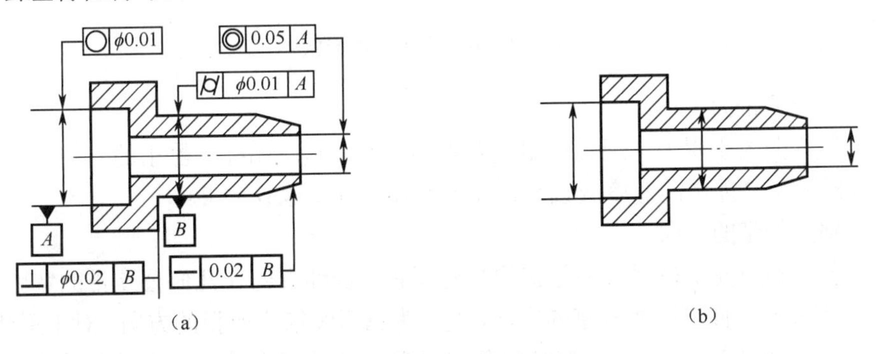

图 4-6 几何公差标注示例

在几何公差的标注中介绍了被测要素应该由公差框格注出，明确了带箭头指引线的箭头所放的位置。实际上，在几何公差的标注时还应该注意箭头的指向问题，箭头应该指向由相应设计要求（公差特征）和被测要素共同决定的几何公差带的方向（几何公差带的宽度或直径方向）。

4.2.1 几何公差带

几何公差带是用于限制实际被测要素形状、方向和位置变动的区域，是由一个或几个理想的几何线或面所限定的，用线性公差值表示其大小。只要被测实际要素落在规定的公差带内，即表示被测要素的形状、方向或位置符合设计要求。几何公差带由形状、大小、方向和位置四个要素组成。

（1）几何公差带的形状

几何公差带的形状由被测要素的几何特征和给定的设计要求（公差特征）决定，如图 4-7 所示。如设计要求为位置度：当被测要素为点时，其公差带形状是一个圆（平面上）或球（空间中）；当被测要素为直线时，其公差带可能为平行平面之间的区域；当为任意方向的直线度要求时，公差带为圆柱面内的区域。

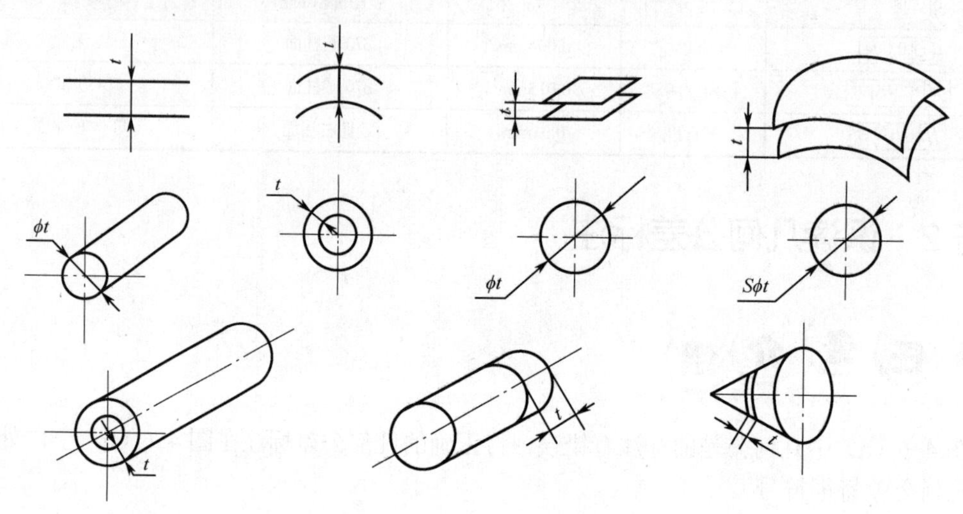

图 4-7　几何公差带的形状

（2）几何公差带的大小

几何公差带的大小用来体现几何精度要求的高低，是用图样上给出的几何公差值来确定的，一般反映几何公差带的宽度或直径，如 t 或 ϕt（圆），$S\phi t$（球）。

（3）几何公差带的方向

几何公差带的方向是指组成公差带的几何要素的延伸方向（几何公差带的宽度或直径方向），即与公差带的延伸方向相垂直的方向，通常为指引线箭头所指的方向。对于形状公差带，其标注方向应符合最小条件原则（见几何公差评定），但不控制实际要素的具体方向。对于方向公差带，由于控制的是方向，其标注方向必须与基准要素成绝对理想的关系，即平行、垂直或其他角度关系。对于位置公差带，除了点的位置度外，其余都有方向问题，其标注方向由相对基准的方向来确定。

（4）几何公差带的位置

几何公差带的位置分为浮动和固定两种。所谓浮动是指几何公差带在尺寸公差带内，随实际尺寸的不同而变动，其变动范围不超出尺寸公差带；所谓固定是指几何公差带的位置是图样给定的，与零件尺寸无关。对于形状公差带，控制的只是单一被测要素的形状误差，没有基准，所以形状公差带的位置均为浮动。方向公差带的位置浮动，位置公差带的位置固定。

【特别提示】

形状公差带的大小和形状确定，方向应符合最小条件，位置浮动；方向公差带的大小、形状和方向确定，位置浮动；位置公差带的大小、形状、方向和位置四个要素，均是固定的。

4.2.2 形状公差

形状公差是指单一被测实际要素的形状对其拟合要素所允许的变动量。形状公差用形状公差带表示。形状公差带是限制单一实际要素所允许变动的区域，零件实际要素在该区域内为合格。形状公差带的大小用公差带的宽度或直径来表示，由形状公差值决定。典型的形状公差带如表 4-8 所示。

表 4-8 典型的形状公差带及其解释、标注示例

公差项目	公差带说明	标注及解释
直线度	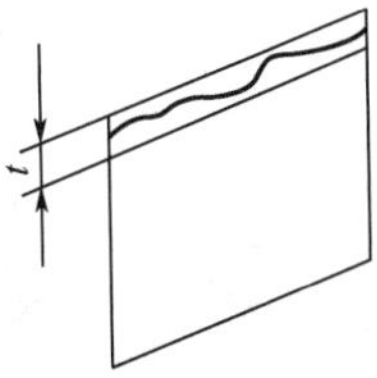 在给定平面内，公差带是距离为公差值 t 的两平行直线之间的区域	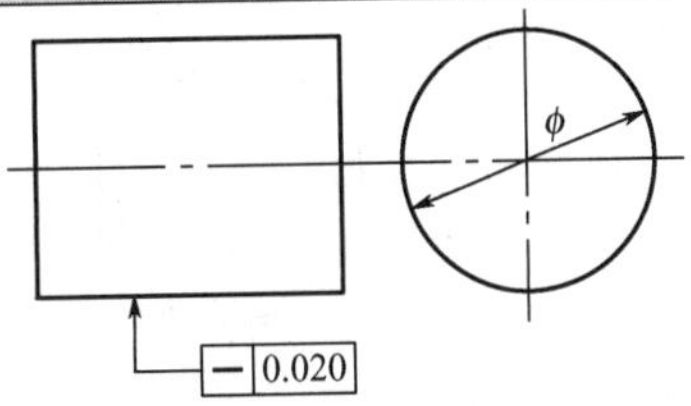 圆柱面的素线（提取线）必须位于轴截面内距离为公差值 0.02mm 的两平行直线之间
	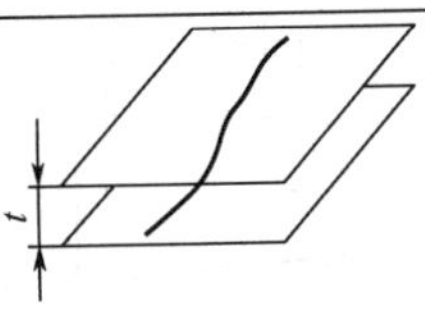 在给定方向上，公差带为两平行平面之间公差值为 t 的区域	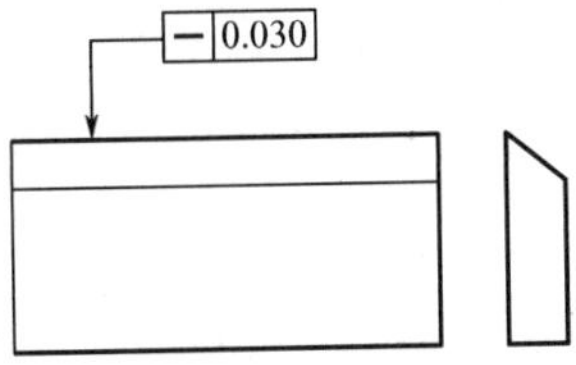 棱线必须位于距离为公差值 0.03mm 的两平行平面之间
	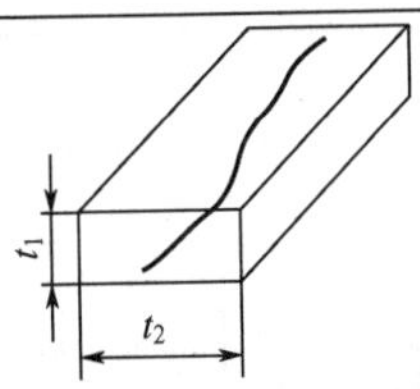 在给定两个方向上，其公差带是正截面为 $t_1 \times t_2$ 的四棱柱内的区域	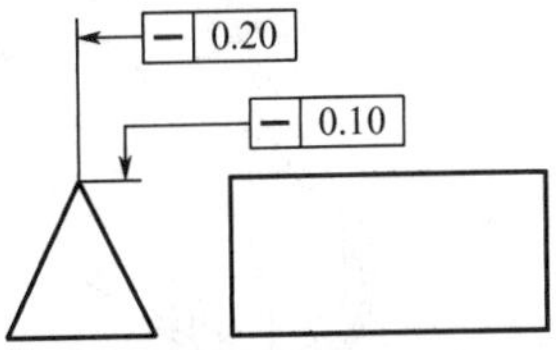 棱线（提取线）必须位于由水平和垂直方向公差值分别为 0.2mm 和 0.1mm 的四棱柱内
	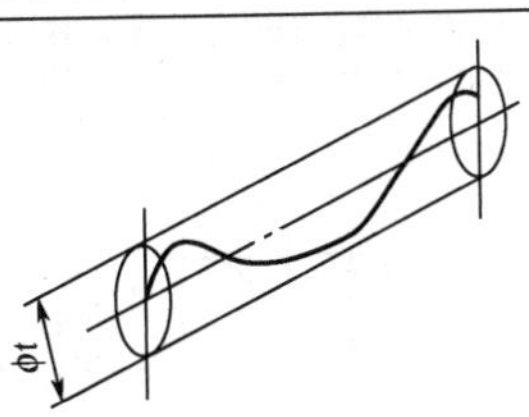 空间直线，公差带是直径为公差值 ϕt 的圆柱面内的区域	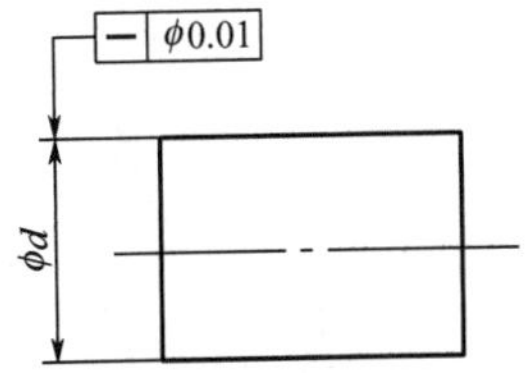 圆柱体轴线（提取线）必须位于直径为 ϕ0.01mm 的圆柱面内
平面度	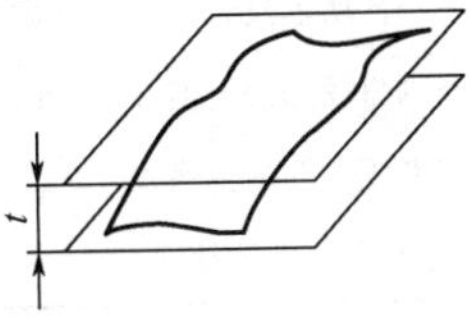 公差带是距离为公差值 t 的两平行平面之间的区域	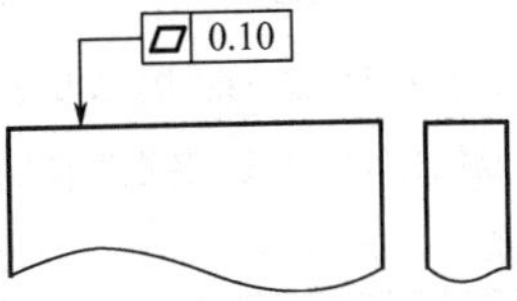 被测表面必须位于距离为公差值 0.10mm 的两平行平面内

续表

公差项目	公差带说明	标注及解释
圆度	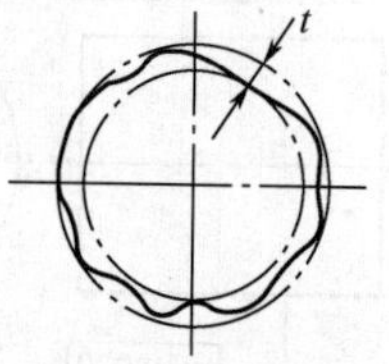 公差带是垂直于轴线的任意横截面上半径差为公差值 *t* 的两同心圆之间的区域	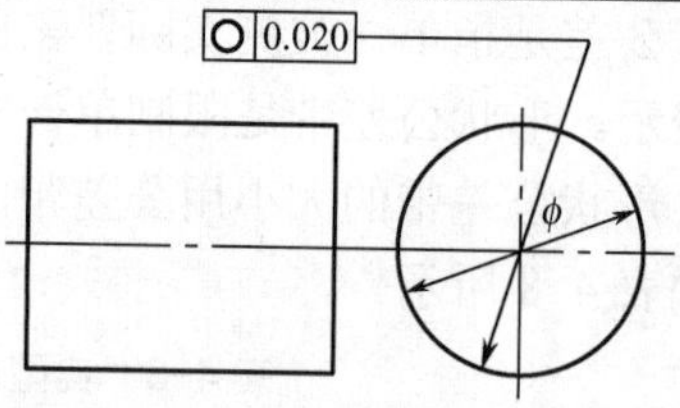 圆柱面任一横截面的圆周必须位于半径差为 0.020mm 的两同心圆之间
		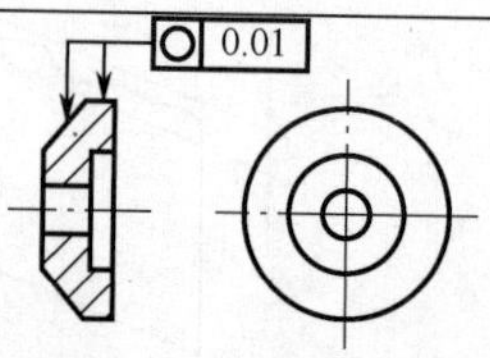 圆柱面和圆锥面的任一横截面的圆周必须位于半径差为 0.03mm 的两同心圆之间
		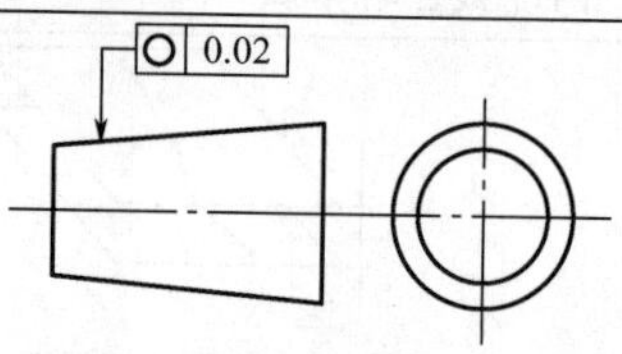 圆锥面任一横截面上的圆周必须位于半径差为 0.02mm 的两同心圆之间
圆柱度	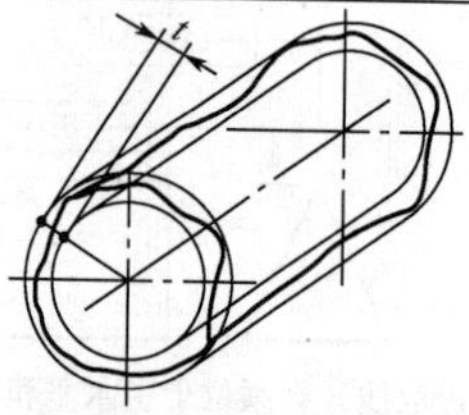 公差带是半径差为公差值 *t* 的两同轴圆柱面之间的区域	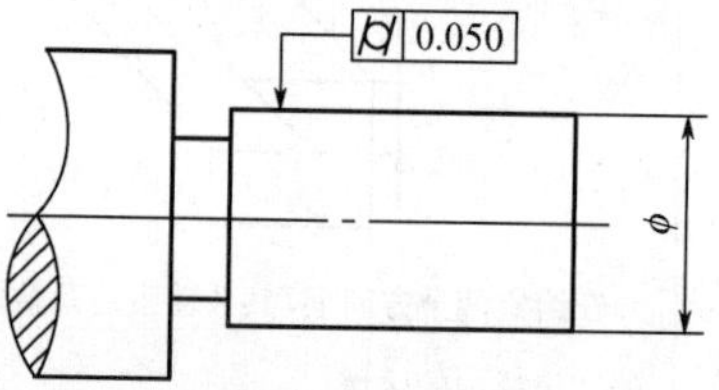 被测圆柱面必须位于半径差为 0.05mm 两同轴圆柱面之间
线轮廓度	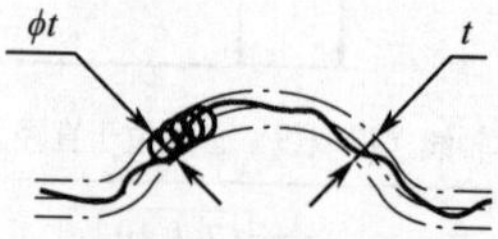 公差带是包容一系列直径为公差值 *t* 的圆的两包络线之间的区域，各圆的圆心位于具有理论正确几何形状的线上	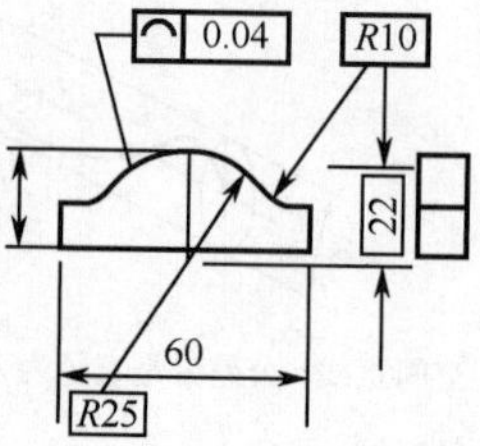 在平行于图样所示投影面的任一截面上，被测轮廓线必须位于包容一系列直径为公差值 0.04mm，且圆心位于具有理论正确几何形状的线上的两包络线 （此图为无基准要求的情况）

续表

公差项目	公差带说明	标注及解释
面轮廓度	Sφt 公差带是包络一系列直径为公差值 t 的球的两包络面之间的区域，各球的球心位于具有理论正确几何形状的面上	0.02 40±0.2 SR80 被测轮廓面必须位于包络一系列球的两包络面之间，各球的直径为公差值 0.02mm，且球心位于具有理论正确几何形状的面上 （此图为无基准要求的情况）

【特别提示】

直线度与平面度应用说明：

（1）圆柱素线直线度与圆柱轴线直线度之间既有联系又有区别。圆柱面发生鼓形或鞍形变形，素线就不直，但轴线不一定不直；圆柱面发生弯曲，素线和轴线都不直。因此，素线直线度公差可以包括和控制轴线直线度误差，而轴线直线度公差不能完全控制素线直线度误差。轴线直线度公差只控制弯曲，用于长径比较大的圆柱件。

（2）平面度控制平面的形状误差，直线度可控制直线、平面、圆柱面及圆锥面的形状误差。图样上提出的平面度要求，同时也控制了直线度误差。

（3）直线度公差带只控制直线本身，与其他要素无关；平面度公差带只控制平面本身，与其他要素无关。因此，公差带的方位都可以浮动。

（4）对于窄长平面（如龙门刨导轨面）的形状误差，可用直线度控制。宽大平面（如龙门刨工作台面）的形状误差，可用平面度控制。

圆度与圆柱度应用说明：

（1）圆度和圆柱度一样，是用半径差来表示的，因为圆柱面旋转过程中是以半径的误差起作用的，是符合生产实际的，所以是比较先进、科学的指标。两者不同之处：圆度公差控制截面误差，而圆柱度公差则控制横截面和轴截面的综合误差。

（2）圆柱度公差值只是指两圆柱面的半径差，未限定圆柱面的半径和圆心位置，因此，公差带不受直径大小和位置的约束，可以浮动。

（3）圆柱度公差用于对整体形状精度要求比较高的零件，如汽车起重机上的液压柱塞、精密机床的主轴颈等。

4.2.3 方向公差

方向公差是指关联实际要素对基准要素在方向上所允许的变动全量，用于控制方向误差，以保证被测提取要素相对于基准要素的方向精度。方向公差包括平行度、垂直度、倾斜度、线轮廓度和面轮廓度五个项目。

当要求被测提取要素对基准要素为 0°（要求被测提取要素对基准要素等距）时，方向公差为平行度；当要求被测提取要素对基准要素为 90° 时，方向公差为垂直度；当要求被测提取要素对基准要素为其他任意角度时，方向公差为倾斜度。方向公差带（平行度、垂直度和倾斜度）及其解释、标注示例如表 4-9 所示。

表 4-9　方向公差带及其解释、标注示例

公差项目		公差带说明	标注及解释
平行度	面对面	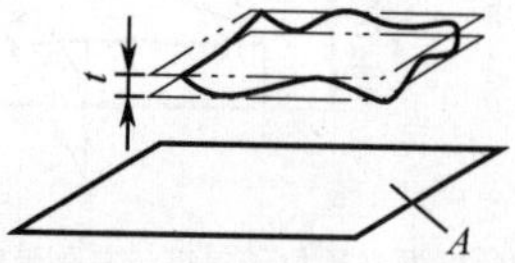 公差带是距离为公差值 t，且平行于基准面的两平行平面之间的区域	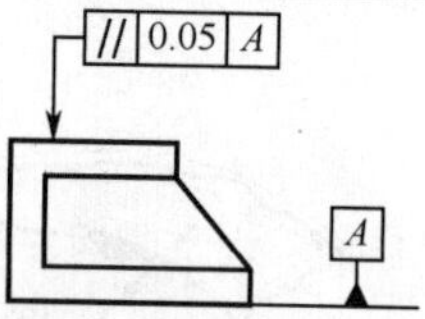 被测表面必须位于距离为公差值 0.05mm，且平行于基准表面 A（基准平面）的两平行平面之间
	线对面	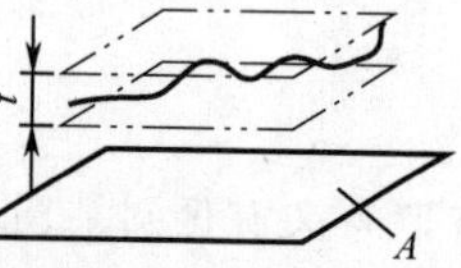 公差带是距离为公差值 t，且平行于基准平面的两平行平面之间的区域	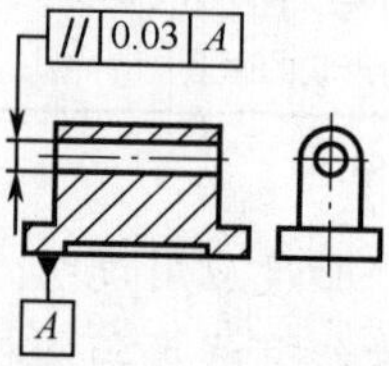 被测轴线必须位于距离为公差值 0.03mm，且平行于基准表面 A（基准平面）的两平行平面之间
	面对线	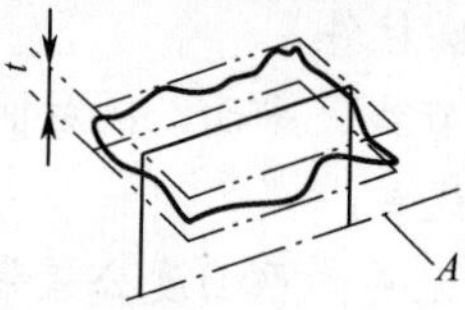 公差带是距离为公差值 t，且平行于基准线的两平行平面之间的区域	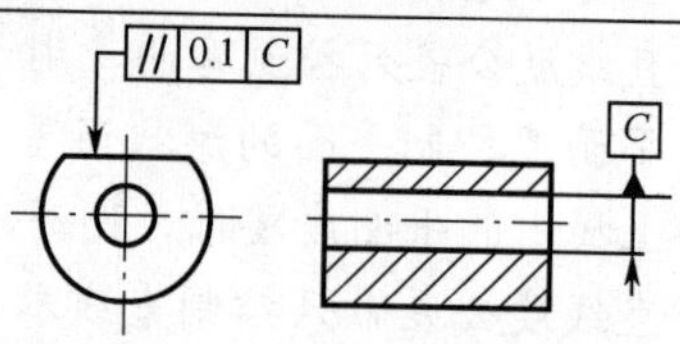 被测表面必须位于距离为公差值 0.1mm，且平行于基准线 C 的两平行平面之间
	线对线	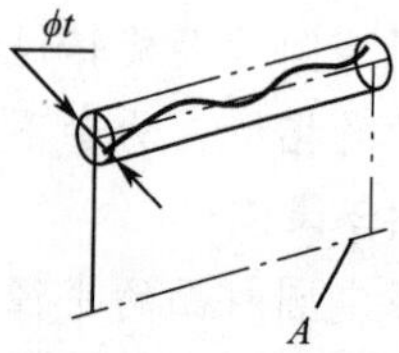 如在公差值前加注 ϕ，公差带是直径为公差值 t，且平行于基准线的圆柱面内的区域	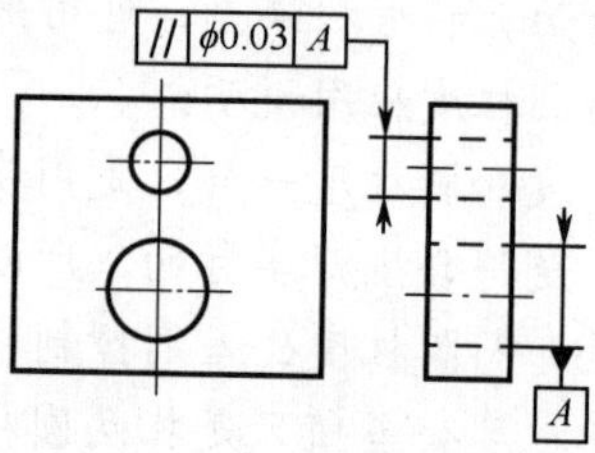 被测轴线必须位于直径为公差值 ϕ0.03mm，且平行于基准轴线 A 的圆柱面内
垂直度	面对线	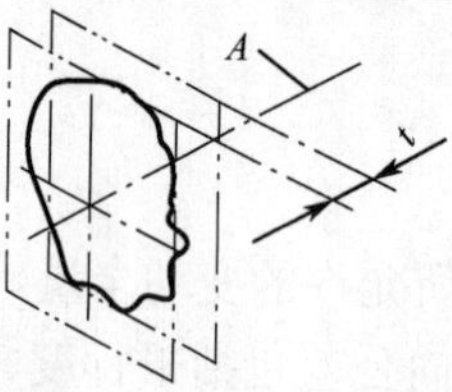 公差带是距离为公差值 t，且垂直于基准轴线的两平行平面之间的区域	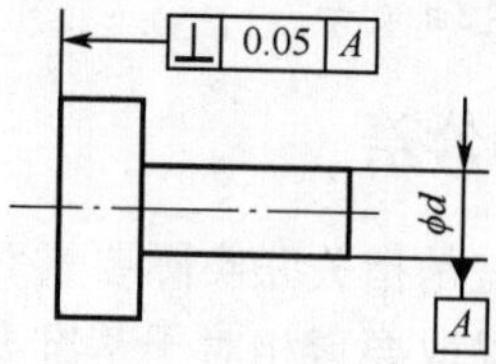 被测表面必须位于距离为公差值 0.05mm，且垂直于基准表面 A（基准轴线）的两平行平面之间

续表

公差项目		公差带说明	标注及解释
垂直度	面对面	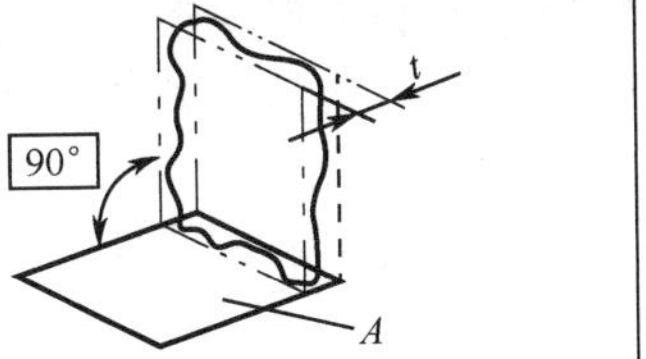 公差带是距离为公差值 t，且垂直于基准平面的两平行平面之间的区域	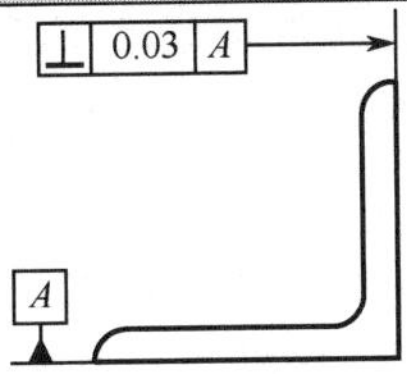 被测面必须位于距离为公差值 0.03mm，且垂直于基准平面 A 的两平行平面之间
	线对基准体系	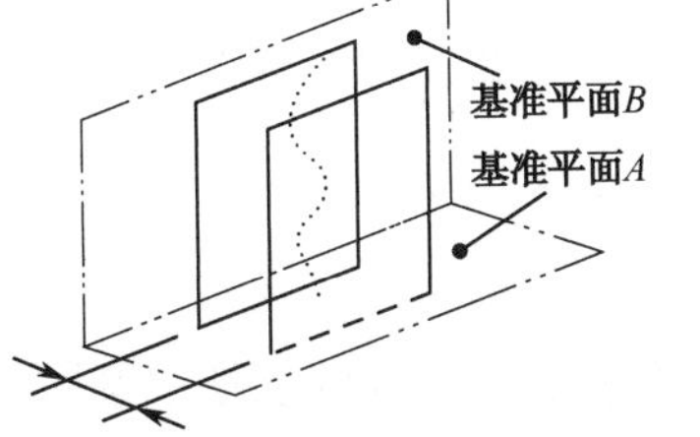 公差带是距离为公差值 t 的两平行平面之间的区域，两平行平面垂直于基准平面 A，且平行于基准平面 B	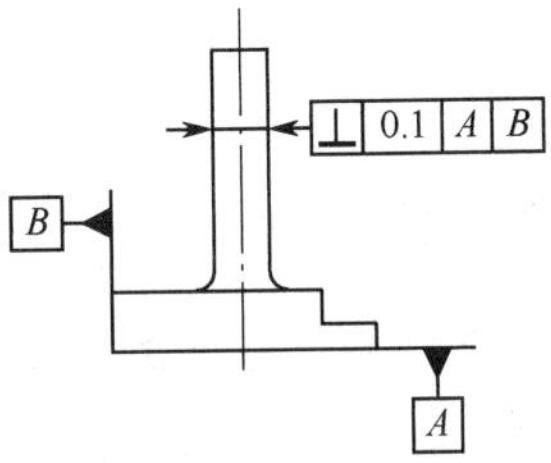 被测圆柱轴线应限定在间距等于 0.1mm 的两平行平面之间。两平行平面垂直于基准平面 A，且平行于基准平面 B
	线对面	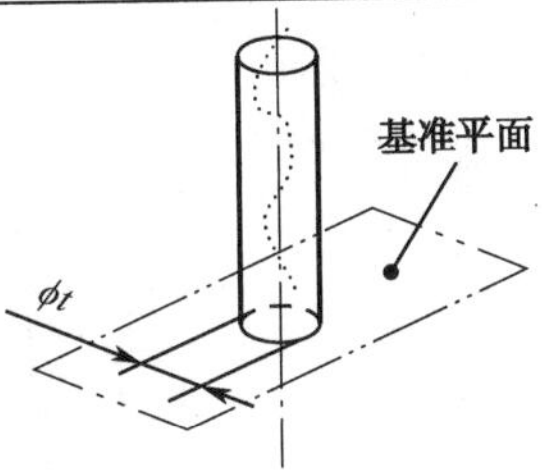 公差带是直径等于公差值 ϕt，轴线垂直于基准平面的圆柱面所限定的区域	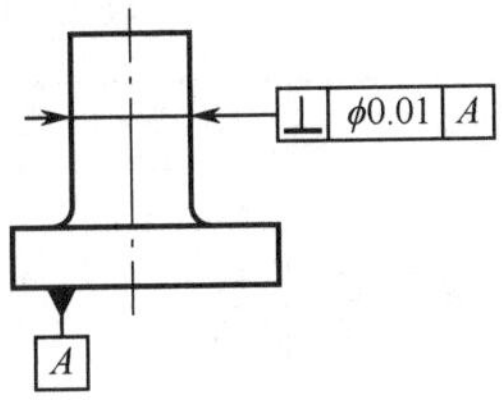 被测轴线应限定直径等于公差值 ϕ0.01mm，垂直于基准平面 A 的圆柱面内
倾斜度	面对线	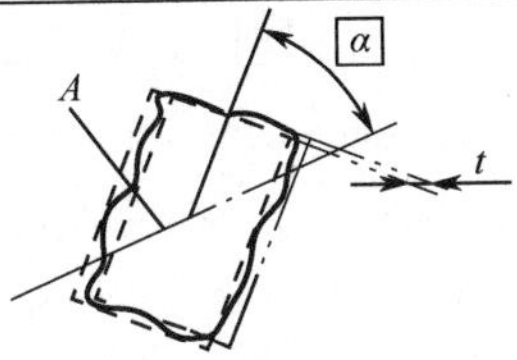 公差带是距离为公差值 t，且与基准线成一定角度 α 的两平行平面之间的区域	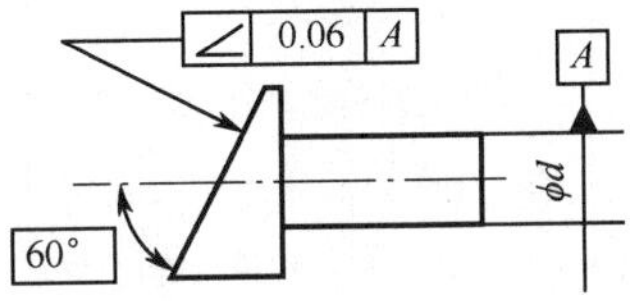 被测表面必须位于距离为公差值 0.06mm，且与基准轴线 A 成理论正确角度 60° 的两平行平面之间
	线对线	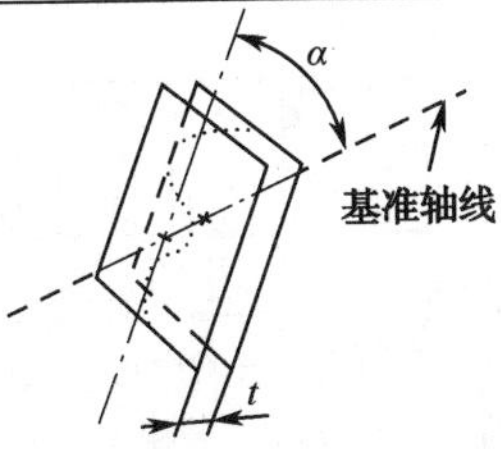 公差带是距离为公差值 t，且与基准线成一定角度 α 的两平行平面之间的区域	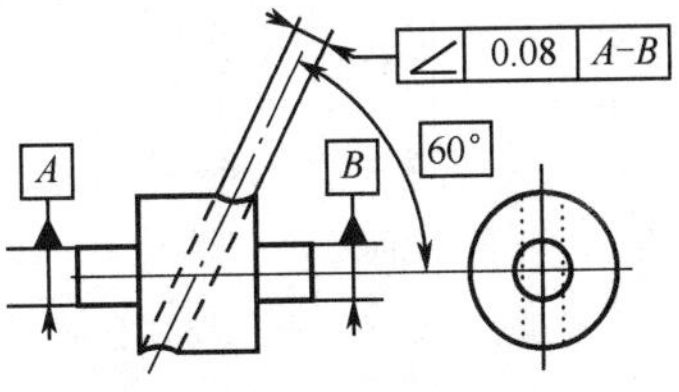 被测轴线必须位于距离为公差值 0.08mm，且与公共基准轴线 A-B 成理论正确角度 60° 的两平行平面之间

【特别提示】

方向公差应用说明：

（1）定向公差带控制被测要素的方向角，同时也控制了形状误差。由于合格零件的实际要素相对于基准的位置允许在其尺寸公差内变动，所以定向公差带的位置允许在一定范围内（尺寸公差带内）浮动。

（2）在保证功能要求的前提下，当对某一被测要素给出定向公差后，通常不再对被测要素给出形状公差。只有在对被测要素的形状精度有特殊的较高要求时，才另行给出形状公差。

（3）标注倾斜度时，被测要素与基准要素间的夹角是不带偏差的理论正确角度，标注时要带方框。平行度和垂直度可看成倾斜度的两个极端情况：当被测要素与基准要素之间的倾斜角α=0° 时，就是平行度；α=90° 时，就是垂直度。两个项目名称的本身已包含了特殊角0° 和 90° 的含义，因此标注不必再带方框了。

4.2.4 位置公差

位置公差是指关联被测实际要素对基准要素在位置上允许的变动全量。位置公差用来控制位置误差。位置公差有同轴度、同心度、对称度、位置度、线轮廓度和面轮廓度六个项目。当被测提取要素和基准要素都是导出要素，要求重合或共面时，可用同轴度或对称度。

位置公差带及其解释、标注示例如表 4-10 所示。

表 4-10　位置公差带及其解释、标注示例

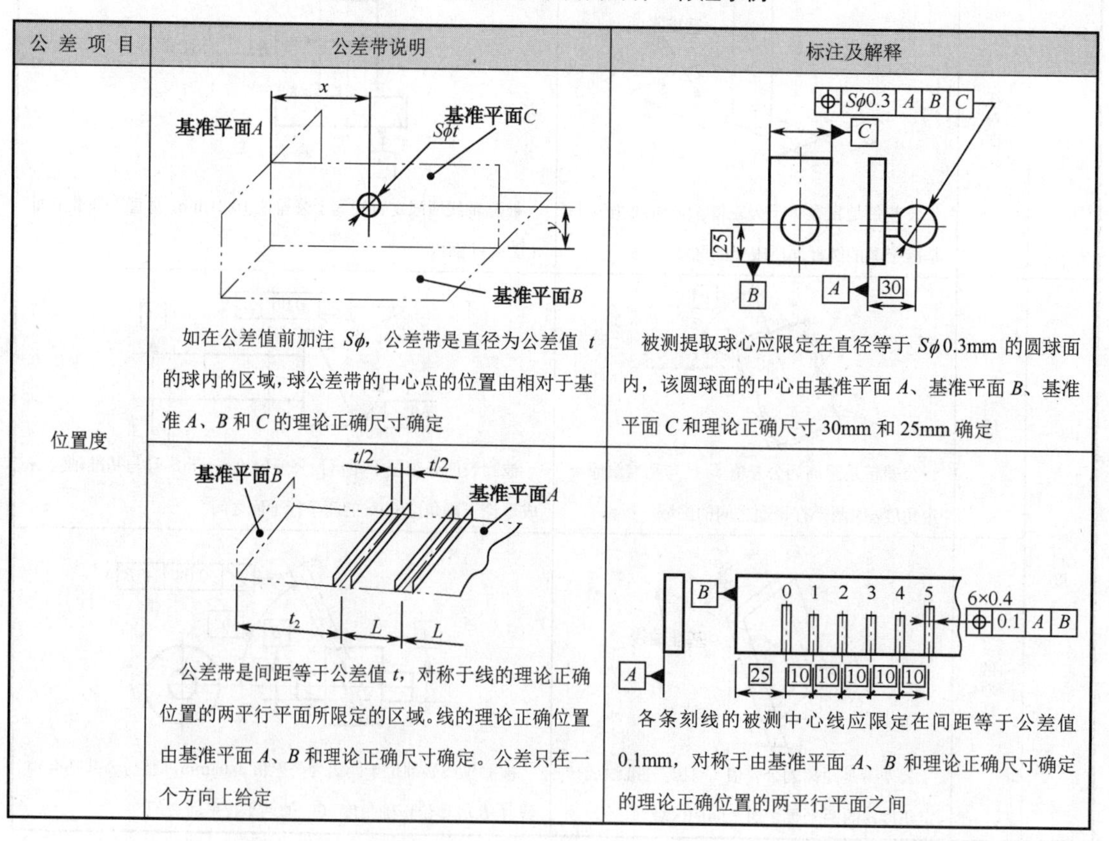

公差项目	公差带说明	标注及解释
位置度	如在公差值前加注 $S\phi$，公差带是直径为公差值 t 的球内的区域，球公差带的中心点的位置由相对于基准 A、B 和 C 的理论正确尺寸确定	被测提取球心应限定在直径等于 $S\phi$0.3mm 的圆球面内，该圆球面的中心由基准平面 A、基准平面 B、基准平面 C 和理论正确尺寸 30mm 和 25mm 确定
	公差带是间距等于公差值 t，对称于线的理论正确位置的两平行平面所限定的区域。线的理论正确位置由基准平面 A、B 和理论正确尺寸确定。公差只在一个方向上给定	各条刻线的被测中心线应限定在间距等于公差值 0.1mm，对称于由基准平面 A、B 和理论正确尺寸确定的理论正确位置的两平行平面之间

续表

公差项目	公差带说明	标注及解释
位置度	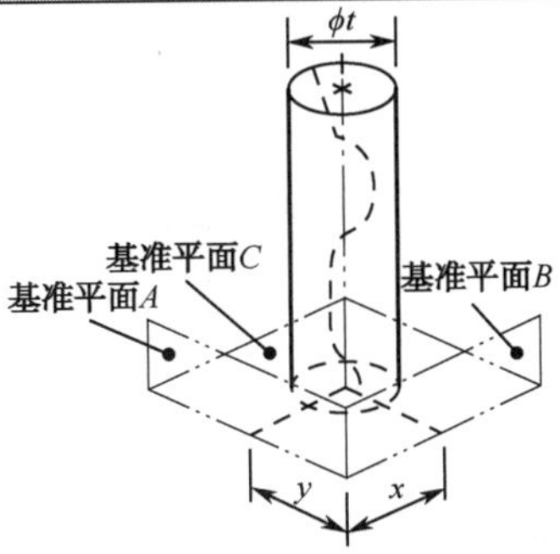 线的位置度公差在任意方向时，公差带为直径等于公差值ϕt 的圆柱面所限定的区域。该圆柱面的轴线由基准平面 *C*、*A*、*B* 和理论正确尺寸确定	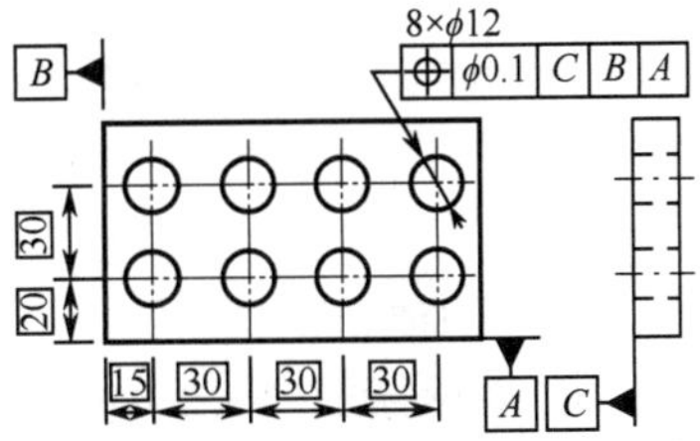 被测提取中心线应各自限定在直径等于ϕ0.1mm 的圆柱面内。该圆柱的轴线的位置处于由基准平面 *C*、*A*、*B* 和理论正确尺寸 20mm、15mm 和 30mm 确定的各孔轴线的理论正确位置上
同心度	公差带是直径为公差值ϕt 的圆周内的区域，该圆周的圆心与基准点重合	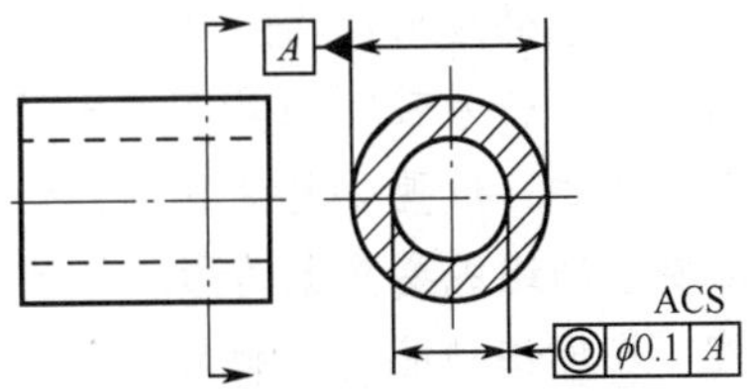 在任意截面内，内圆的被测圆心应限定在直径等于公差值ϕ0.1mm，且以基准外圆圆心 *A* 为圆心的圆周内
同轴度	公差带是直径为公差值ϕt 的圆柱面内的区域，该圆柱面的轴线与基准轴线同轴	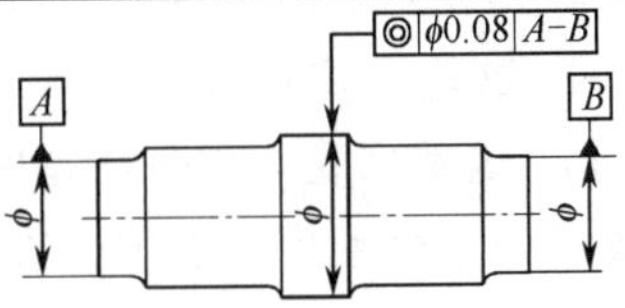 大圆的轴线应位于公差值ϕ0.08mm，且与公共基准轴线 *A*–*B* 同轴的圆柱面内
对称度	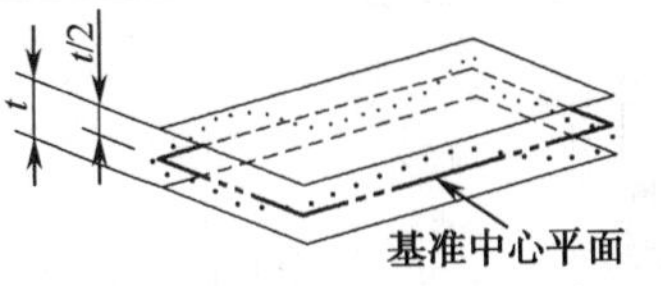 公差带是距离为公差值 *t*，且相对基准中心平面对称配置的两平行平面之间的区域	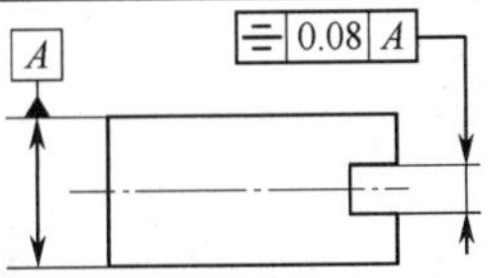 被测中心平面应位于距离为公差值 0.08mm，且相对基准中心平面 *A* 对称配置的两平行平面之间
线轮廓度	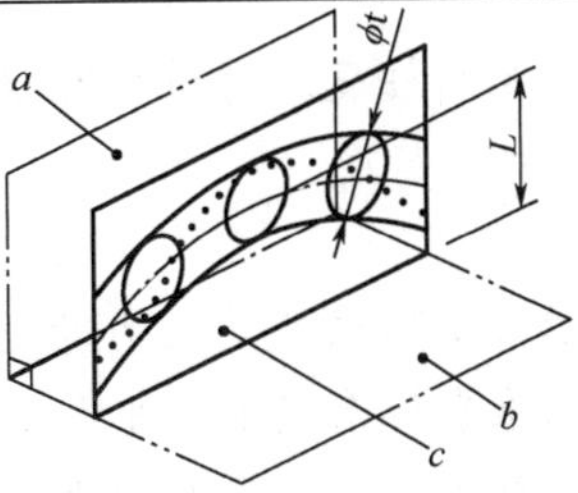 *a*—基准平面 *A*； *b*—基准平面 *B*； *c*—平行于基准 *A* 的平面。 公差带为直径等于公差值 *t*、圆心位于由基准平面 *A* 和基准平面 *B* 确定的被测要素理论正确几何形状上的一系列圆的两包络线所限定的区域	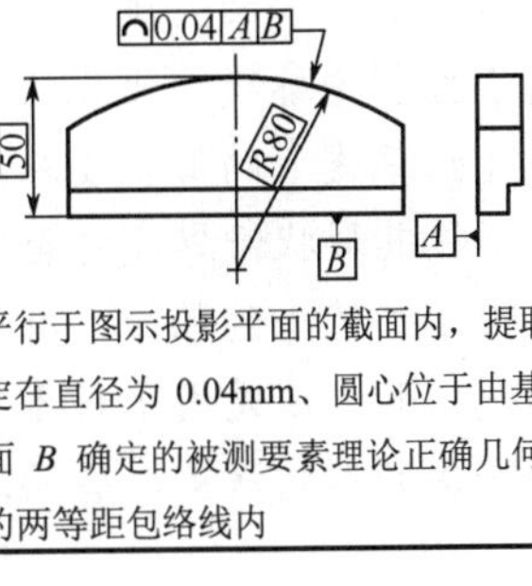 在任一平行于图示投影平面的截面内，提取（实际）轮廓应限定在直径为 0.04mm、圆心位于由基准平面 *A* 和基准平面 *B* 确定的被测要素理论正确几何形状上的一系列圆的两等距包络线内

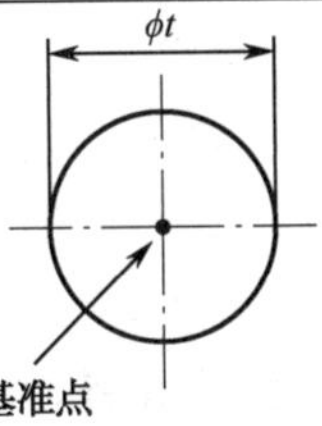

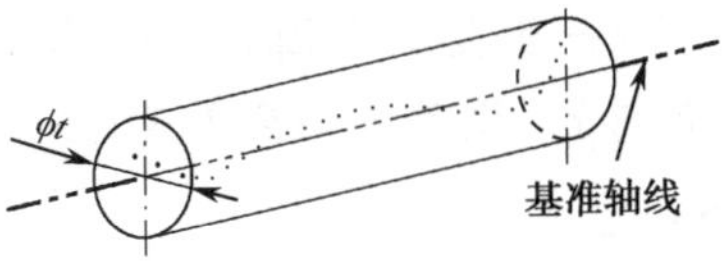

续表

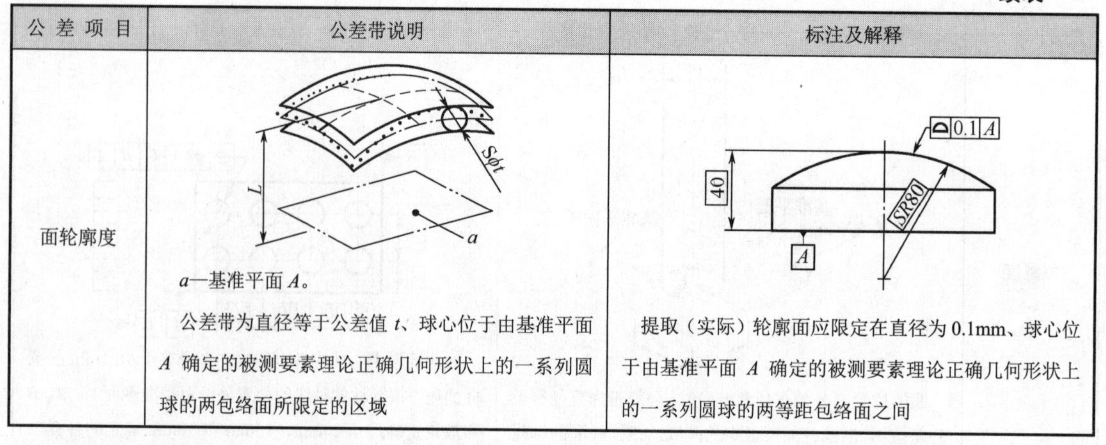

公差项目	公差带说明	标注及解释
面轮廓度	a—基准平面 A。 公差带为直径等于公差值 t、球心位于由基准平面 A 确定的被测要素理论正确几何形状上的一系列圆球的两包络面所限定的区域	提取（实际）轮廓面应限定在直径为 0.1mm、球心位于由基准平面 A 确定的被测要素理论正确几何形状上的一系列圆球的两等距包络面之间

【特别提示】

位置公差的应用说明：

（1）位置公差带不但具有确定的方向，而且还具有确定的位置，其相对于基准的尺寸为理论正确尺寸。位置公差带具有综合控制被测要素位置、方向和形状的功能，但不能控制形成导出要素的组成要素上的形状误差。

（2）在保证功能要求的前提下，对被测要素如给定位置公差，通常不再对该要素给出方向和形状公差，只有在对该被测要素有特殊的较高的方向和形状精度要求时，才另外给出其方向和形状公差。如图 4-8 所示，ϕ50J6 的轴线相对于基准 A 和 B 已给出了位置度公差值 ϕ0.05mm，但是，该轴线对基准 A 的垂直度有进一步要求，因此又给出了垂直度公差值 ϕ0.025mm。这是位置与方向公差同时给出的一个例子，因为方向公差是进一步要求，所以垂直度公差值小于位置度公差值，否则就没有意义。

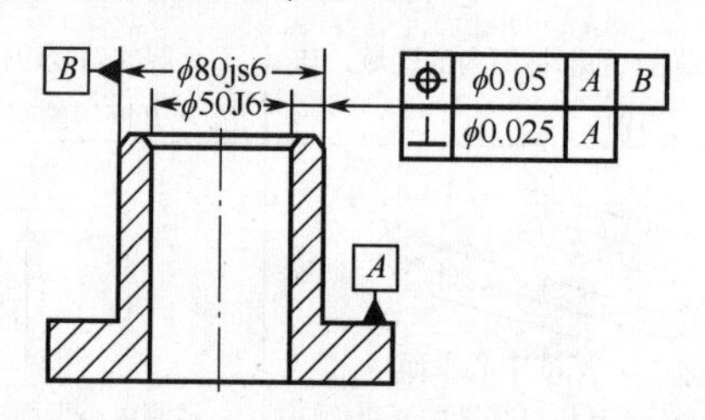

图 4-8　位置公差和方向公差同时标注示例

（3）同轴度可控制轴线的直线度，不能完全控制圆柱度；对称度可以控制中心面的平面度，不能完全控制构成中心面的两对称面的平面度和平行度。

线轮廓度和面轮廓度应用说明：

（1）线轮廓度和面轮廓度均用于控制零件轮廓形状的精度，但两者控制的对象不同。线轮廓度用于控制轮廓线，此线为给定平面内的由二维坐标系确定的平面曲线，如样板轮廓面上的素线（轮廓线）的形状要求。面轮廓度用于控制轮廓面，此面为由三维坐标系确定的空间曲面。不管其形状沿厚度是否变化，均可应用面轮廓度公差来控制。

（2）由于工艺上的原因，有时也可用线轮廓度来控制曲面形状，即用线轮廓度来解决面轮廓度问题。其方法是用平行于投影面的平面剖截轮廓面，以形成轮廓线，用线轮廓度来控制此平面轮廓的形状误差，从而近似地控制轮廓面的形状，就相当于用直线度来控制平面的平面度误差。

（3）当线、面轮廓度仅用于限制被测要素的形状时，不标注基准，其公差带的位置是浮动的。当线、面轮廓度不仅用于限制被测要素的形状，同时还限制被测要素的位置时，其公差带的位置是固定的，为方向或位置公差。

① 无基准要求的轮廓度，其公差带的形状只由理论正确尺寸决定。

② 有基准要求的轮廓度，其公差带的形状需由理论正确尺寸和基准决定。

4.2.5 跳动公差

跳动公差是关联被测实际要素绕基准轴线旋转一周或连续旋转若干周时所允许的最大跳动量。按被测提取要素旋转情况，跳动误差分为圆跳动和全跳动两项。它们都是以测量方法为依据的公差项目。

1. 圆跳动公差

圆跳动公差是被测实际要素绕基准轴线做无轴向移动旋转一周时，位置固定的指示器在给定方向上允许的最大与最小读数之差。跳动误差的测量方向通常是被测表面的法向。按照测量方向与基准轴线的相对位置不同，可分为径向圆跳动、端面圆跳动和斜向圆跳动。径向和端面圆跳动项目的应用十分广泛。

2. 全跳动公差

全跳动公差是被测实际要素绕基准轴线做无轴向移动的连续旋转，同时指示器做平行（径向全跳动）或垂直（端面全跳动）于基准轴线的直线移动，在整个表面上所允许的最大跳动量。全跳动分为径向全跳动和端面全跳动。

跳动公差带及其解释、标注示例如表 4-11 所示。

表 4-11 跳动公差带及其解释、标注示例

公差项目		公差带说明	标注及解释
圆跳动	径向圆跳动	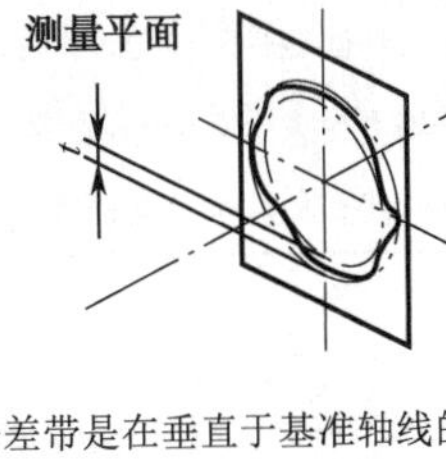 测量平面 A−B 公差带是在垂直于基准轴线的任一测量平面内半径差为公差值 t，且圆心在基准轴线上的两个同心圆之间的区域	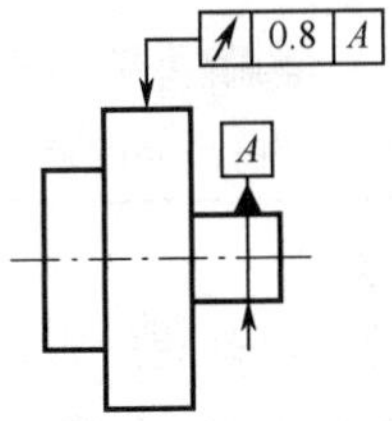 ↗ 0.8 A A 当被测要素围绕基准轴线 A 做无轴向移动旋转一周时，在任一测量平面内的径向圆跳动量均不大于 0.8mm
	端面圆跳动	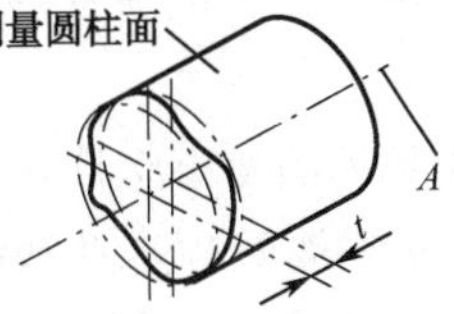 测量圆柱面 A t 公差带是在与基准同轴的任一半径位置的测量圆柱面上距离为 t 的圆柱面区域	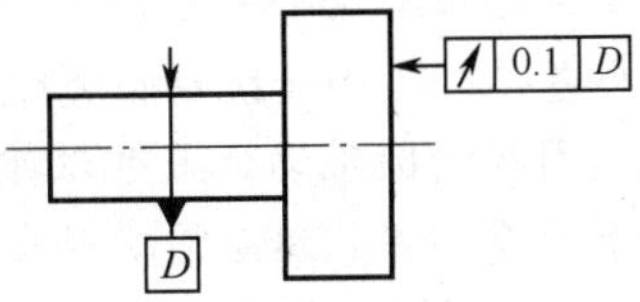 ↗ 0.1 D D 当被测面绕基准轴线 D 做无轴向移动旋转一周时，在任一测量圆柱面内的轴向跳动量均不大于 0.1mm

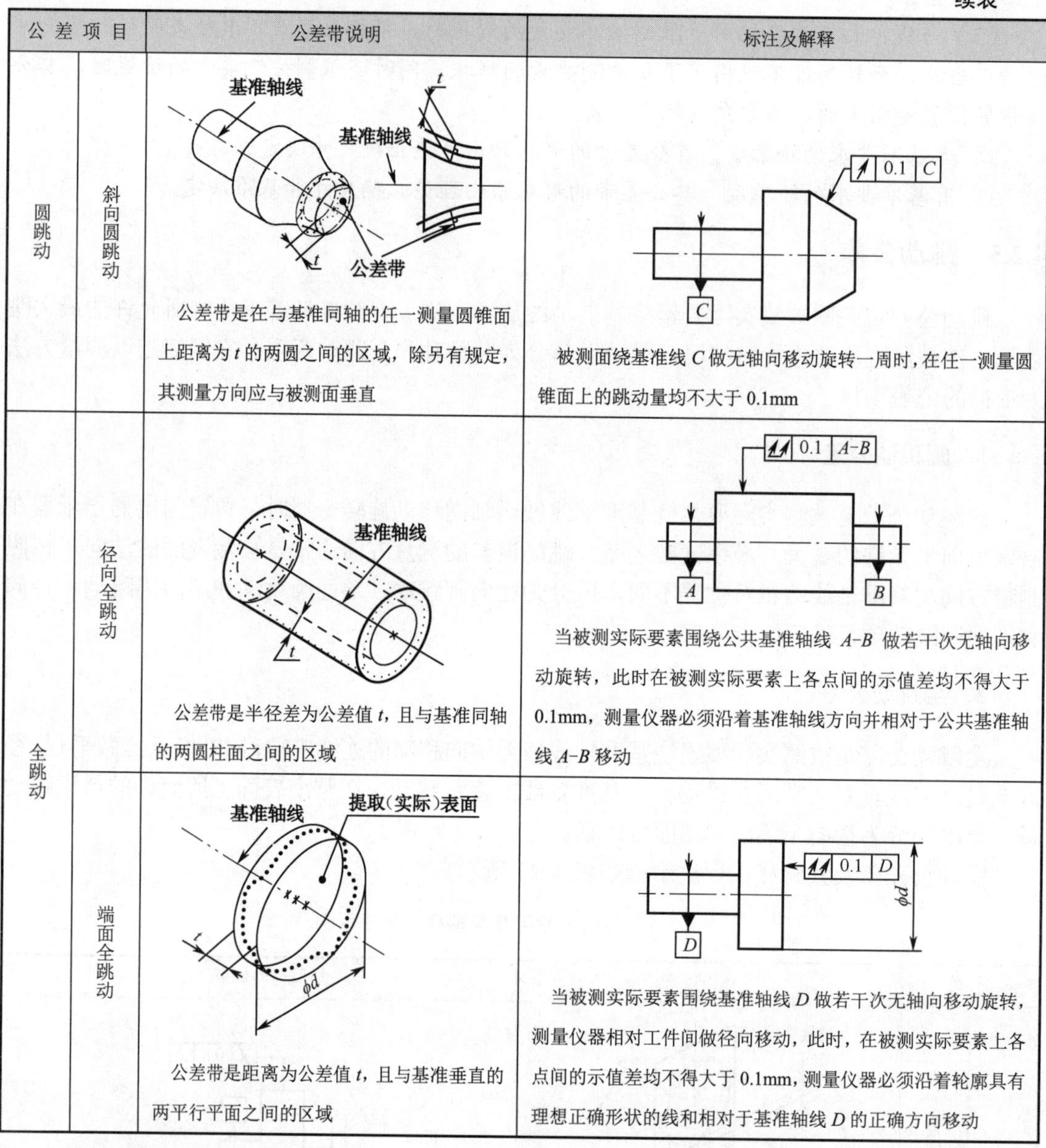

续表

公差项目		公差带说明	标注及解释
圆跳动	斜向圆跳动	公差带是在与基准同轴的任一测量圆锥面上距离为 t 的两圆之间的区域，除另有规定，其测量方向应与被测面垂直	被测面绕基准线 C 做无轴向移动旋转一周时，在任一测量圆锥面上的跳动量均不大于 0.1mm
全跳动	径向全跳动	公差带是半径差为公差值 t，且与基准同轴的两圆柱面之间的区域	当被测实际要素围绕公共基准轴线 A–B 做若干次无轴向移动旋转，此时在被测实际要素上各点间的示值差均不得大于 0.1mm，测量仪器必须沿着基准轴线方向并相对于公共基准轴线 A–B 移动
	端面全跳动	公差带是距离为公差值 t，且与基准垂直的两平行平面之间的区域	当被测实际要素围绕基准轴线 D 做若干次无轴向移动旋转，测量仪器相对工件间做径向移动，此时，在被测实际要素上各点间的示值差均不得大于 0.1mm，测量仪器必须沿着轮廓具有理想正确形状的线和相对于基准轴线 D 的正确方向移动

【特别提示】

跳动公差的应用说明：

（1）跳动公差是一项综合性的误差项目，因而跳动公差带可以综合控制被测要素的位置、方向和形状误差。当综合控制被测提取要素不能满足要求时，可进一步给出有关的公差。对被测提取要素给出跳动公差后，若再对该被测提取要素给出其他项目的形状、方向、位置公差，则其公差值必须小于跳动公差值，如图 4-9 所示。

（2）利用径向圆跳动公差可以控制圆度误差，只要跳动量小于圆度公差值，就能保证圆度误差小于圆度公差。端面圆跳动在一定情况下也能反映端面对基准轴线的垂直误差。

（3）径向全跳动公差带与圆柱度公差带形状一样，只是前者公差带的轴线与基准轴线同轴，而后者的轴线是浮动的。因而利用径向全跳动公差可以控制圆柱度误差，只要跳动量小于圆柱度公差值，就能保证圆柱度误差小于圆柱度公差。径向全跳动还可以控制同轴度误差。

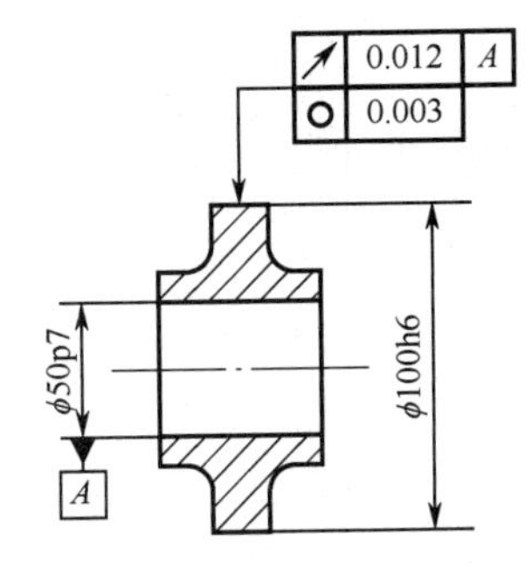

图 4-9 同时给出径向圆跳动和圆度公差的示例

（4）端面全跳动的公差带与平面对轴线的垂直度公差带形状相同，因而可以利用端面全跳动控制平面对轴线的垂直度误差。

（5）圆跳动仅反映单个测量面内被测要素轮廓形状的误差情况，而全跳动则反映整个被测表面的误差情况。全跳动是一项综合性的指标，它可以同时控制圆度、同轴度、圆柱度、素线的直线度、平行度、垂直度等的几何误差。对一个零件的同一被测要素，全跳动包括了圆跳动。显然，当给定公差值相同时，标注全跳动的要比标注圆跳动的要求更严格。

图 4-6（a）中几何公差标注有五项，每一项都有错误，具体如下：

（1）圆度公差值代表公差带的宽度（两同心圆的半径差），公差值前不应该加“φ”，被测提取要素为组成要素，箭头应该与尺寸线错开。

（2）圆柱度为形状公差没有基准，公差值代表公差带的宽度（两同轴线的圆柱面的半径差），公差值前不应该加“φ”，被测提取要素为组成要素，箭头应该与尺寸线错开。

（3）同轴度公差值代表公差带的直径（圆柱面），公差值前应该加“φ”，基准要素为导出要素（轴线），基准要素代号 A 应该注在尺寸线的延长线上。

（4）直线度为形状公差没有基准，被测提取要素为锥面素线，箭头应该指向公差带的宽度方向（与素线走向垂直）。

（5）垂直度被测提取要素为阶梯端面，公差值代表公差带的宽度（两平行平面的距离），公差值前不应该加“φ”，被测要素与公差框格用带箭头的指引线相连，所以应该加箭头。

正确标注如图 4-10（不改变几何公差特征符号）所示。

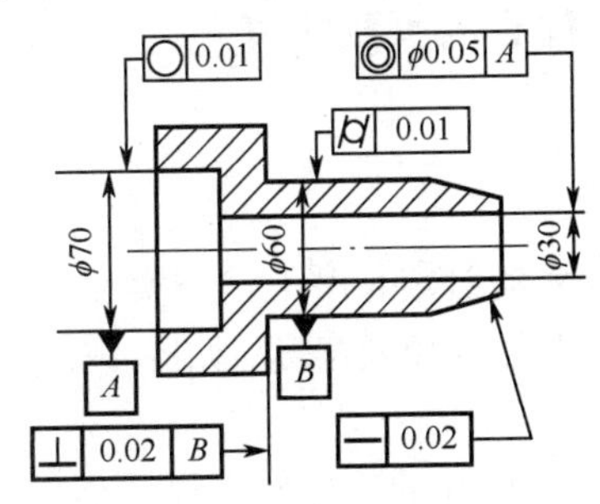

图 4-10 图 4-6 几何公差标注示例答案

任务 3 识读公差要求标注

如图 4-11 所示标注了公差要求符号，解释标注含义并完成表格中所列各值。

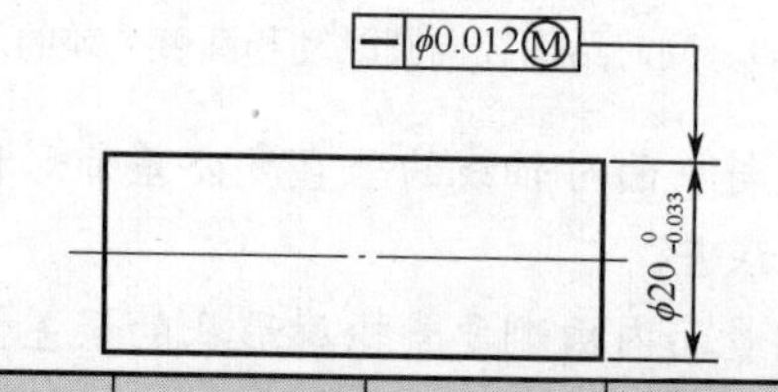

公差原则	遵守的边界尺寸/mm	上极限尺寸/mm	下极限尺寸/mm	最大实体尺寸/mm	最小实体尺寸/mm	局部尺寸为ϕ20mm 时，轴线的直线度公差值/mm

图 4-11　公差要求标注示例

在机械零件设计中，对同一零件往往既规定尺寸公差，又同时规定几何公差，从零件的功能考虑，给出的尺寸公差与几何公差既可能相互有关系，也可能相互无关系。而公差原则与公差要求就是处理尺寸公差和几何公差之间关系的规定，即图样上标注的尺寸公差和几何公差是如何控制被测提取要素的尺寸误差和几何误差的。

GB/T 4249—2009《产品几何技术规范（GPS）公差原则》规定了尺寸公差和几何公差之间的关系，无关系为独立原则，有关系为相关要求。相关要求按应用的要素和使用要求又分为包容要求、最大实体要求、最小实体要求和可逆要求。

GB/T 16671—2009《产品几何技术规范（GPS）几何公差 最大实体要求 最小实体要求和可逆要求》中规定了有关的术语和定义。

4.3.1 公差原则与公差要求有关术语及定义

1. 体外作用尺寸（D_{fe}、d_{fe}）

体外作用尺寸是指在被测要素的给定长度上，与实际内表面体外相接的最大理想面或与实际外表面体外相接的最小理想面的直径或宽度。如图 4-12 所示，其内表面和外表面的体外作用尺寸分别用 D_{fe}、d_{fe} 表示。

从图 4-12 可以清楚地看出，弯曲孔的体外作用尺寸小于该孔的局部尺寸，弯曲轴的体外作用尺寸大于该轴的局部尺寸。也就是说，由于孔、轴存在几何误差 $f_{几何}$，当孔和轴配合时，孔显得小了，轴显得大了，因此不利于二者的装配。图 4-12 表示孔、轴只存在轴线的直线度误差 $f_{几何}$，可以直观地推导出孔、轴的体外作用尺寸为

孔的体外作用尺寸：$D_{fe}=D_a-f_{几何}$

轴的体外作用尺寸：$d_{fe}=d_a+f_{几何}$

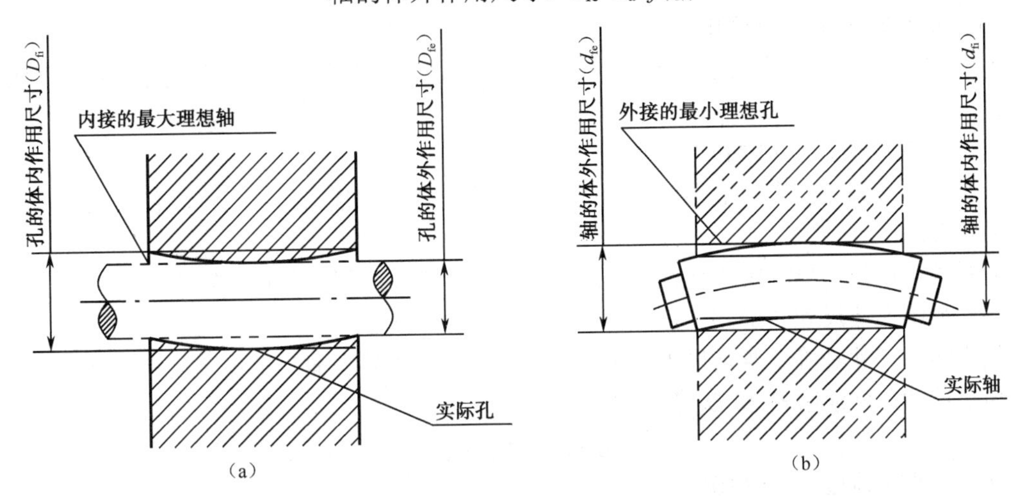

图 4-12　孔、轴的作用尺寸

2. 体内作用尺寸（D_{fi}、d_{fi}）

体内作用尺寸是指在被测要素的给定长度上，与实际内表面体内相接的最小理想面或与实际外表面体内相接的最大理想面的直径或宽度。如图 4-12 所示，其内表面和外表面的体内作用尺寸分别用 D_{fi} 和 d_{fi} 表示。

从图 4-12 可以清楚地看出，弯曲孔的体内作用尺寸大于该孔的局部尺寸，弯曲轴的体内作用尺寸小于该轴的局部尺寸。图 4-12 表示孔、轴只存在轴线的直线度误差 $f_{几何}$，可以直观地推导出孔、轴的体内作用尺寸为

孔的体内作用尺寸：$D_{fi}=D_a+f_{几何}$

轴的体内作用尺寸：$d_{fi}=d_a-f_{几何}$

综上所述，孔、轴的体外、体内作用尺寸是由局部尺寸和几何误差综合形成的，对于每个零件不尽相同。

在加工中必须对要素的体外作用尺寸进行控制，以便满足配合要求，即保证配合时的最小间隙或最大过盈。由此可见，体外作用尺寸是实际要素在配合中真正起作用的尺寸。

3. 实体状态、实体尺寸、边界

（1）最大实体状态（MMC）

最大实体状态是假定提取组成要素的局部尺寸处处位于极限尺寸之内且使其具有实体最大时的状态。

当孔为下极限尺寸、轴为上极限尺寸时，零件所具有的材料量最多。因而可以说，最大实体状态是实际要素在极限尺寸范围内具有材料量最多的状态。

（2）最大实体尺寸（MMS）

最大实体尺寸是确定要素最大实体状态的尺寸。对于外表面为上极限尺寸，对于内表面为下极限尺寸，分别用 d_M 和 D_M 表示，即

$$d_M=d_{max}，D_M=D_{min}$$

由设计给定的具有理想形状的极限包容面称为边界。边界的尺寸为极限包容面的直径或距离。

（3）最大实体边界（MMB）

最大实体状态对应的极限包容面称为最大实体边界。显然，该边界的尺寸为最大实体尺寸。

（4）最小实体状态（LMC）

最小实体状态是假定提取组成要素的局部尺寸处处位于极限尺寸之内且使其具有实体最小时的状态。

同样也可以说，最小实体状态是实际要素在极限尺寸范围内具有材料量最少的状态。

（5）最小实体尺寸（LMS）

最小实体尺寸是确定要素最小实体状态的尺寸。对于外表面为下极限尺寸，对于内表面为上极限尺寸，分别用 d_L 和 D_L 表示，即

$$d_L=d_{min}，D_L=D_{max}$$

（6）最小实体边界（LMB）

最小实体状态对应的极限包容面称为最小实体边界。显然，该边界的尺寸为最小实体尺寸。

4．实效状态、实效尺寸、实效边界

（1）最大实体实效尺寸（MMVS）

最大实体实效尺寸是指尺寸要素的最大实体尺寸与其导出要素的几何公差（形状、方向和位置）共同作用产生的尺寸，分别用 D_{MV} 和 d_{MV} 表示。

对于内表面（即孔）为最大实体尺寸减去几何公差值（加注符号Ⓜ），用公式表示为

$$D_{MV}=D_M-t$$

对于外表面（即轴）为最大实体尺寸加上形位公差值（加注符号Ⓜ），用公式表示为

$$d_{MV}=d_M+t$$

（2）最大实体实效状态（MMVC）

最大实体实效状态是指拟合组成要素的尺寸为其最大实体实效尺寸（MMVS）时的状态。

（3）最大实体实效边界（MMVB）

最大实体实效边界是最大实体实效状态对应的极限包容面。

（4）最小实体实效尺寸（LMVS）

最小实体实效尺寸是指尺寸要素的最小实体尺寸与其导出要素的几何公差（形状、方向和位置）共同作用产生的尺寸，分别用 D_{LV} 和 d_{LV} 表示。

对于内表面（即孔）为最小实体尺寸加上几何公差值（加注符号Ⓛ），用公式表示为

$$D_{LV}=D_L+t$$

对于外表面（即轴）为最小实体尺寸减去几何公差值（加注符号Ⓛ），用公式表示为

$$d_{LV}=d_L-t$$

（5）最小实体实效状态（LMVC）

最小实体实效状态是指拟合组成要素的尺寸为其最小实体实效尺寸（MMVS）时的状态。

（6）最小实体实效边界

最小实体实效边界是最小实体实效状态对应的极限包容面。

4.3.2 独立原则（IP）

（1）概念

独立原则是指被测要素在图样上给出的尺寸公差与几何公差各自独立，应分别满足各自要求。独立原则是几何公差和尺寸公差相互关系应遵循的基本公差原则。

（2）标注

独立原则在标注时不需要附加任何表示相互关系的符号。如图 4-13 所示为独立原则的标注示例，图中表示轴的局部尺寸应在上极限尺寸与下极限尺寸之间，即（ϕ149.96～ϕ150）mm。不管局部尺寸为何值，圆柱轴线的直线度误差不允许大于ϕ0.06mm，圆柱的圆度误差不允许大于 0.04mm。

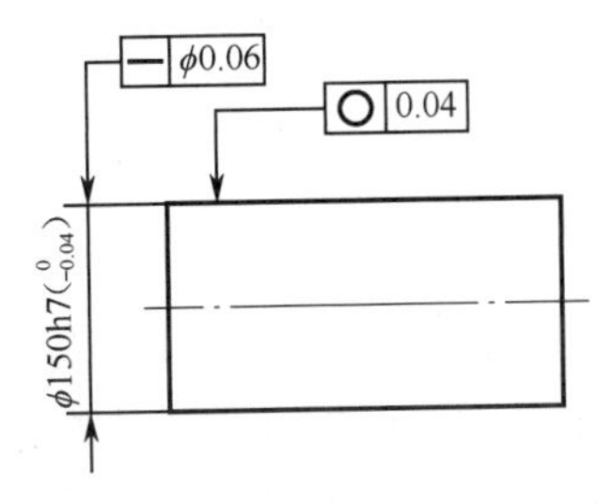

图 4-13 独立原则

（3）适用场合

独立原则一般用于非配合零件或对形状和位置要求严格而对尺寸精度要求相对较低的场合。如印刷机的滚筒，尺寸精度要求不高，但对圆柱度要求高，以保证印刷清晰，因而按独立原则给出了圆柱度公差 t，而其尺寸公差则按未注公差处理。又比如，液压传动中常用的液压缸的内孔，为防止泄漏，对液压缸内孔的形状精度（圆柱度、轴线直线度）提出了较严格的要求，而对其尺寸精度则要求不高，故尺寸公差与几何公差按独立原则给出。

4.3.3 相关要求

相关要求是指图样上给定的尺寸公差与几何公差相互有关的公差要求。具体包括包容要求、最大实体要求、最小实体要求和可逆要求。

1. 包容要求（ER）

1）概念

包容要求是尺寸要素的非理想要素不得违反其最大实体边界（MMB）的一种尺寸要素要求。包容要求表示提取组成要素不得超越最大实体边界（MMB），其局部尺寸不得超出最小实体尺寸（LMS）。即

对于外表面：$d_{fe} \leqslant d_M = d_{max}$，$d_a \geqslant d_L = d_{min}$

对于内表面：$D_{fe} \geqslant D_M = D_{min}$，$D_a \leqslant D_L = D_{max}$

2）标注

包容要求的尺寸要素应在其尺寸极限偏差或公差代号之后加注符号Ⓔ，则表示该单一要素采用包容要求。如图 4-14（a）所示，标注表示提取圆柱面应在其最大实体边界（MMB）之内，该边界的尺寸为最大实体尺寸（MMS）ϕ150mm，其局部尺寸不得小于ϕ149.96mm，如图 4-14（b）、（c）所示。

包容要求是指当局部尺寸处为最大实体尺寸时，其几何公差为零；当局部尺寸偏离最大实体尺寸时，允许的几何误差可以相应增加，增加量为局部尺寸与最大实体尺寸之差（绝对值），其最大增加量等于尺寸公差，此时局部尺寸处处应为最小实体尺寸。这表明，尺寸公差可以转化为几何公差。

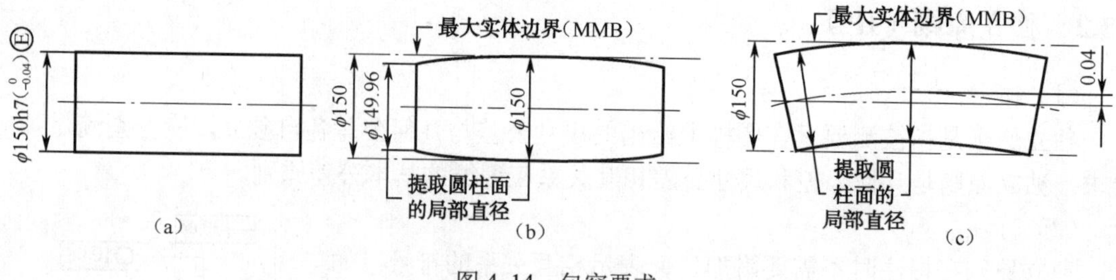

图 4-14　包容要求

3）适用场合

包容要求是将尺寸误差和几何误差同时控制在尺寸公差范围内的一种公差要求，主要用于必须保证配合性质的要素，用最大实体边界保证必要的最小间隙或最大过盈，用最小实体尺寸防止间隙过大或过盈过小。

包容要求适用于圆柱表面或两平行对应面，常用于机器零件上的配合性质要求较严格的配合表面，如回转轴的轴颈和滑动轴承、滑动套筒和孔、滑块和滑块槽等。

2．最大实体要求（MMR）

1）概念

最大实体要求是尺寸要素的非理想要素不得违反其最大实体实效状态（MMVC）的一种尺寸要素要求，也是尺寸要素的非理想要素不得超越其最大实体实效边界（MMVB）的一种尺寸要素要求。

其同样是控制提取组成要素的实际轮廓处于其最大实体实效边界之内的一种公差要求。当其局部尺寸偏离最大实体尺寸时，允许其几何误差超出在最大实体状态下给出的几何公差值。

2）标注

最大实体要求符号Ⓜ适用于被测要素为提取导出要素的公差框格内，如轴线、中心平面等。

（1）最大实体要求用于被测要素

图样上几何公差框格内公差值后标注Ⓜ时，表示最大实体要求用于被测要素，如图 4-15（a）所示。

最大实体要求用于被测要素时，其导出要素的几何公差值是在该提取组成要素处于最大实体状态时给定的。当提取组成要素的实际轮廓偏离其最大实体状态，即局部尺寸偏离最大实体尺寸时，允许其导出要素的几何误差值可以增加。偏离多少，就可增加多少，其最大增加量等于提取组成要素的尺寸公差值，从而实现尺寸公差向几何公差转化。

最大实体要求用于被测要素时，提取组成要素应遵守最大实体实效边界，即要素的体外作用尺寸不得超越最大实体实效尺寸，且局部尺寸在最大与最小实体尺寸之间。即

对于外表面：$d_{fe} \leqslant d_{MV} = d_{max} + t$，$d_{max} \geqslant d_a \geqslant d_{min}$

对于内表面：$D_{fe} \geqslant D_{MV} = D_{min} - t$，$D_{max} \geqslant D_a \geqslant D_{min}$

图 4-15（c）为图 4-15（a）的动态公差图，从中可看出：

轴的圆柱面（提取组成要素的外轮廓）体外作用尺寸不超越边界ϕ20.1mm；轴的直径 d_a（提取组成要素的局部尺寸）介于最大和最小实体尺寸之间，ϕ19.7mm$\leqslant d_a \leqslant \phi$20mm。

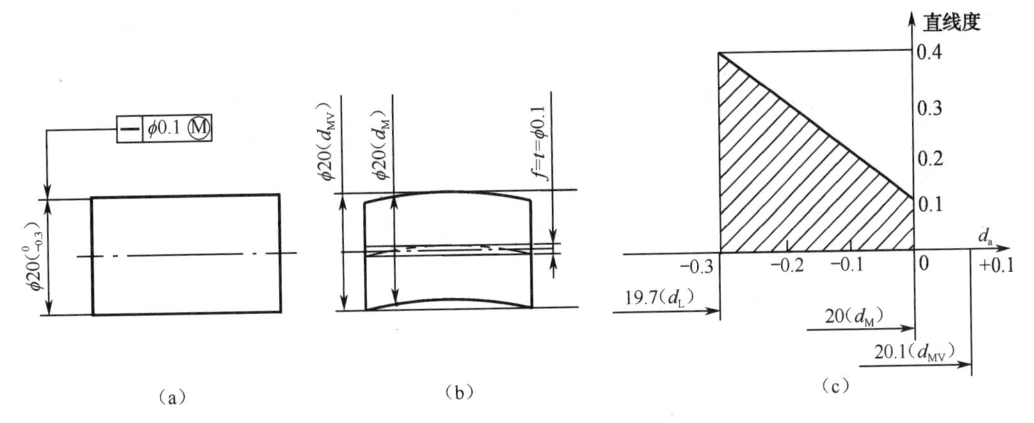

图 4-15　最大实体要求用于提取组成要素

① 当轴的直径为ϕ20mm 时，直线度公差为ϕ0.1mm。

② 当轴的直径为ϕ19.8mm 时（偏离ϕ0.2mm），直线度公差为ϕ0.2+ϕ0.1=ϕ0.3mm。

③ 当轴的直径为ϕ19.7mm 时，直线度公差最大（尺寸公差+几何公差=ϕ0.3+ϕ0.1=ϕ0.4mm）。

这表明，尺寸公差可以转化为几何公差。

（2）最大实体要求用于基准要素

图样上公差框格中基准字母后标注符号Ⓜ时，表示最大实体要求用于基准要素，基准要素应遵守相应的边界，且基准要素为导出要素。若基准要素的实际轮廓偏离相应的边界，即体外作用尺寸偏离相应的边界尺寸，则允许基准要素在一定范围内浮动，浮动范围等于基准要素的体外作用尺寸与相应边界尺寸之差。标注如图 4-16 所示，具体解释见 GB T16671—2009。

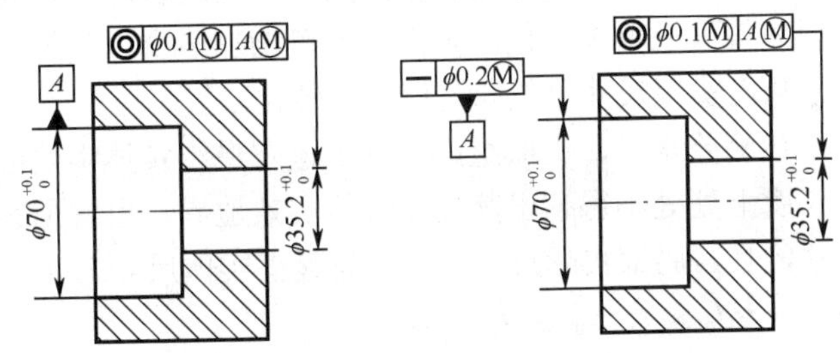

图 4-16　最大实体要求同时用于提取组成要素和基准要素

3）适用场合

最大实体要求适用于尺寸要素及其导出要素几何公差的综合要求。最大实体要求多用于对零件配合性质要求不严，但要求保证零件可装配性的场合，如螺栓和螺钉连接中孔轴线的位置度公差、阶梯孔和阶梯轴的同轴度公差。

采用最大实体要求，遵守最大实体实效边界，在一定条件下扩大了几何公差，提高了零件合格率，有良好的经济性。

3. 最小实体要求（LMR）

1）概念

最小实体要求是尺寸要素的非理想要素不得违反其最小实体实效状态（LMVC）的一种

尺寸要素要求，也是尺寸要素的非理想要素不得超越其最小实体实效边界（LMVB）的一种尺寸要素要求。

其同样是控制提取组成要素的实际轮廓处于其最小实体实效边界之内的一种公差要求。当其局部尺寸偏离最小实体尺寸时，允许其几何误差超出在最小实体状态下给出的几何公差值。

2）标注

最小实体要求符号Ⓛ适用于被测要素为导出要素的公差框格内，如轴线、中心平面等。

（1）最小实体要求用于被测要素

图样上几何公差框格内公差值后面标注符号Ⓛ时，表示最小实体要求用于被测要素，如图 4-17（a）所示。

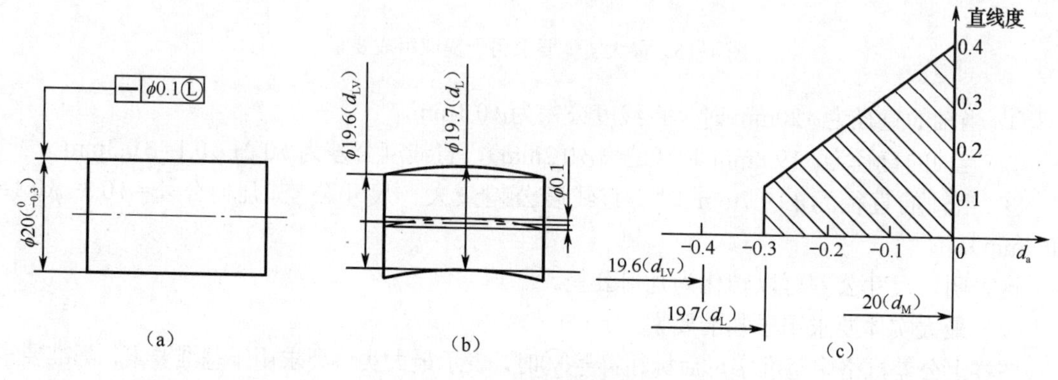

图 4-17　最小实体要求

最小实体要求用于被测要素时，其导出要素的几何公差是在该提取组成要素处于最小实体状态时给定的。当提取组成要素的实际轮廓偏离其最小实体状态，即局部尺寸偏离最小实体尺寸时，允许几何误差值可以增大。偏离多少，就可增加多少，其最大增加量等于提取组成要素的尺寸公差值，从而实现尺寸公差向几何公差转化。

最小实体要求用于被测要素时，提取组成要素应遵守最小实体实效边界，即提取组成要素的实际轮廓在给定长度上处处不得超出其最小实体实效边界，也就是其体内作用尺寸不应超出最小实体实效尺寸，且其局部实际尺寸在最大与最小实体尺寸之间，即

对于外表面：$d_{fi} \geqslant d_{LV} = d_{min} - t$，$d_{max} \geqslant d_a \geqslant d_{min}$

对于内表面：$D_{fi} \leqslant D_{LV} = D_{max} + t$，$D_{max} \geqslant D_a \geqslant D_{min}$

图 4-17（c）为图 4-17（a）的动态公差图，从中可看出：

轴的圆柱面（提取组成要素的外轮廓）体内作用尺寸不超越边界ϕ19.6mm；轴的直径 d_a（提取组成要素的局部尺寸）介于最大和最小实体尺寸之间，ϕ19.7mm$\leqslant d_a \leqslant \phi$20mm。

① 当轴的直径为ϕ19.7mm 时，直线度公差为ϕ0.1mm。

② 当轴的直径为ϕ19.9mm 时（偏离ϕ0.2mm），直线度公差为ϕ0.2+ϕ0.1=ϕ0.3mm。

③ 当轴的直径为ϕ20mm 时，直线度公差最大（尺寸公差+几何公差=ϕ0.3+ϕ0.1=ϕ0.4mm）。

这表明，尺寸公差可以转化为几何公差。

（2）最小实体要求用于基准要素

图样上公差框格中基准字母后标注符号Ⓛ时，表示最小实体要求用于基准要素，基准要素应遵守相应的边界。若基准要素的实际轮廓偏离相应的边界，且基准为导出要素，即体内

作用尺寸偏离相应的边界尺寸，则允许基准要素在一定范围内浮动，浮动范围等于基准要素的体内作用尺寸与相应边界尺寸之差。标注如图 4-18 所示，具体解释见 GB/T 16671—2009。

3）适用场合

最小实体要求适用于尺寸要素及其导出要素几何公差的综合要求。最小实体要求多用于保证零件的强度要求。对孔类零件，保证其壁厚；对轴类零件，保证其最小有效截面。

采用最小实体要求后，在满足零件使用功能要求的同时，在一定条件下，扩大了被测要素的几何误差，提高了零件的合格率，具有良好的经济性。

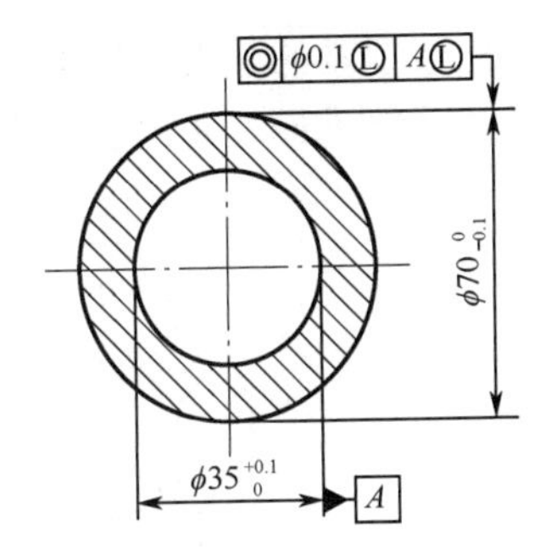

图 4-18 最小实体要求同时用于提取组成要素和基准要素

4. 可逆要求（RPR）

1）概念

可逆要求是最大实体要求或最小实体要求的附加要求，不可以单独使用。其表示尺寸公差可以在实际几何误差小于几何公差的差值范围之内增大，实现尺寸公差与几何公差相互转换的可逆要求。可逆要求只用于被测要素，而不用于基准要素。

2）标注

（1）可逆要求用于最大实体要求

图样上几何公差框格中，在几何公差值后的符号Ⓜ后标注符号Ⓡ时，则表示被测要素遵守最大实体要求的同时遵守可逆要求。

可逆要求用于最大实体要求，除了具有上述最大实体要求用于被测要素时的含义（当提取组成要素的局部尺寸偏离最大实体尺寸时，允许其几何误差增大，即尺寸公差向几何公差转化）外，还表示当几何误差小于给定的几何公差时，也允许局部尺寸超出最大实体尺寸；当几何误差为零时，允许尺寸的超出量最大，为几何公差值，从而实现尺寸公差与几何公差相互转换的可逆要求。此时，提取组成要素仍然遵守最大实体实效边界。标注如图 4-19 所示，具体解释见 GB/T 16671—2009。

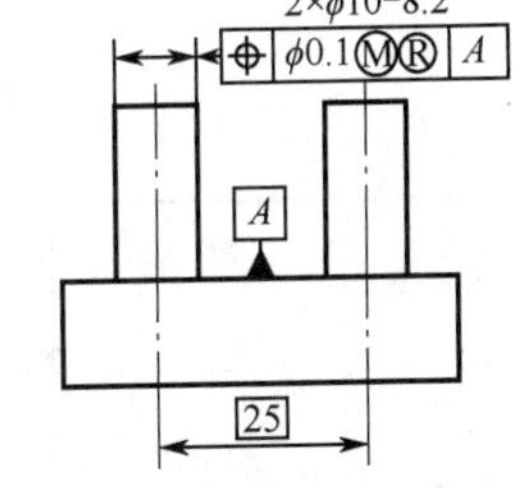

图 4-19 可逆要求用于最大实体要求

（2）可逆要求用于最小实体要求

图样上几何公差框格中，在几何公差值后的符号Ⓛ后标注符号Ⓡ时，则表示被测要素遵守最小实体要求的同时遵守可逆要求。

可逆要求用于最小实体要求，除了具有上述最小实体要求用于被测要素时的含义外，还表示当几何误差小于给定的几何公差时，也允许局部尺寸超出最小实体尺寸；当几何误差为零时，允许尺寸的超出量最大，为几何公差值，从而实现尺寸公差与几何公差相互转换的可逆要求。此时，提取组成要素仍然遵守最小实体实效边界。标注如图 4-20 所示，具体解释见 GB/T 16671—2009。

5. 零几何公差

当关联要素采用最大（最小）实体要求且几何公差为零时，则称为零几何公差，用ϕ0Ⓜ（ϕ0Ⓛ）表示，如图 4-21 所示。零几何公差可以视为最大（最小）实体要求的特例。此时，提取组成要素的最大（最小）实体实效边界等于最大（最小）实体边界，最大（最小）实体实效尺寸等于最大（最小）实体尺寸。可见，最大实体要求的零几何公差等同于包容要求。

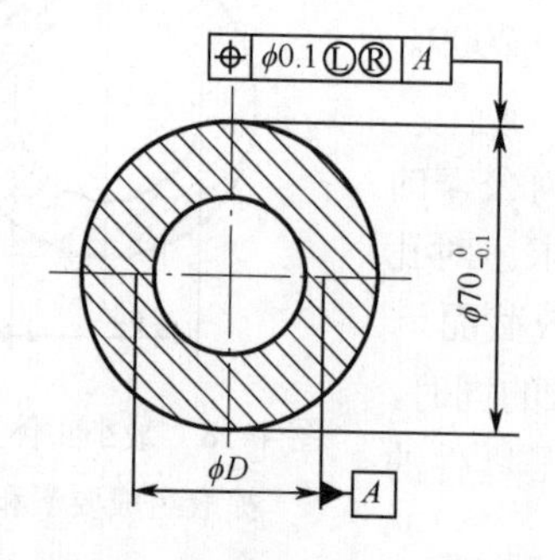

图 4-20　可逆要求用于最小实体要求

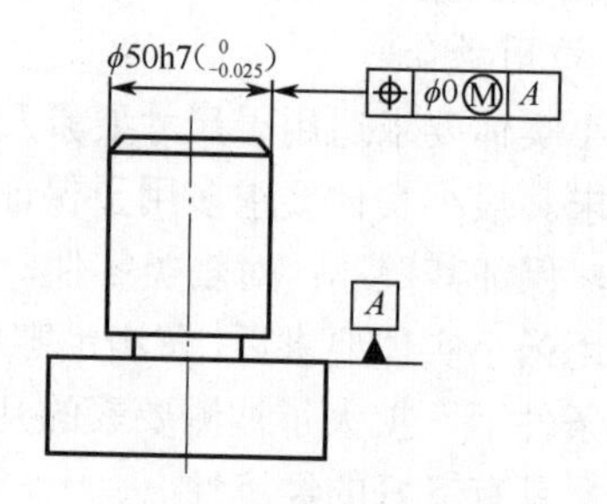

图 4-21　零几何公差

如图 4-11 所示图样标注的含义：ϕ20 圆柱轴线的直线度公差为ϕ0.012mm；公差框格中公差值ϕ0.012 后标注符号Ⓜ，表示最大实体要求用于被测要素，提取组成要素为尺寸要素ϕ20 圆柱面。具体情况如图 4-22 所示。

公差原则	遵守的边界尺寸/mm	上极限尺寸/mm	下极限尺寸/mm	最大实体尺寸/mm	最小实体尺寸/mm	局部尺寸为ϕ20mm 时，轴线的直线度公差值/mm
最大实体要求	ϕ20.012	ϕ20	ϕ19.967	ϕ20	ϕ19.967	ϕ0.012

图 4-22　图 4-11 公差要求标注示例答案

任务 4　设计几何公差

如图 4-23 所示为轴类零件图，试按下列技术要求进行标注。

（1）大端圆柱面的尺寸要求为$\phi45_{-0.025}^{0}$，并采用包容要求。

（2）小端圆柱面轴线对大端圆柱面轴线有同轴度要求。

（3）小端圆柱面的尺寸要求为ϕ25±0.007，要求素线直线度，并采用包容要求。

（4）小端圆柱面几何公差精度等级为 8 级。

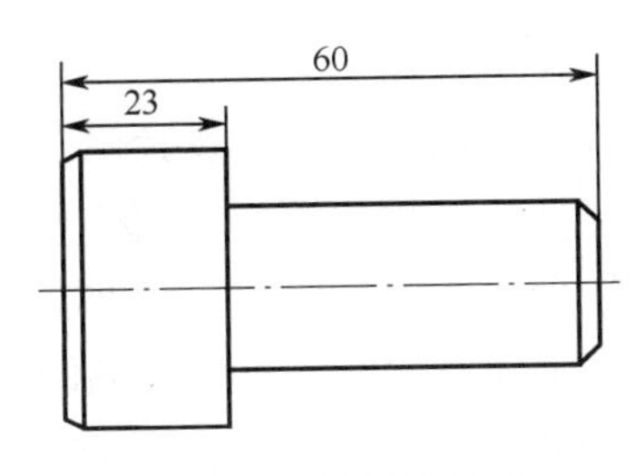

图 4-23　轴类零件图

正确选用几何公差项目，合理确定几何公差值，对提高产品质量和降低生产成本具有十分重要的意义。

4.4.1　几何公差项目的选择

任何一个机械零件，都是由简单的几何要素组成的，机械加工时，零件上的要素总是存在着几何误差。几何公差项目就是针对零件上某个要素的形状和要素之间相互方向、位置的精度要求而确定的。因此，选择几何公差项目的基本依据是要素，然后再按照零件的几何特征、功能要求、方便检测来选定。

1）零件的几何特征

零件的几何特征不同，加工后可能会产生不同的几何误差。例如，圆柱形零件会有圆柱度误差；圆锥形零件会有圆度和素线直线度误差；阶梯轴、孔类零件会有同轴度误差；零件上的孔、槽会有位置度或对称度误差等。

总之，控制平面的形状误差应选用平面度；控制圆柱面的形状误差应选择圆度、素线的直线度或圆柱度；关联要素对轴线、平面可规定方向和位置公差，对点只能规定位置度，对回转类零件可以规定同轴度和跳动公差。跳动公差能综合限制要素的形状、方向和位置误差。

2）零件的功能要求

根据零件各部位要实现的功能来确定恰当的公差项目。

（1）圆柱形零件。当仅需要装配或仅保证轴、孔之间的相对运动以避免磨损时，可选择轴线的直线度；当既要求孔、轴间有相对运动，又要求密封性能好，以保证在整个配合表面维持均匀小间隙时，应选择圆柱度来综合控制要素的圆度、素线的直线度、轴线直线度等（如柱塞与柱塞套、阀芯与阀体等）；阶梯轴两轴承位置明确要求限制轴线间的偏差，应采用同轴度；但如果阶梯轴对几何精度有要求，而无须区分轴线的位置误差与圆柱面的形状误差，则可选择跳动项目。

（2）箱体类零件（如齿轮箱）。为保证传动轴正确安装、其上零件正常啮合传动，提高承载能力，应对同轴孔轴线选择同轴度，对平行孔轴线选择平行度。

（3）为保证机床工作台或刀架运动轨迹的精度，需要对导轨提出直线度或平面度要求；为保证结合平面的良好密封性，需要对结合面提出平面度要求。

（4）零件间的连接孔、安装孔等，孔与孔之间，孔与基准之间距离误差的控制，一般不用尺寸公差而用位置度，以避免尺寸误差的积累等。

3）方便检测

在满足功能要求的前提下，为了方便检测，应该选用测量简便的项目代替难以测量的项目，有时可将所需的公差项目用控制效果相同或相近的公差项目来代替。如与滚动轴承内孔相配合的轴颈位置公差的确定，为了保证可装配性和运动精度，应控制两轴颈的同轴度误差，但考虑到两轴颈的同轴度在生产中不便于检测，可用径向圆跳动公差来控制同轴度误差。不过应注意，径向跳动是同轴度与圆柱面形状误差的综合结果，故当同轴度用径向跳动代替时，给出的跳动公差应略大于同轴度公差，否则要求过严。端面圆跳动代替端面垂直度有时并不可靠，而端面全跳动与端面垂直度因它们的公差带相同，故可以等价替换。

总之，设计者只有在充分明确所设计零件的精度要求，熟悉零件的加工工艺和有一定的检测经验的情况下，才能对零件提出合理、恰当的几何公差特征项目。

4.4.2 几何公差值的选择

1．几何公差值及有关规定

图样上对几何公差值的表示方法有两种：一种是用几何公差代号标注，在几何公差框格内注出公差值，称注出几何公差值；另一种是不用代号标注，图样上不注出公差值，而用几何公差的未注公差来控制。这种图样上虽未用代号注出，但仍有一定要求的几何公差，称为未注几何公差。

1）图样上注出公差值的规定

对于几何公差有较高要求的零件，均应在图样上按规定的标注方法注出公差值。几何公差值的大小由几何公差等级并依据主要参数的大小确定，因此确定几何公差值实际上就是确定几何公差等级。

在国家标准 GB/T 1184—1996 中，除了线轮廓度和面轮廓度未规定公差值以外，其余 13 个项目都规定了公差值。其将几何公差（除位置度）分为 12 个等级，1 级最高，依次递减，12 级最低。圆度和圆柱度还增加了精度更高的 0 级。位置度规定了数系表。标准内容如表 4-12～表 4-16 所示。

表 4-12　直线度、平面度公差值（摘自 GB/T 1184—1996）

主要参数 L 图例
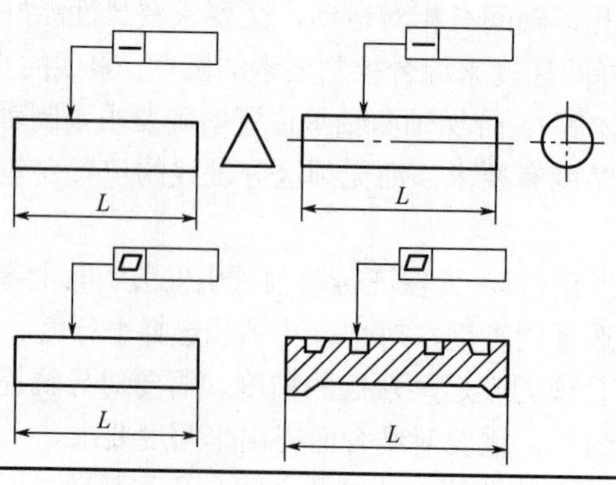 L　L　L　L

续表

主要参数	公差等级/μm											
L/mm	1	2	3	4	5	6	7	8	9	10	11	12
≤10	0.2	0.4	0.8	1.2	2	3	5	8	12	20	30	60
>10～16	0.25	0.5	1	1.5	2.5	4	6	10	15	25	40	80
>16～25	0.3	0.6	1.2	2	3	5	8	12	20	30	50	100
>25～40	0.4	0.8	1.5	2.5	4	6	10	15	25	40	60	120
>40～63	0.5	1	2	3	5	8	12	20	30	50	80	150
>63～100	0.6	1.2	2.5	4	6	10	15	25	40	60	100	200

表 4-13　圆度、圆柱度公差值（摘自 GB/T 1184—1996）

主要参数 D、d 图例

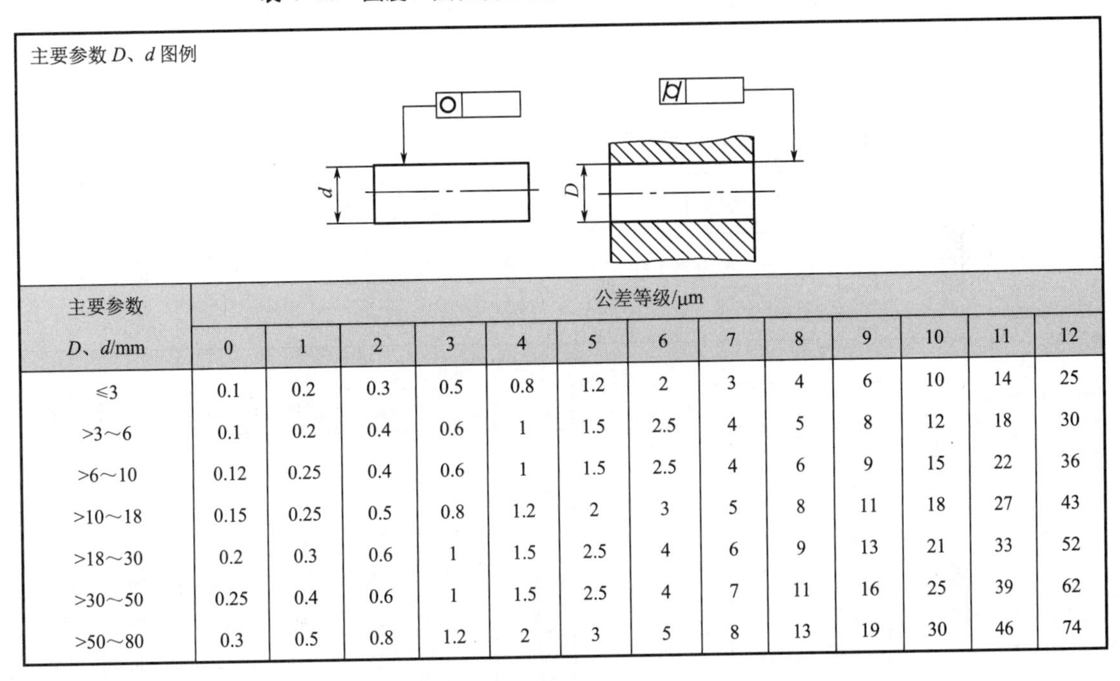

主要参数	公差等级/μm												
D、d/mm	0	1	2	3	4	5	6	7	8	9	10	11	12
≤3	0.1	0.2	0.3	0.5	0.8	1.2	2	3	4	6	10	14	25
>3～6	0.1	0.2	0.4	0.6	1	1.5	2.5	4	5	8	12	18	30
>6～10	0.12	0.25	0.4	0.6	1	1.5	2.5	4	6	9	15	22	36
>10～18	0.15	0.25	0.5	0.8	1.2	2	3	5	8	11	18	27	43
>18～30	0.2	0.3	0.6	1	1.5	2.5	4	6	9	13	21	33	52
>30～50	0.25	0.4	0.6	1	1.5	2.5	4	7	11	16	25	39	62
>50～80	0.3	0.5	0.8	1.2	2	3	5	8	13	19	30	46	74

表 4-14　平行度、垂直度、倾斜度公差值（摘自 GB/T 1184—1996）

主要参数 L、D、d 图例

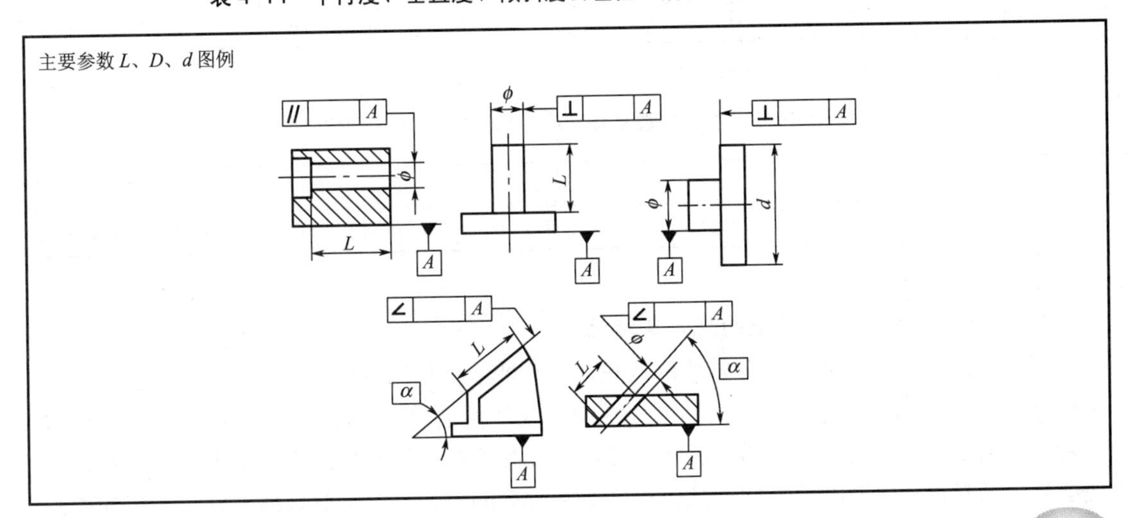

续表

主要参数 L、D、d/mm	公差等级/μm											
	1	2	3	4	5	6	7	8	9	10	11	12
≤10	0.4	0.8	1.5	3	5	8	12	20	30	50	80	120
>10～16	0.5	1	2	4	6	10	15	25	40	60	100	150
>16～25	0.6	1.2	2.5	5	8	12	20	30	50	80	120	200
>25～40	0.8	1.5	3	6	10	15	25	40	60	100	150	250
>40～63	1	2	4	8	12	20	30	50	80	120	200	300
>63～100	1.2	2.5	5	10	15	25	40	60	100	150	250	400

表 4-15　同轴度、对称度、圆跳动全跳动公差值（摘自 GB/T 1184—1996）

主要参数 D（d）、B 图例

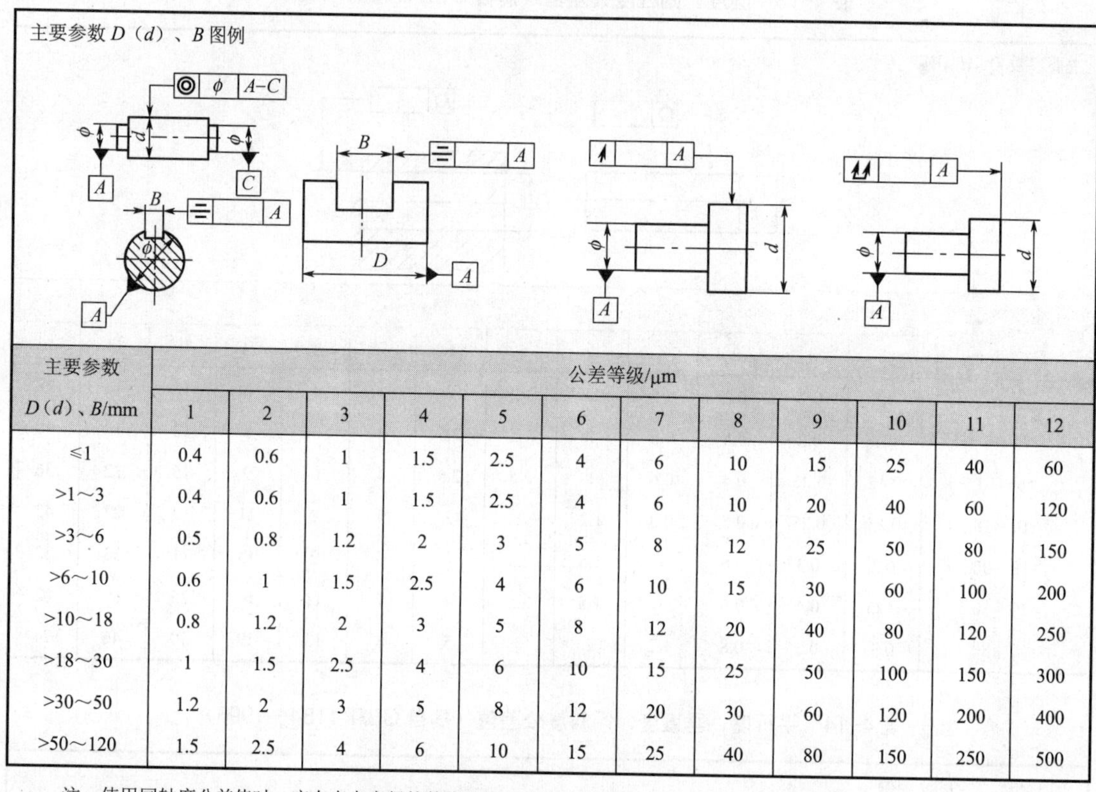

主要参数 D（d）、B/mm	公差等级/μm											
	1	2	3	4	5	6	7	8	9	10	11	12
≤1	0.4	0.6	1	1.5	2.5	4	6	10	15	25	40	60
>1～3	0.4	0.6	1	1.5	2.5	4	6	10	20	40	60	120
>3～6	0.5	0.8	1.2	2	3	5	8	12	25	50	80	150
>6～10	0.6	1	1.5	2.5	4	6	10	15	30	60	100	200
>10～18	0.8	1.2	2	3	5	8	12	20	40	80	120	250
>18～30	1	1.5	2.5	4	6	10	15	25	50	100	150	300
>30～50	1.2	2	3	5	8	12	20	30	60	120	200	400
>50～120	1.5	2.5	4	6	10	15	25	40	80	150	250	500

注：使用同轴度公差值时，应在表中查得的数值前加“φ”。

表 4-16　位置度数系表（摘自 GB/T 1184—1996）

1	1.2	1.5	2	2.5	3	4	5	6	8
1×10^n	1.2×10^n	1.5×10^n	2×10^n	2.5×10^n	3×10^n	4×10^n	5×10^n	6×10^n	8×10^n

注：n 为正整数。

2）几何公差的未注公差值的规定及标注

图样上没有具体标明几何公差值的要求，并不是没有几何精度的要求，和尺寸公差相似，也有一个未注公差的问题，其几何精度要求由未注几何公差来控制。标准规定：未注公差值符合工厂的常用精度等级，不需在图样上注出。采用了未注几何公差后可节省设计绘图时间，使图样清晰易读，并突出了零件上几何精度要求较高的部位，便于更合理地安排加工和检验，

以更好地保证产品的工艺性和经济性。

（1）直线度、平面度的未注公差值：共分 H、K、L 三个公差等级。其中“基本长度”是指被测提取长度，对于平面是指被测提取平面的长边或圆平面的直径，如表 4-17 所示。

表 4-17 直线度和平面度未注公差值（摘自 GB/T 1184—1996） 单位：mm

公差等级	直线度和平面度基本长度范围					
	～10	>10～30	>30～100	>100～300	>300～1000	>1000～3000
H	0.02	0.05	0.1	0.2	0.3	0.4
K	0.05	0.1	0.2	0.4	0.6	0.8
L	0.1	0.2	0.4	0.8	1.2	1.6

（2）圆度的未注公差值：规定采用相应的直径公差值，但不能大于表 4-20 中的径向圆跳动公差值。

（3）圆柱度：圆柱度误差由圆度、轴线直线度、素线直线度和素线平行度组成。其中每一项均由其注出公差值或未注公差值控制。如圆柱度遵守Ⓔ时则受其最大实体边界控制。

（4）线轮廓度、面轮廓度：未做规定，受线轮廓、面轮廓的线性尺寸或角度公差控制。

（5）平行度：等于相应的尺寸公差值。

（6）垂直度：参见表 4-18 垂直度未注公差值，分为 H、K、L 三个等级。

表 4-18 垂直度未注公差值（摘自 GB/T 1184—1996） 单位：mm

公差等级	垂直度基本长度范围			
	～100	>100～300	>300～1000	>1000～3000
H	0.2	0.3	0.4	0.5
K	0.4	0.6	0.8	1
L	0.6	1	1.5	2

（7）对称度：参见表 4-19 对称度未注公差值，分为 H、K、L 三个等级。

表 4-19 对称度未注公差值（摘自 GB/T 1184—1996） 单位：mm

公差等级	对称度基本长度范围			
	～100	>100～300	>300～1000	>1000～3000
H	0.5			
K	0.6		0.8	1
L	0.6	1	1.5	2

（8）位置度：未做规定，因为属于综合性误差，由分项公差值控制。

（9）圆跳动：参见表 4-20 圆跳动未注公差值，分为 H、K、L 三个等级。

表 4-20 圆跳动度未注公差值（摘自 GB/T 1184—1996） 单位：mm

公 差 等 级	公 差 值
H	0.1
K	0.2
L	0.5

（10）全跳动：未做规定，属于综合项目，可通过圆跳动公差值、素线直线度公差值或其他注出或未注出的尺寸公差值控制。

在图样上采用未注公差值时，应在图样的标题栏附近或在技术要求中标出未注公差的等级及标准编号，如 GB/T 1184-K、GB/T 1184-H 等，也可在企业标准中做统一规定。

2．几何公差值（或公差等级）的选择

几何公差值的选择原则：在满足零件功能要求的前提下，考虑工艺经济性和检测条件，尽量选择最佳公差值。几何公差值的大小由几何公差等级（结合主参数）决定，因此，确定几何公差值实际上就是确定几何公差等级。

几何公差值是根据零件的功能要求、结构、刚性和加工的经济性等条件，采用类比法确定的。按几何公差数值表 4-12～表 4-15 确定要素的公差值时，还应考虑以下几点。

（1）在同一要素上给出的形状公差值应小于位置公差值。如在同一平面上，平面度公差值应小于该平面对基准平面的平行度公差值，即 $t_{形状}<t_{方向}<t_{位置}$。

（2）圆柱形零件的形状公差除轴线直线度以外，一般情况下应小于其尺寸公差。如在最大实体状态下，形状公差在尺寸公差之内，形状公差包含在位置公差带内。

（3）选用形状公差等级时应考虑结构特点和加工的难易程度，在满足零件功能要求的前提下，对于下列情况应适当降低一或两级精度。

① 细长的轴或孔。

② 距离较大的轴或孔。

③ 宽度大于 1/2 长度的零件表面。

④ 线对线和线对面相对于面对面的平行度或垂直度。

（4）选用形状公差等级时，还应注意协调形状公差与表面粗糙度之间的关系。通常情况下，表面粗糙度的数值约占形状公差值的 20%～25%。

（5）在通常情况下，零件被测要素的形状误差比位置误差小得多，因此给定平行度或垂直度公差的两个平面，其平面度的公差等级应不低于平行度或垂直度的公差等级；同一圆柱面的圆度公差等级应不低于其径向圆跳动公差等级。

表 4-21～表 4-24 列出了各种几何公差等级的应用举例，供选择时参考。

表 4-21　直线度、平面度公差等级的应用举例

公差等级	应用场合
5	用于平面磨床的纵导轨、垂直导轨、立柱导轨和工作台，液压龙门刨床床身导轨面，转塔车床床身导轨面，柴油机进气门导杆等
6	用于卧式车床床身及龙门刨床导轨面，滚齿机立柱导轨、床身导轨及工作台，自动车床床身导轨，平面磨床床身导轨、垂直导轨，卧式镗床和铣床工作台及机床主轴箱导轨等工作面，柴油机进气门导杆直线度，柴油机机体上部结合面等
7	用于机床主轴箱体、滚齿机床床身导轨的直线度，镗床工作台、摇臂钻底座工作台面，液压泵盖的平面度、压力机导轨及滑块工作面
8	用于车床溜板箱体、机床传动箱体、自动车床底座的直线度，汽缸盖结合面、汽缸座、内燃机连杆分离面的平面度，减速机壳体的结合面

续表

公差等级	应用场合
9	用于机床溜板箱、立钻工作台、螺纹磨床的挂轮架、柴油机汽缸体连杆的分离面，缸盖的结合面，阀片的平面度，空气压缩机汽缸体，柴油机缸孔环面的平面度及辅助机构及手动机械的支承面
10	用于自动机床床身平面度、车床挂轮架的平面度，柴油机汽缸体，摩托车的箱体，汽车变速箱的壳体与汽车发动机缸盖结合面，阀片的平面度及液压装置、管件和法兰的连接面等

表 4-22 圆度、圆柱度公差等级的应用举例

公差等级	应用场合
5	一般机床主轴及主轴箱孔，柴油机、汽油机活塞，活塞销孔，铣削动力头轴承箱座孔，高压空气压缩机十字头销，活塞，较低精度滚动轴承配合轴承
6	一般机床主轴及箱体孔，中等压力下液压装置工作面（包括泵、压缩机的活塞和汽缸），汽车发动机凸轮轴，纺机锭子，通用减速器轴颈，高速船用发动机曲轴，拖拉机曲轴主轴颈
7	大功率低速柴油机曲轴、活塞、活塞销、连杆、汽缸，高速柴油机箱体孔，千斤顶或压力液压缸活塞，液压传动系统的分配机构，机车传动轴，水泵及一般减速器轴颈
8	低速发动机、减速器、大功率曲轴轴颈，气压机连杆盖、体，拖拉机汽缸体、活塞，炼胶机冷铸轴辊，印刷机传墨辊，内燃机曲轴，柴油机体孔、凸轮轴，拖拉机、小型船用柴油机汽缸盖
9	空气压缩机缸体，液压传动筒，通用机械杠杆与拉杆用套筒削子，拖拉机活塞环、套筒孔
10	印染机导布辊，绞车、吊车、起重机滑动轴承、轴颈等

表 4-23 平行度、垂直度、倾斜度、端面圆跳动公差等级的应用举例

公差等级	面对面平行度应用示例	面对线、线对线平行度应用示例	垂直度应用示例
4、5	普通车床、测量仪器、量具的基准面和工作面，高精度轴承座孔、端盖、挡圈的端面	机床主轴孔对基准面要求，重要轴承孔对基准面要求，床头箱体重要孔间要求，齿轮泵的端面等	普通精度机床主要基准面和工作面，回转工作台端面，一般导轨，主轴箱体孔、刀架、砂轮架及工作台回转轴线，一般轴肩对其轴线
6、7、8	一般机床零件的工作面和基准面，一般刀具、量具和夹具	机床一般轴承孔对基准面要求，床头箱一般孔间要求，主轴花键对定心直径要求	普通精度机床主要基准面和工作端面，一般导轨，主轴箱体孔、刀架、砂轮架及工作台回转轴线，一般轴肩对其轴线
9、10	低精度零件，重型机械滚动轴承端盖	柴油机和煤气发动机的曲轴孔、轴颈等	花键轴轴肩端面，传动带运输机法兰盘等端面、轴线，手动卷扬机及传动装置中轴承端面，减速器壳体平面等

注：① 在满足设计要求的前提下，考虑到零件加工的经济性，对于线对线和线对面的平行度和垂直度公差等级，应选用低于面对面的平行度和垂直度公差等级。

② 使用本表选择面对面平行度和垂直度时，宽度应不大于 1/2 长度；否则应降低一级公差等级选用。

表 4-24　同轴度、对称度、径向圆跳动公差等级的应用举例

公差等级	应用场合
5、6、7	应用范围较广的公差等级。用于几何精度要求较高、尺寸公差等级为 8 级及高于 8 级的零件。5 级常用于机床轴颈，计量仪器的测量杆，汽轮机主轴、柱塞液压泵转子，高精度滚动轴承外圈，一般精度滚动轴承内圈，回转工作台端面。7 级用于内燃机曲轴、凸轮磨辊的轴颈、键槽
8、9	常用于几何精度要求一般，尺寸公差等级为 9 级和 11 级的零件。8 级用于拖拉机发动机分配轴轴颈，与 9 级精度以下齿轮相配的轴、水泵叶轮、离心泵体，棉花精梳机前、后滚子，键槽等。9 级用于内燃机汽缸套配合面、自行车中轴

4.4.3　公差原则与公差要求的选择

在何种情况下应选择用何种公差原则与公差要求，必须结合具体的使用要求和工艺条件做具体分析，但就总的应用原则来说，是在保证使用功能要求的前提下，综合考虑各种公差原则的应用场合和采用该种公差原则的可行性和经济性。具体地说，应综合考虑下面几个因素：

1. 功能性要求

采用何种公差原则，主要应从零件的使用功能要求考虑。当被测要素的尺寸精度与几何精度要求相差较大，并且无明显的使用功能上的联系时，几何精度和尺寸精度需要分别满足要求，即应采用独立原则。如滚筒类零件的尺寸精度要求很低，圆柱度要求较高；平板的平面精度要求较高，尺寸精度要求不高；冲模架的下模座尺寸精度要求不高，平行度要求较高；导轨的形状精度要求严格，尺寸精度要求次之。以上情况均应采用独立原则。凡未注尺寸公差和（或）未注几何公差的均采用独立原则。

对零件有配合要求的表面，特别是涉及和影响零件的定位精度、运动精度等重要性能而配合性质要求较严格的表面，一般采用包容要求。利用孔和轴的最大实体边界控制孔和轴的体外作用尺寸，从而保证配合时的最小间隙和最大过盈，满足配合性能要求。如回转轴的轴颈和滑动轴承的配合、喷油泵柱塞和孔的配合、滑块和滑块槽的配合等。

尺寸精度和几何精度要求不高，但要求能保证自由装配的零件，对其尺寸要素应采用最大实体要求。如轴承盖和法兰盘连接螺钉的通孔的位置公差、阶梯孔和阶梯轴的同轴度公差等均采用最大实体要求。这样既可保证零件的自由装配性，又能增大零件的几何误差或尺寸误差的允许值（可逆要求），提高了产品的合格率，具有较好的经济性。

2. 设备状况

机床的精度在很大程度上决定了加工中零件的几何误差的大小，因而采用相关要求时，应分析由于设备因素所造成的几何误差有多大，并考虑尺寸公差补偿的余地有多大，因为几何公差得到补偿是以牺牲尺寸公差为代价的，特别是采用包容要求和最大实体要求的零几何公差时更为突出。

如果机床加工精度较高，零件的几何误差较小，这时可采用包容要求或最大实体要求的零形位公差，尺寸公差补偿几何公差后，仍留有较大的余地满足加工中的尺寸要求。此时加工出的零件既能满足设计的功能要求，又具有较好的经济性能。

如果机床设备状况较差，加工零件的几何误差较大，那么采用包容要求或最大实体要求

的零几何公差，就会使尺寸精度保证的难度增大，加工的经济性能变差，此时应采用独立原则或最大实体要求。但这也不是绝对的，如果操作人员技术水平较高，能确保较高的尺寸加工精度，则使用包容要求或最大实体要求的零形位公差仍然是可行的。

3. 生产批量

一般情况下，大批量生产时采用相关要求较为经济。由于相关要求只要求被测要素不超出拟合边界，而不考虑几何误差的具体情况，这就省去了大量的几何误差的检测工作。实际生产中，常采用光滑极限量规或位置量规检验被测要素，即用通规和止规分别进行检验，以判断零件是否合格，而并不测量要素的几何误差。

由于量规是单一尺寸的专用量具，制造成本较高，因此当零件的生产批量小到一定程度时，采用通用检具检测几何误差反而比制造量规经济，这时若从经济性原则出发，宜采用独立原则。

4. 操作技能

操作技能的高低，在很大程度上决定了尺寸误差的大小。操作技能越高，加工零件的尺寸精度越高，所能补偿给几何公差的数值就越大；反之，补偿量就小，甚至不能补偿。因而在设计时应考虑操作人员的技术水平，分析在此条件下尺寸公差对几何公差能有多大的补偿量，进而确定采用何种公差原则。一般来说，补偿量较大时可采用包容要求或最大实体要求的零几何公差，补偿量较小时宜采用独立原则或最大实体要求。

以上只是定性地论述了选择公差原则时应考虑的因素，实际生产中，这些因素往往交织在一起，必须综合分析。常常出现这种情况，说明某一公差原则相对于某一工艺条件不宜使用，但从综合条件来看，则是合理的。另外功能性要求也是相对的，在一定程度上受加工经济性的制约，在有些场合，常适当降低某些功能性要求，以求较大的经济效益。因此，在选择公差原则时，必须处理好功能要求与加工经济性这一对矛盾，使产品既有较好的使用功能，又有较好的加工经济性。

如表4-25所示为公差原则的应用场合，供选择公差原则时参考。

表4-25　公差原则的应用场合

公差原则	应用场合
独立原则	尺寸精度与几何精度需要分别满足要求，如齿轮箱体孔、连杆活塞体孔、连杆活塞销孔、滚动轴承内圈及外圈滚道
	尺寸精度与几何精度要求相差较大，如滚筒类零件、平板、通油孔、导轨、汽缸
	尺寸精度与几何精度之间没有联系，如滚子链条的套筒或滚子内、外圆柱面的轴线与尺寸精度，发动机连杆上尺寸精度与孔轴线间的位置精度
	未注尺寸公差或未注几何公差，如退刀槽、倒角、圆角
包容要求	用于单一要素，保证配合性质，如ϕ40H7孔与ϕ40h7轴配合，保证最小间隙为零
最大实体要求	用于导出要素，保证零件的可装配性，如轴承盖上用于穿过螺钉的通孔，法兰盘上用于穿过螺栓的通孔，同轴度的基准轴线
最小实体要求	保证零件强度和最小壁厚

4.4.4 基准的选择

1. 基准及分类

基准是指具有正确形状的拟合要素，是确定被测提取要素方向和位置的依据。在实际应用时，则由基准实际（组成）要素来确定。通常分为以下三种：

（1）单一基准。由一个要素建立的基准称为单一基准。

（2）组合基准（公共基准）。由两个或两个以上的要素建立一个独立的基准为组合基准，如图 4-24 所示。例如，径向全跳动要求由两段轴线 *A*、*B* 建立起公共基准轴线 *A*-*B*。在公差框格中标注时，将各个基准字母用短横线相连在同一格内，以表示作为一个基准使用。

（3）基准体系（三基面体系）：规定以三个互相垂直的平面构成一个基准体系，即三基面体系，如图 4-25 所示。这三个互相垂直的平面都是基准平面（*A* 为第一基准平面；*B* 为第二基准平面，垂直于 *A*；*C* 为第三基准平面，同时垂直于 *A* 和 *B*）。每两个基准平面的交线构成基准轴线，三轴线交点构成基准点。

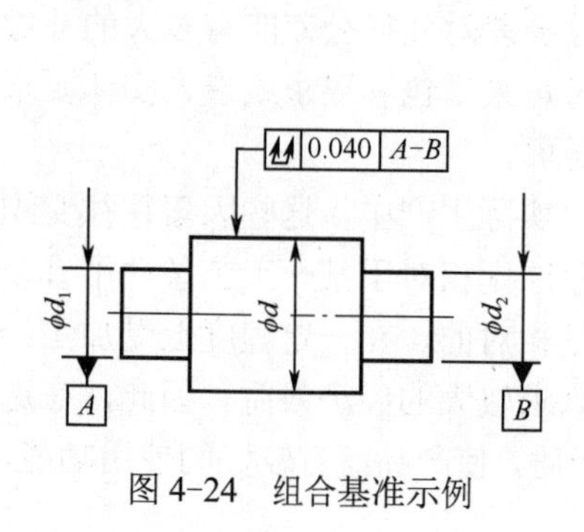

图 4-24　组合基准示例

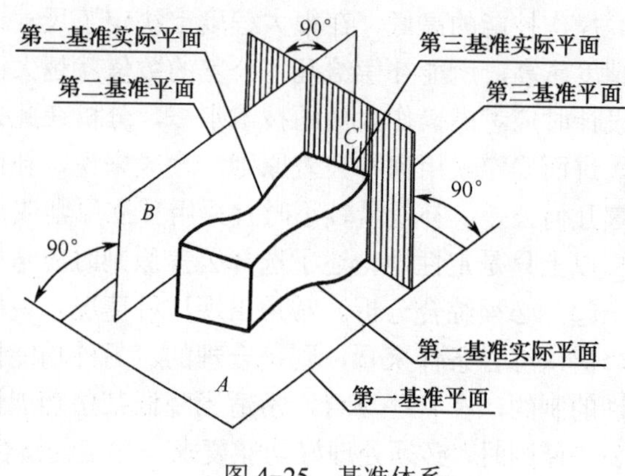

图 4-25　基准体系

2. 基准要素的选择

基准是确定关联要素间方向、位置的依据。在选择方向、位置公差项目时，需要正确选用基准。选择基准时，一般应从以下几方面考虑。

（1）根据零件各要素的功能要求，一般以主要配合表面，如轴颈、轴承孔、安装定位面、重要的支承面等作为基准。例如，轴类零件常以两个轴承为支承运转，其运动轴线是安装轴承的两轴颈共有轴线，因此从功能要求来看，应选这两处轴颈的公共轴线（组合基准）为基准。

（2）根据装配关系应选零件上相互配合、相互接触的定位要素作为各自的基准。例如，盘套类零件一般是以其内孔轴线径向定位装配或以其端面轴向定位的，因此根据需要可选其轴线或端面作为基准。

（3）根据加工定位的需要和零件结构，应选择较宽大的平面、较长的轴线作为基准，以使定位稳定。对结构复杂的零件，一般应选三个基准面，根据对零件使用要求影响的程度确定基准的顺序。

（4）根据检测的方便程度，应选择在检测中装夹定位的要素为基准，并尽可能将装配基准、工艺基准与检测基准统一起来。

小端圆柱面直径为25mm，公差等级为8级，查表4–15得同轴度公差值为25μm。

小端面长度为37mm，公差等级为8级，查表4–12得直线度公差值为15μm。

任务4中图4–23的标注如图4–26所示。

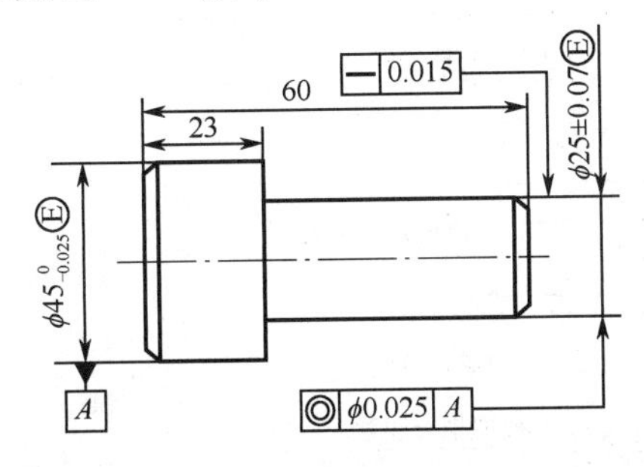

图4–26　轴类几何零件几何公差标注答案

任务5　检测几何误差

零件的同轴度要求如图4–27所示，测得被测提取要素轴线与基准轴线的最大距离为+0.04mm，最小距离为−0.01mm，求该零件的同轴度误差值，并判断其是否合格。

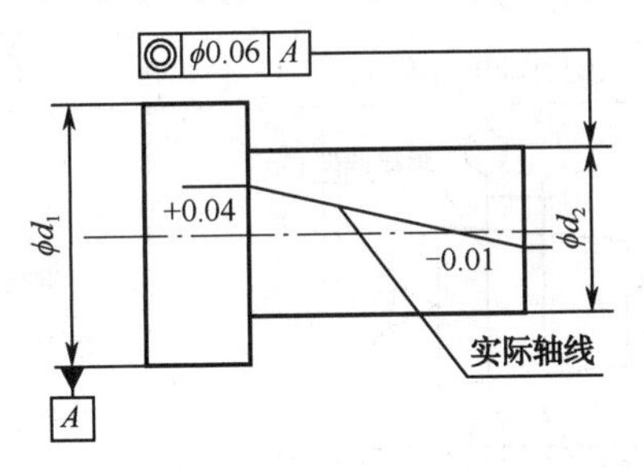

图4–27　检测几何误差案例

要想实现对零件几何精度的控制，只在图样上给出零件相应几何要素的几何公差要求是不够的，还必须通过检测提取要素的几何误差，以确定完工零件是否符合设计要求。几何误差是指被测提取要素对拟合要素的变动量。在几何误差的检测中，是以测得的要素作为提取要素，根据测得要素来评定几何误差的。根据几何误差是否在几何公差的范围内，得出零件合格与否的结论。

4.5.1 几何误差的检测原则

几何公差的项目较多，因而要检测的几何误差的项目相应也较多，加之提取组成要素的形状和零件的部位不同，出现了众多检测方法。为了便于准确选用，国家标准根据各种检测方法概括出五条检测原则，如表 4-26 所示。

表 4-26 几何误差的检测原则

名　称	图　示	说　明
与拟合要素比较原则	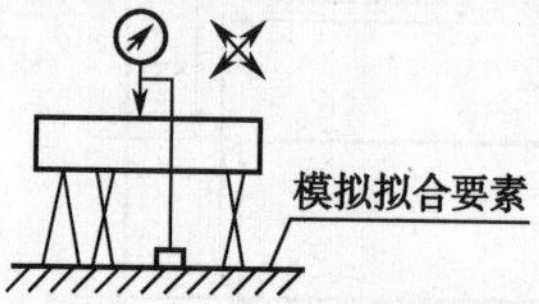 模拟拟合要素 测量值由直接法获得 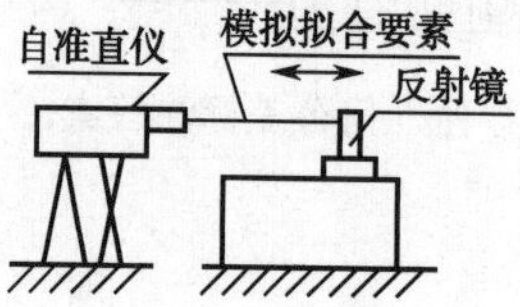 自准直仪　模拟拟合要素　反射镜 测量值由间接法获得	测量时将被测提取要素与其拟合要素相比较，用直接或间接测量法测得几何误差值，拟合要素用模拟方法获得。 该原则是一条基本原则，为大多数几何误差的检测所遵循
测量坐标值原则	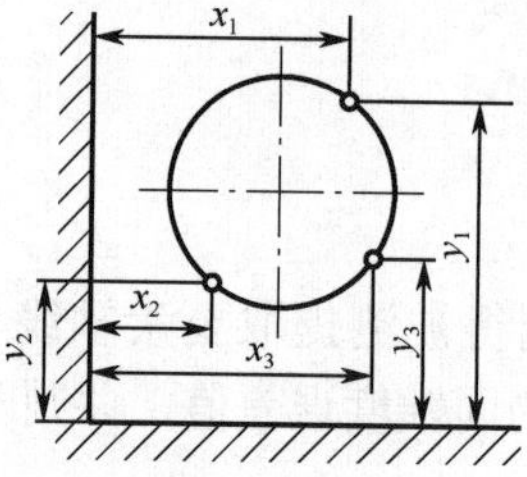 x_1　y_1　x_2　y_2　x_3　y_3 测量直角坐标值	测量被测提取要素的坐标值（如直角坐标值、极坐标值、圆柱面坐标值），经数据处理而获得几何误差值。 该原则适用于测量形状复杂的表面，但数据处理往往十分烦琐，随着计算机技术的发展，其应用将会越来越广泛
测量特征参数原则	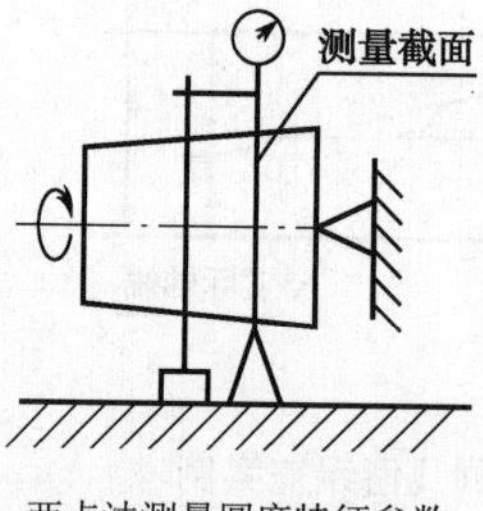 测量截面 两点法测量圆度特征参数	测量被测提取要素上具有代表性的参数（特征参数）来表示几何误差值。 该原则虽然近似但易于实践，生产中常用
测量跳动原则	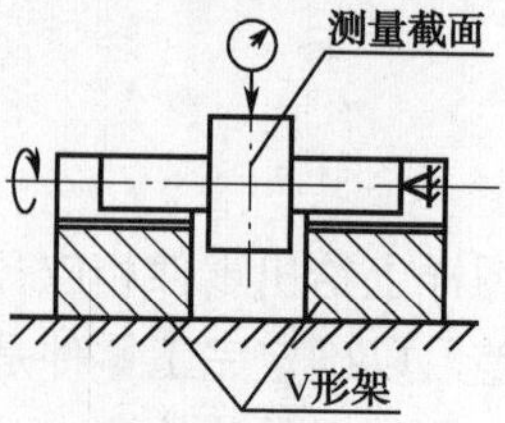 测量截面 V形架 测量径向跳动	在被测提取要素绕基准轴回转过程中，沿给定方向测量其对某参考点或线的变动量，以此变动量作为误差值。变动量是指示器的最大与最小读数之差。 方法和设备均较简单，适于在车间条件下使用，但只限于回转零件

续表

名 称	图 示	说 明
控制失效边界原则	量规 用综合量规检测同轴度误差	检验被测提取要素是否超出最大实体边界，以判断零件合格与否。 适用于采用最大实体要求的场合，一般采用量规来检验

注：测量几何误差时的标准条件要求，标准温度为20℃，标准测量力为零。

几何误差检测方法示例中的常用符号如表4-27所示。

表4-27 几何误差检测方法示例中的常用符号

序 号	符 号	说 明	序 号	符 号	说 明
1		平板、平台或被测提取要素平面	8		间断转动（不超过1周）
2		固定支承	9		旋转
3		可调支承	10		指示器或记录器
4		连续直线移动	11		带有指示器的测量架（测量架符号根据测量设备的用途，可画成其他形式）
5		间断直线移动			
6		沿多个方向直线移动			
7		连续转动（不超过1周）			

4.5.2 几何误差的评定准则

几何误差是指被测提取要素偏离拟合要素，并且在要素上各点的偏离量又可以不相等。用公差带虽可以将整个要素的偏离控制在一定区域内，但不能确定被测提取要素是否被公差带控制了，因此有时就要测量要素的实际状态，并从中找出对拟合要素的变动量，再与公差值比较。

1. 形状误差的评定

评定形状误差需在被测提取要素上找出拟合要素的位置。这要求遵循一条原则，即使拟合要素的位置符合最小条件。

最小条件：指被测提取要素相对于其拟合要素的最大变动量为最小。

如图4-28所示为评定给定平面内的直线度误差的情况。图中 A_1B_1、A_2B_2、A_3B_3 分别是处于不同位置时的拟合要素，h_1、h_2、h_3 分别是被测提取要素对三个不同位置的拟合要素的最大变动量。从图中可以看出 $h_1<h_2<h_3$，即 h_1 最小，因此 A_1B_1 就是符合最小条件的拟合要素，在评定被测提取要素的直线度误差时，就应该以拟合要素 A_1B_1 为评定基准。

最小条件是评定形状误差的基本原则，但在满足零件功能要求的前提下，允许采用近似的方法（最小区域法）来评定形状误差。

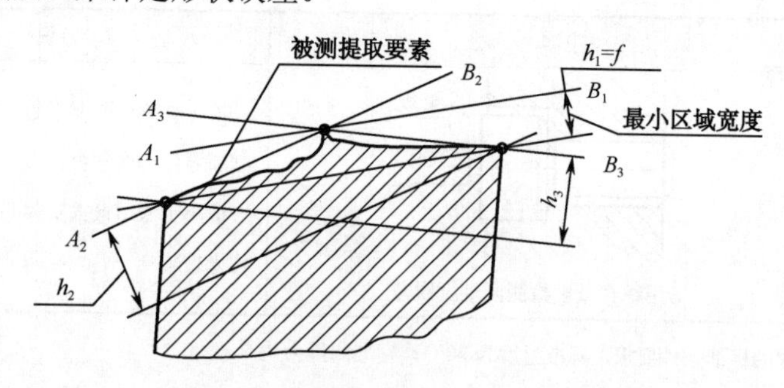

图 4-28　拟合要素的位置和最小区域宽度

形状误差用符合最小条件的包容区域（简称最小区域）的宽度 f 或直径 ϕf 表示。最小区域是指包容被测提取要素时具有最小宽度 f 或最小直径 ϕf 的包容区域。

各误差项目的最小区域的形状与公差带形状相同，但是公差带具有给定的宽度 t 或直径 ϕt，而最小区域是紧紧地包容被测提取要素区域，它的宽度 f 或直径 ϕf 由被测提取要素的实际状态而定。图 4-28 中 f 为最小区域宽度，为形状误差值。

2．方向、位置和跳动误差的评定

方向、位置和跳动误差的评定涉及被测提取要素和基准。基准是确定要素之间几何方位关系的依据，通常采用精确工具模拟的基准要素来建立基准。

（1）基准的建立及体现

在方向、位置和跳动误差的评定时，基准必须是拟合要素，它决定了被测提取要素的方向或（和）位置，因此测量时必须找到实际基准要素的拟合要素，以此作为基准，才能确定被测提取要素的拟合要素，才能评定出方向、位置和跳动误差的数值。标准指出，基准要素的拟合要素的位置应符合最小条件，在确定基准拟合要素的位置时应使实际基准要素对其拟合要素的最大变动量为最小。即基准建立的基本原则应符合最小条件。

为了方便，允许在测量时用近似方法来体现基准，常用的方法如下：

① 模拟法。采用形状精度足够高的精密表面来体现基准的方法。例如，用精密平板的工作面模拟基准平面；用精密心轴、V 型架、顶尖、导向心轴和导向套筒等模拟基准轴线，如图 4-29 所示。

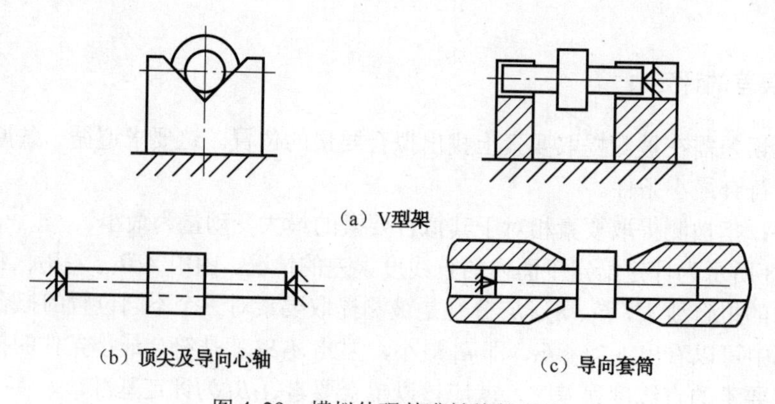

图 4-29　模拟体现基准轴线的方法

采用模拟法体现基准时，应符合最小条件。基准实际要素与模拟基准接触时，可能形成“稳定接触”，也可能形成“非稳定接触”。一般情况下，当基准实际要素与模拟基准之间非稳定接触时，一般不符合最小条件，应通过调整，使基准实际要素与模拟基准之间尽可能达到符合最小条件的相对位置关系。而当基准实际要素与模拟基准之间稳定接触时，自然形成符合最小条件的相对位置关系，如图 4-30 所示。

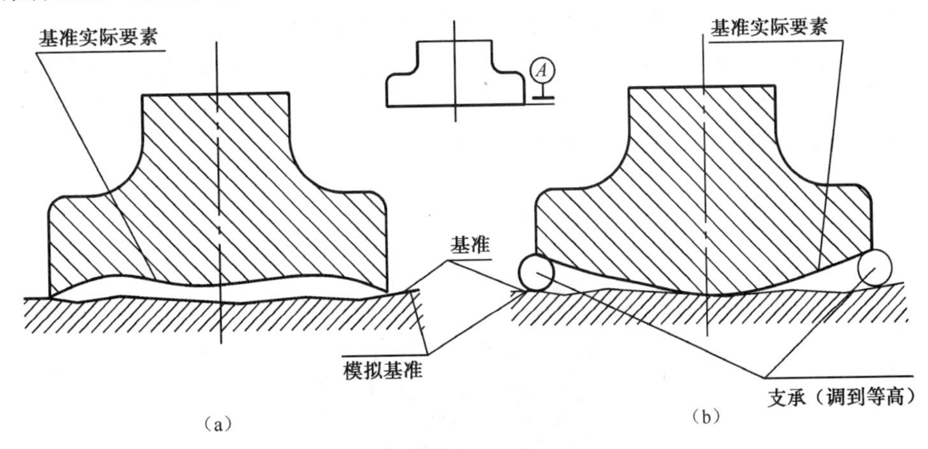

图 4-30　基准实际要素与模拟基准的两种接触状态

② 分析法：通过对基准实际要素进行测量，再根据测量数据用图解法或计算法按最小条件确定的拟合要素作为基准。

③ 直接法：以基准实际要素为基准，当基准实际要素具有足够高的形状精度时，可忽略形状误差对测量结果的影响。

（2）方向误差的评定

方向误差是指被测提取要素的测得要素对一具有确定方向的拟合要素的变动量，拟合要素的方向由基准确定。该变动量即方向误差值，用定向最小包容区域的宽度或直径表示。各误差项目定向最小包容区域的形状和方向与各自公差带的形状和方向相同，如图 4-31 所示。

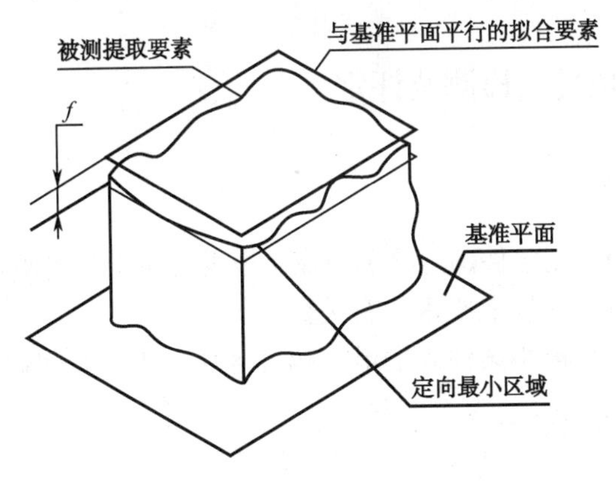

图 4-31　平面度误差检测的基准和最小区域

图 4-31 所示为检测和评定平行度误差的情况，长方体的上表面为被测提取要素，下表面为实际基准要素。由实际基准平面按最小条件确定拟合基准要素，即图中所示的基准平面。确定被测提取平面的拟合平面，此拟合平面位于实体之外和被测提取平面接触且与基准平面

平行，再作一平面与被测提取平面的拟合平面平行，并与拟合平面一起包容被测提取平面，且使两平面间的距离为最小。此两平行平面就形成与基准平面平行的最小包容区域，即图中距离为f的两平行平面之间的区域。平行度误差值就等于最小区域的宽度f。

（3）位置误差的评定

位置误差是指被测要素对一具有确定位置的拟合要素的变动量，拟合要素的位置由基准和理论正确尺寸确定。对于同轴度和对称度，理论正确尺寸为零。

位置误差值用定位最小包容区域的宽度或直径表示。定位最小包容区域是指按拟合要素定位来包容被测要素时，具有最小宽度或直径的包容区域。各误差项目定位最小包容区域的形状和位置与各自公差带的形状和位置相同，如图 4-32 所示。

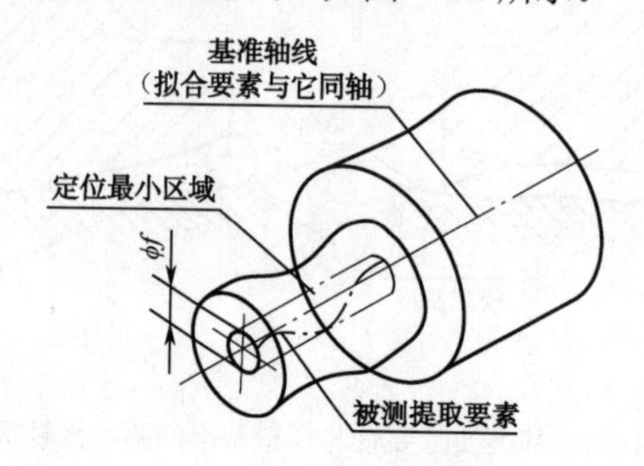

图 4-32　同轴度误差检测的基准和最小区域

（4）跳动误差的评定

圆跳动误差是指提取组成要素绕基准轴线无轴向移动旋转一周时，由位置固定的指示器在给定方向上测得的最大与最小读数之差。所谓给定方向，对圆柱面是指径向，对圆锥面是指法线方向或径向，对端面是指轴向。

全跳动误差是指提取组成要素绕基准轴线无轴向移动旋转时，同时指示器沿基准轴线平行或垂直地连续移动（或被测提取要素每旋转一周，指示器沿基准轴线平行或垂直地间断移动），由指示器在给定方向上测得的最大与最小读数之差。所谓给定方向，对圆柱面是指径向，对端面是指轴向。

4.5.3　典型几何误差项目的检测及评定

1. 几何误差检测的步骤

（1）根据误差项目和检测条件确定检测方案，根据方案选择检测器具，并确定测量基准。

（2）进行测量，得到被测提取要素的有关数据。

（3）进行数据处理，按最小条件确定最小包容区域，得到几何误差数值。

2. 直线度误差的检测及评定

1）直线度误差的检测

（1）指示器测量法

如图 4-33 所示，将被测零件安装在平行于平板的两顶尖之间。用带有两只指示器的表架，沿铅垂轴截面的两条素线测量，同时分别记录两只指示器在各自测点的读数 M_1 和 M_2，取各

测点读数差之半（$\left|\frac{M_1 - M_2}{2}\right|$）中的最大值作为该截面轴线的直线度误差。将零件转位，按上述方法测量若干个截面，取其中最大的误差值作为被测零件轴线直线度误差。

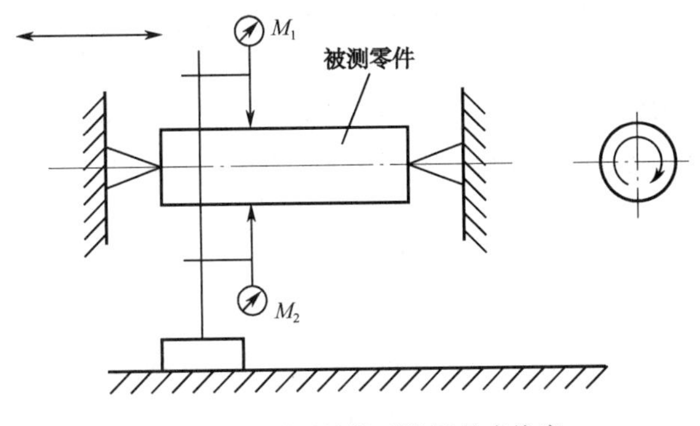

图 4-33 用两只指示器测量直线度

（2）刀口尺法

如图 4-34（a）所示，刀口尺法是用刀口尺和被测提取要素（直线或平面）接触，使刀口尺和被测提取要素之间的最大间隙为最小，此最大间隙即为被测提取要素的直线度误差。间隙量可用塞尺测量或与标准间隙比较。

（3）钢丝法

如图 4-34（b）所示，钢丝法是用特制的钢丝作为测量基准，用测量显微镜读数。调整钢丝的位置，使测量显微镜所测两端读数相等。沿被测提取要素移动测量显微镜，其中的最大读数即为被测提取要素的直线度误差值。

（4）水平仪法

如图 4-34（c）所示，水平仪法是将水平仪放在被测提取表面上，沿被测提取要素按节距逐段连续测量。对读数进行计算可求得直线度误差值，也可采用作图法求得直线度的误差值。一般是在读数之前先将被测提取要素调成近似水平，以保证水平仪读数方便。测量时可在水平仪下放入桥板，桥板长度可按被测提取要素的长度及测量的精度要求决定。

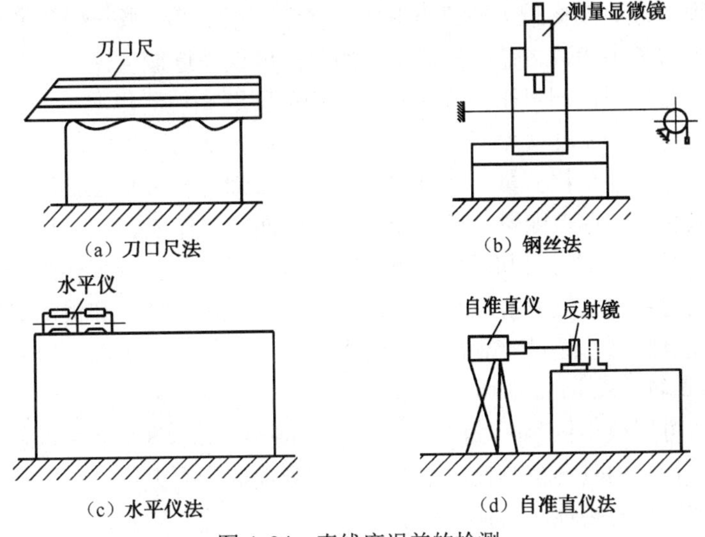

（a）刀口尺法　（b）钢丝法　（c）水平仪法　（d）自准直仪法

图 4-34 直线度误差的检测

（5）自准直仪法

如图 4-34（d）所示，用自准直仪和反射镜测量是将自准直仪放在固定位置上，测量过程中保持位置不变。反射镜通过桥板放在被测提取要素上，沿被测提取要素按节距逐段连续移动反射镜，并在自准直仪的读数显微镜中读得对应的读数，对读数进行计算可求得直线度误差。该测量是以准直光线为测量基准的。

2）直线度误差的评定

直线度误差值可用最小包容区域法和两端点连线法来评定。下面主要介绍用最小包容区域法来评定直线度误差值。

如图 4-35 所示为直线度误差最小包容区域相间准则，由两条平行直线包容测得提取直线时，测得提取直线上至少有高、低相间三点分别与这两条平行直线接触，称为相间准则，这两条平行直线之间的区域即为最小包容区域，该区域的宽度即为符合定义的直线度误差值。

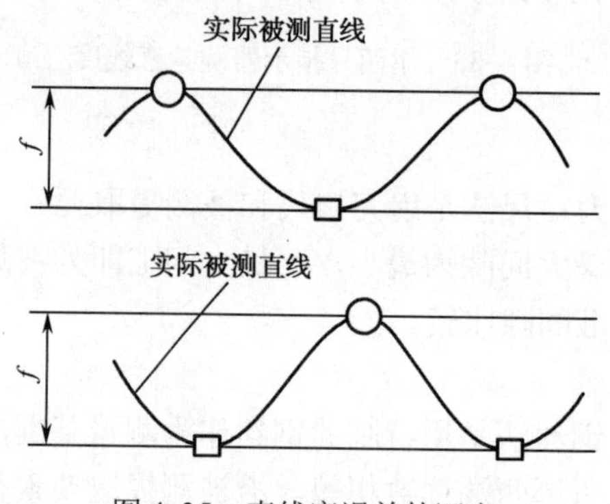

图 4-35　直线度误差的评定

3. 平面度误差的检测及评定

1）平面度误差的检测

常见的平面度误差测量方法如图 4-36 所示。

图 4-36（a）是用指示器测量误差。将被测零件支承在平板上，将被测提取平面上两对角线的角点分别调成等高或将最远的三点调成距测量平板等高，按一定布点测量被测提取表面。指示器上最大与最小读数之差即为该平面的平面度误差近似值。

图 4-36（b）是用平晶测量平面度误差。将平晶紧贴在被测提取平面上，根据产生的干涉条纹，经过计算得到平面度误差值。此方法适用于高精度的小平面。

图 4-36（c）是用水平仪测量平面度误差。水平仪通过桥板放在被测提取平面上，用水平仪按一定的布点和方向逐点测量，经过计算得到平面度误差值。

图 4-36（d）是用自准直仪和反射镜测量平面度误差。将自准直仪固定在被测提取平面外的一定位置，反射镜放在被测提取平面上。调整自准直仪，使其和被测提取表面平行，按一定布点和方向逐点测量。经过计算得到平面度误差值。

2）平面度误差的评定

平面度误差值可用最小包容区域法来评定。如图 4-37 所示为平面度误差最小包容区域判别准则，由两个平行平面包容被测提取平面时，被测提取平面上至少有四个极点或者三个极点分别与这两个平行平面接触，且具有图中形式之一。

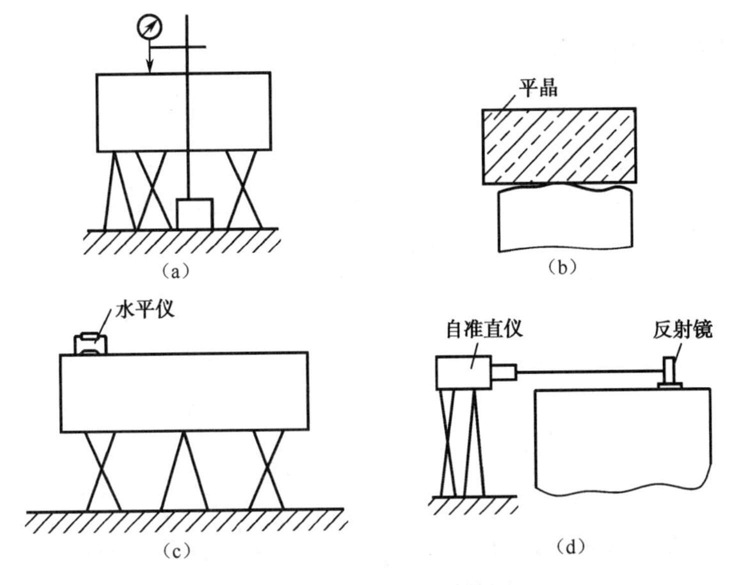

图 4-36 平面度误差的检测

(1) 至少有三个高（低）极点与一个平面接触，有一个低（高）极点与另一个平面接触，并且这一个极点的投影落在上述三个极点连成的三角形内，称为三角形准则，如图 4-37（a）所示。

(2) 至少有两个高极点和两个低极点分别与这两个平行平面接触，并且高极点连线与低极点连线在空间呈交叉状态，称为交叉准则，如图 4-37（b）所示。

(3) 一个高（低）极点在另一个包容平面上的投影位于两个低（高）极点的连线上，称为直线准则，如图 4-37（c）所示。

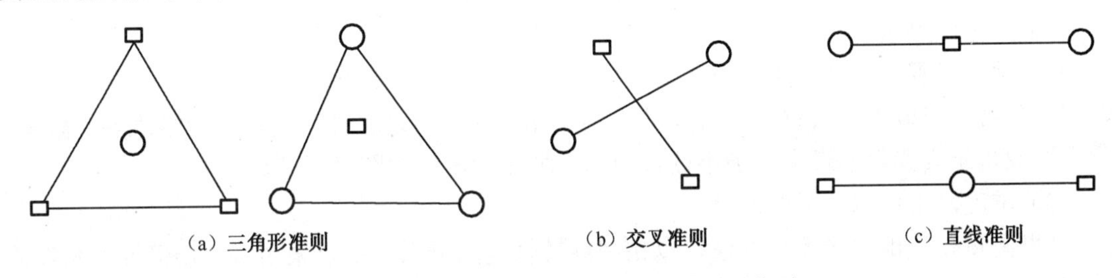

图 4-37 平面度误差最小包容区域判别准则

如果满足上述条件之一，那么，这两个平行平面之间的区域即为最小包容区域，该区域的宽度即为符合定义的平面度误差值。

除了最小包容区域外，平面度误差值的评定方法还有三点法和对角线法。三点法就是以被测提取平面上任意选定的三点所形成的平面作为评定基准，并以平行于此基准平面的两包容平面之间的最小距离作为平面度误差值；对角线法是以通过被测提取平面的一条对角线的两端点的连线、且平行于另一条对角线的两端点连线的平面作为评定基准，并以平行于此基准平面的两包容平面之间的最小距离为平面度误差值。

4．圆度误差的检测及评定

1）圆度误差的检测

（1）两点法测量圆度误差

两点法是一种近似测量法，由于该方法简单经济，因此，一般工件圆度误差检测多采用此方法。此法适用于检测内、外表面偶数棱边形状误差。两点法测量圆度误差测量法如图4-38所示。

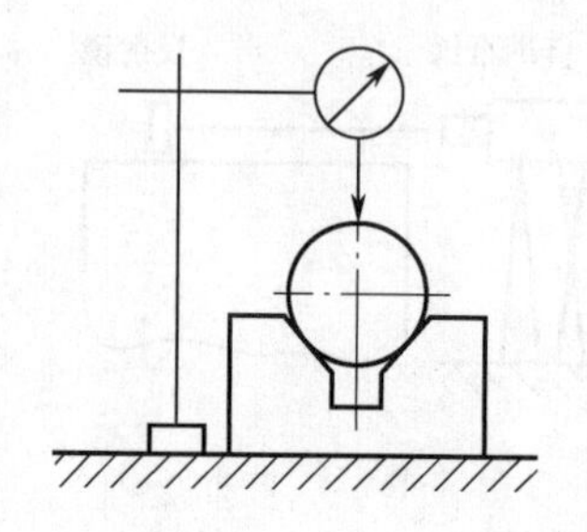
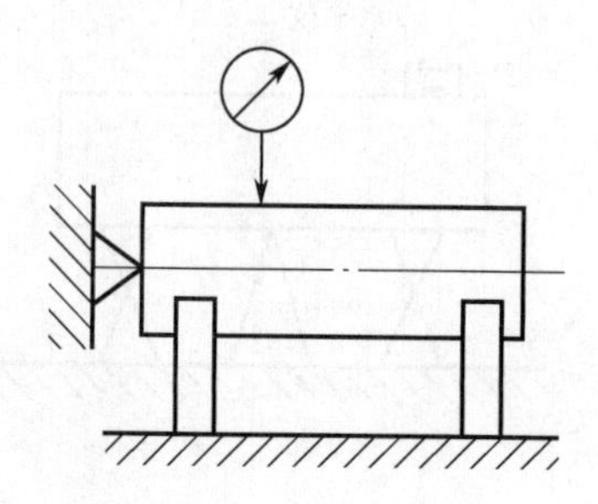

图4-38　两点法测量圆度误差

① 将被测提取零件放在支承上，并固定其轴向位置，使被测提取零件轴线垂直于测量截面。

② 旋转被测提取零件，将指示表最大、最小读数差值的1/2作为单个截面的圆度误差，沿轴线方向间断移动指示表，用上述方法测量若干截面，取其中误差的最大值作为该零件的圆度误差。

两点法测量圆度误差除了可以转动零件，也可以转动量具。例如，用外径千分尺测量同一截面最大、最小直径，其差的一半作为该截面的圆度误差。

（2）三点法测量圆度误差

三点法测量圆度误差适用于检测内、外表面奇数棱边形状误差。

① 将被测提取工件放置在V型架上，装上指示表，转动工件一周，测量零件多个截面。

② 取指示表读数的最大、最小读数差的一半作为零件的圆度误差。

（3）圆度测量仪测量圆度误差

圆度测量仪是根据半径测量法，以精密旋转轴线为测量基准，采用传感器接触被测件的径向形状变化量，并按圆度定义做出评定和记录的测量仪器，用于测量回转体内、外圆及圆球的圆度、同轴度等。若传感器能做垂直移动，则可用于测量直线度和圆柱度，此时称其为圆柱度测量仪。圆度测量仪测量圆度方法如下：

① 将被测提取零件装入并夹紧在圆度仪上。

② 调整被测提取零件的轴线，使它与圆度仪的回转轴线同轴，将测头接触零件。

③ 记录下被测提取零件在回转一周过程中测量截面上各点的半径差，计算该截面的圆度误差。

④ 测头间断移动，测量若干截面，取各截面圆度误差中最大值作为该零件的圆度误差。

2）圆度误差的评定

圆度误差可用最小包容区域法、最小二乘法、最小外接圆法或最大内接圆法来评定。下面主要介绍最小包容区域法。

如图4-39所示为圆度误差最小包容区域判别准则，由两个同心圆包容被测提取圆时，被测提取圆上至少有四个极点内、外相间地与这两个同心圆接触，则这两个同心圆之间的区域即为最小包容区域，该区域的宽度即这两个同心圆的半径差就是符合定义的圆度误差值。

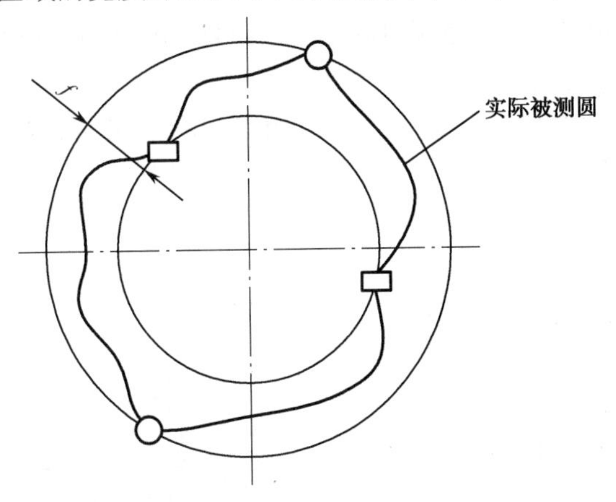

图 4-39 圆度误差最小包容区域判别准则

5. 圆柱度误差的检测及评定

1）圆柱度误差的检测

圆柱度误差可采用三坐标测量机检测，也可采用近似测量方法。如图 4-40 所示为在 V 型块上用三点法测量圆柱度误差。

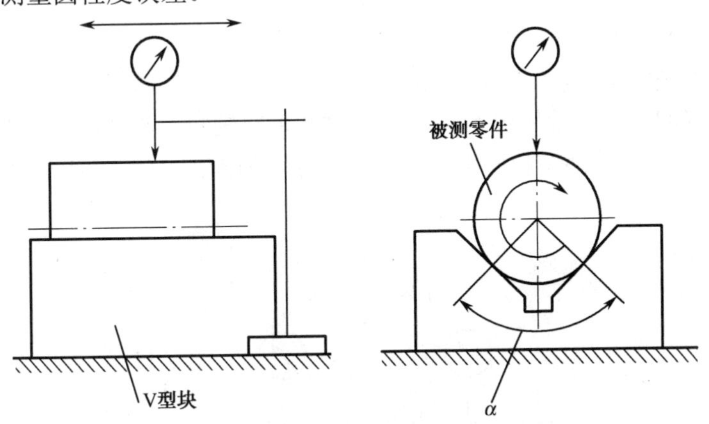

图 4-40 三点法测量圆柱度误差

2）圆柱度误差的评定

圆柱度误差可按最小包容区域法评定，即作半径差为最小的两同轴圆柱面包容被测提取圆柱面，构成最小包容区域，最小包容区域的径向宽度即为符合定义的圆柱度误差值。但是，按最小包容区域法评定圆柱度误差值比较麻烦，通常采用近似法评定。

采用近似法评定圆柱度误差时，是将测得的提取要素投影到与测量轴线相垂直的平面上，然后按评定圆度误差的方法用透明膜板上的同心圆去包容测得的提取要素的投影，并使其构成最小包容区域，即内外同心圆与测得提取要素至少有四点接触，内外同心圆的半径差即为圆柱度误差值。显然，这样的内外同心圆是假定的共轴圆柱面，而所构成的最小包容区域的轴线又与测量基准轴线的方向一致，因而评定的圆柱度误差值略有增大。

6. 轮廓度误差的检测及评定

线轮廓度误差一般用样板、投影仪测量。图 4-41（a）所示为用样板测量，根据光隙大小估读出最大间隙作为该零件的线轮廓度误差。此外，还可用坐标测量装置或仿形测量装置测量。面轮廓度一般用截面样板测量，还可以用三坐标测量装置或仿形测量装置测量，如图 4-41（b）所示。有基准要求时，应以基准面作为测量基准。

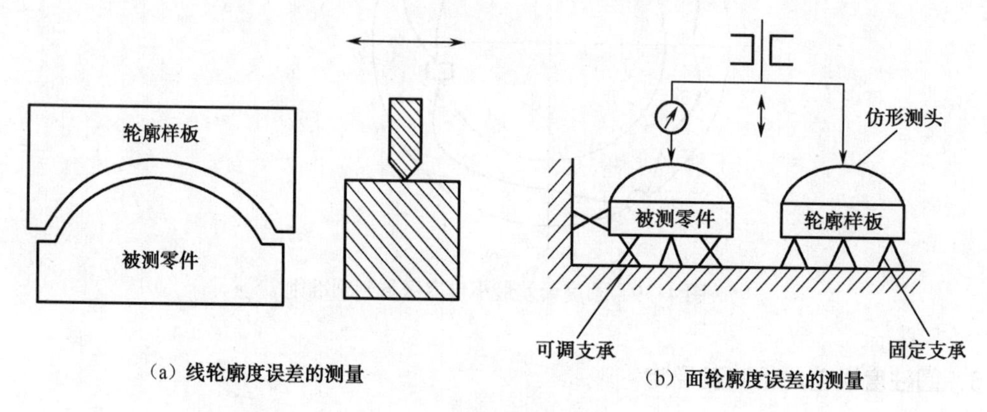

（a）线轮廓度误差的测量　　（b）面轮廓度误差的测量

图 4-41　轮廓度误差的测量

7. 方向误差的检测及评定

1）方向误差的检测

（1）平行度误差的检测

线对面的平行度误差测量如图 4-42 所示，被测提取轴线由心轴模拟，被测提取轴线长度为 L_1，在测量距离为 L_2 的两个位置上测得的读数分别为 M_1、M_2，则平行度误差为

$$f = \frac{L_1}{L_2} | M_1 - M_2 |$$

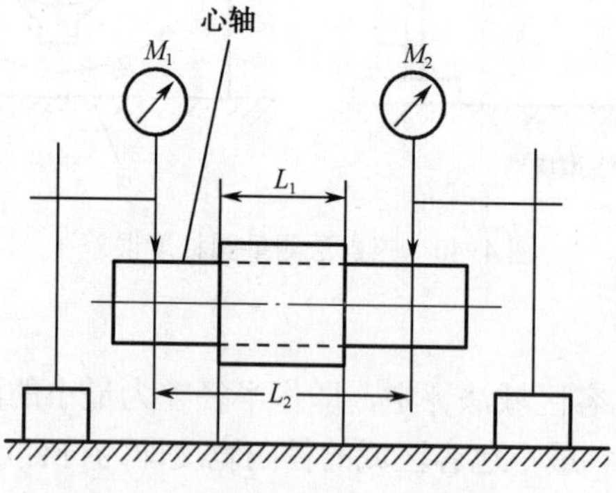

图 4-42　线对面的平行度误差测量

面对线的平行度误差的测量如图 4-43 所示，基准轴线由心轴模拟，将被测零件放在等高支承上，并转动零件，使 L_1=L_2。然后测量整个表面，指示表的最大与最小读数之差作为该零件的平行度误差值。

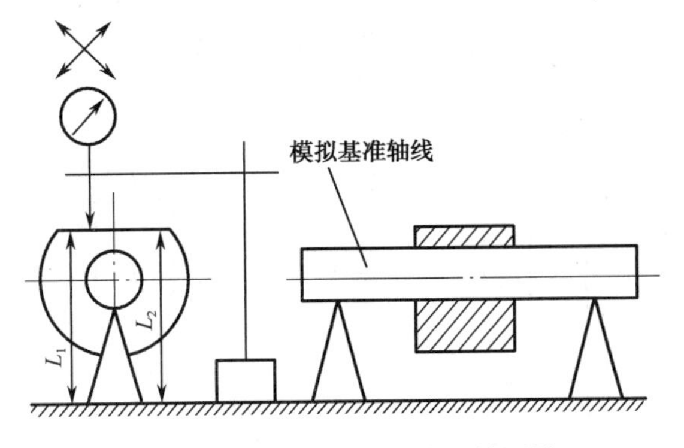

图 4-43 面对线的平行度误差测量

（2）垂直度误差的检测

垂直度误差与平行度误差的检测方法类似，面对面的垂直度误差测量如图 4-44 所示，将被测零件的基准面放在直角座上，同时调整靠近基准的被测提取表面的读数差为最小值，取指示表在整个被测表面测得的最大与最小读数之差作为其垂直度误差值。

面对线的垂直度误差测量如图 4-45 所示，基准轴线由导向套模拟，将被测零件放在导向套内，然后测量整个被测提取表面，取最大与最小读数之差作为该零件的垂直度误差值。

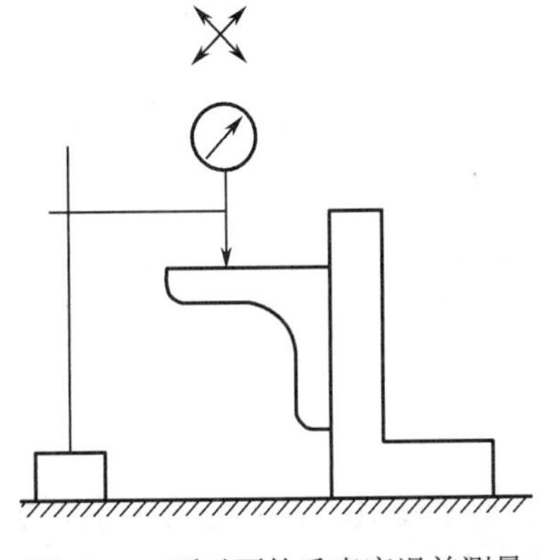

图 4-44 面对面的垂直度误差测量

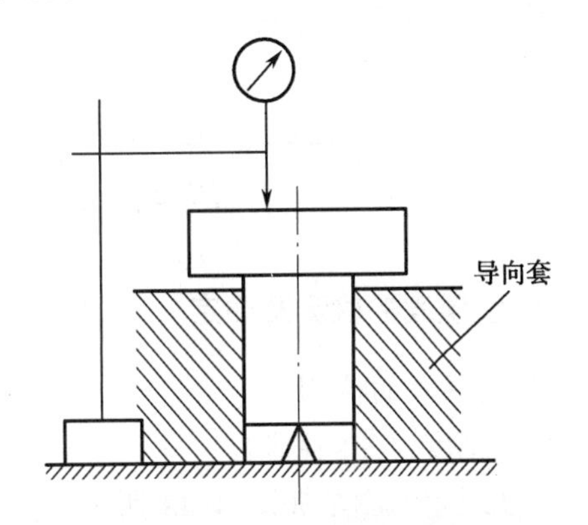

图 4-45 面对线的垂直度误差测量

线对面的垂直度误差测量如图 4-46（a）所示，被测提取轴线长度为 L_1，在给定方向上测量距离为 L_2 的两个位置，测得 M_1、M_2 及相应的轴颈 d_1、d_2，则在该方向上的垂直度误差为

$$f=\frac{L_1}{L_2}\left|(M_1-M_2)+\frac{d_1-d_2}{2}\right|$$

此外，还可在转台上测量轴线在任意方向上的垂直度误差，如图 4-46（b）所示。将被测零件放在转台上，并使被测提取轴线与转台的回转轴线对中，测量若干横截面内组成要素上各点的半径差，并记录在同一坐标图上，用图解法求出垂直度误差值。

2）方向误差的评定

图 4-47 所示为方向误差最小包容区域判别准则。评定方向误差时，拟合要素相对于基准 *A* 的方向应保持图样上给定的几何关系，即平行、垂直或倾斜于某一理论正确角度，按被测提取要素对拟合要素的最大变动量为最小构成最小包容区域。方向误差值用对基准保持所要求的方向的定向最小包容区域的宽度或直径来表示。定向最小包容区域的形状与对应方向公

差带的形状相同，但前者的宽度或直径由被测提取要素本身决定。

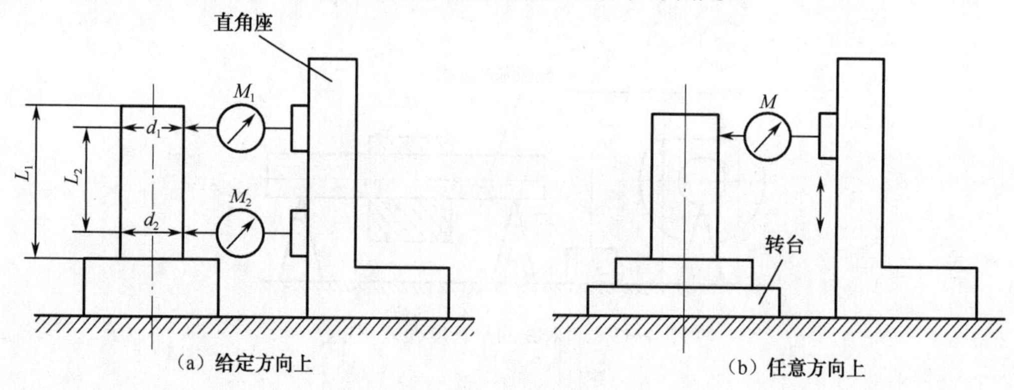

图 4-46　线对面的垂直度误差测量

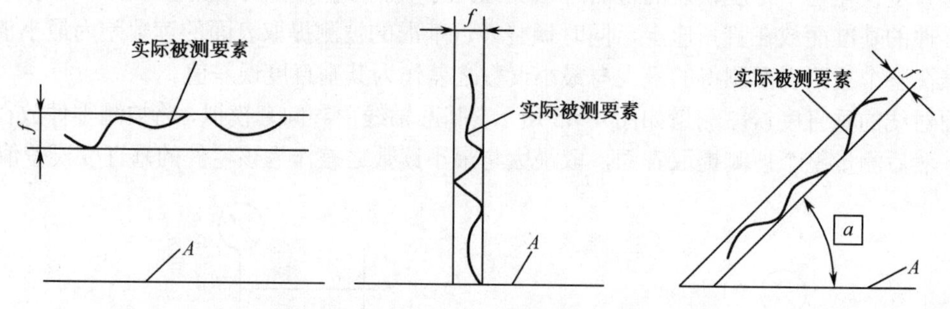

图 4-47　方向误差最小包容区域判别准测

8．位置误差的检测及评定

1）位置误差的检测

（1）同轴度误差的检测

同轴度误差的测量如图 4-48 所示，基准轴线由 V 型架模拟。将两指示表分别在垂直轴线截面调零，先在轴线截面上测量，各对应点的读数差值中最大值为该截面上的同轴度误差。然后转动被测零件，测量若干截面，取各截面测得读数差中的最大值作为该零件的同轴度误差。此法适用于测量形状误差较小的零件。

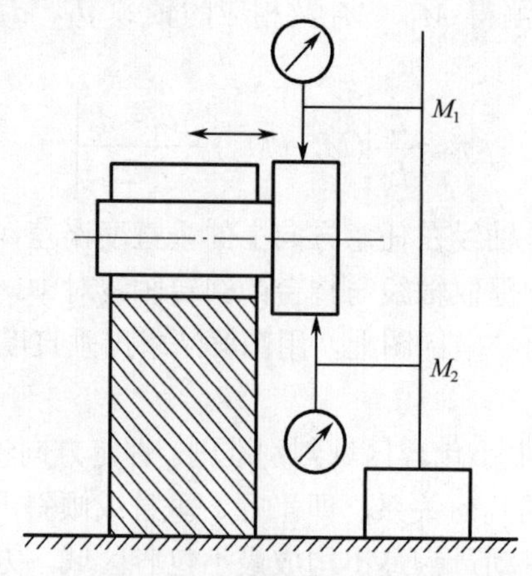

图 4-48　同轴度误差的测量

此外，还可以用圆度仪或三坐标测量机按定义测量或用同轴度量规综合检测。

（2）对称度误差的检测

对称度误差的测量如图4-49所示，先测被测提取表面①上各点的高度，再将被测零件翻转，测另一被测提取表面②上各对应点的高度，取被测提取面内对应两测量点的读数的最大差值作为其对称度误差值。

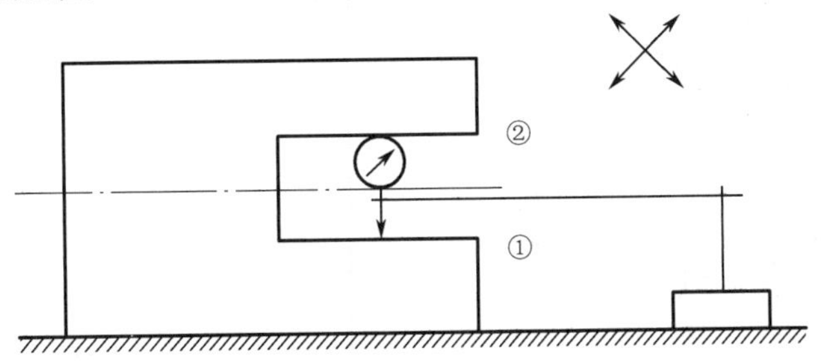

图4-49　对称度误差的测量

此外，对称度误差还可以用对称度量规综合检测。

（3）位置度误差的检测

测量位置度误差，一种方法是将测量出的要素局部位置尺寸与理论正确尺寸做比较；另一种方法是利用综合量规检验要素的合格性。图4-50要求在法兰盘上装螺钉用的4个孔，具有以中心孔为基准的位置度。检验时，将量规的基准测销和固定测销插入零件中，再将活动测销插入其他孔中，如果都能插入零件和量规的对应孔中，就可以判断被测零件是合格的。

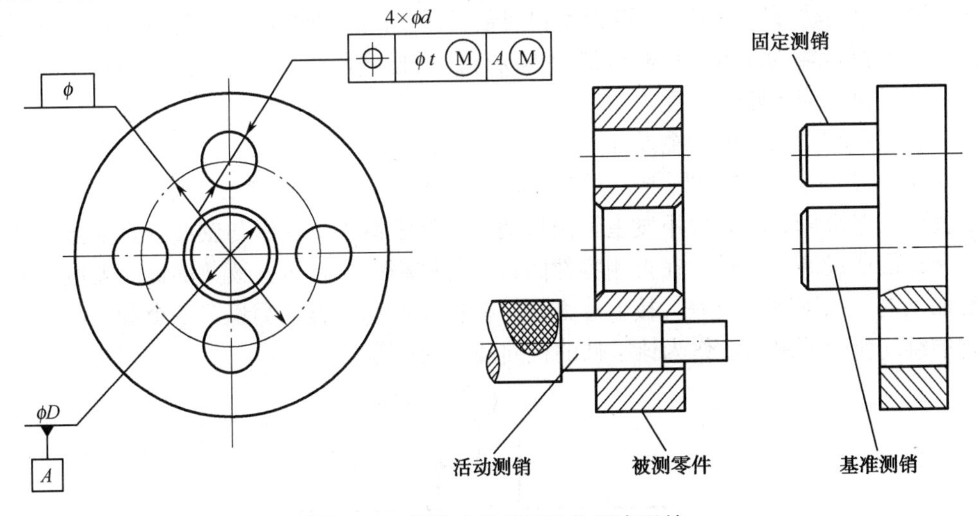

图4-50　用综合量规检验位置度误差

2）位置误差的评定

评定位置误差时，拟合要素相对于基准的位置由理论正确尺寸来确定。以拟合要素为中心来包容被测提取要素时，应使之具有最小宽度或最小直径，来确定定位最小包容区域。位置误差值的大小用定位最小包容区域的宽度或直径来表示。定位最小包容区域的形状与对应位置公差带的形状相同。

图4-51所示为位置误差最小包容区域判别准则，评定图4-51（a）中零件上第一个孔的轴线的位置度误差时，被测提取轴线可以用心轴来模拟体现，被测提取轴线用一个点S表示，

拟合轴线的位置由基准 A、B 和理论正确尺寸 L_x、L_y 确定，用点 O 表示。以点 O 为圆心，以 OS 为半径作圆，则该圆内的区域就是定位最小包容区域，位置度误差值 $\phi f=2OS$，如图 4-51（b）所示。

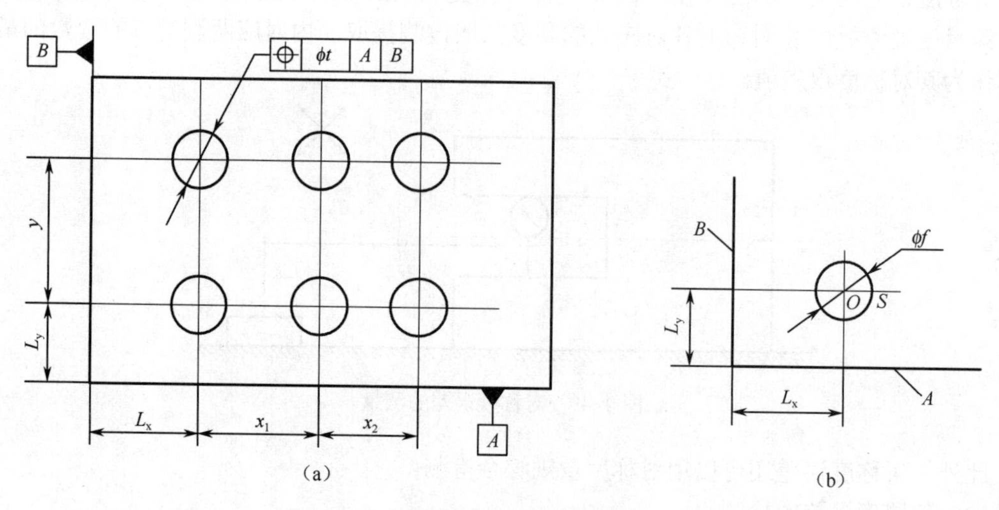

图 4-51　位置误差最小包容区域判别准则

9．跳动误差的检测及评定

跳动公差带可以综合控制被测要素的位置、方向和形状误差。如径向圆跳动可以控制圆度误差；径向全跳动可以控制圆柱度误差和同轴度误差；端面全跳动可以控制垂直度误差等。由于跳动误差测量较为简单，检测方法简单易行，而且适合在车间实际生产条件下使用，因此跳动误差检测的应用较为广泛。

（1）径向圆跳动误差的检测及评定

如图 4-52 所示，基准轴线用一对同轴的顶尖模拟体现，将被测工件装在两顶尖之间，保证大圆柱面绕基准轴线转动但不发生轴向移动。将指示器的测头沿与轴线垂直的方向移动并与被测圆柱面的最高点接触。在被测零件回转一周过程中，指示器读数的最大差值即为单个测量截面上的径向圆跳动误差。按上述方法，在轴向不同位置上测量若干个截面，取各截面上测得的跳动量中的最大值作为该零件的径向圆跳动误差。

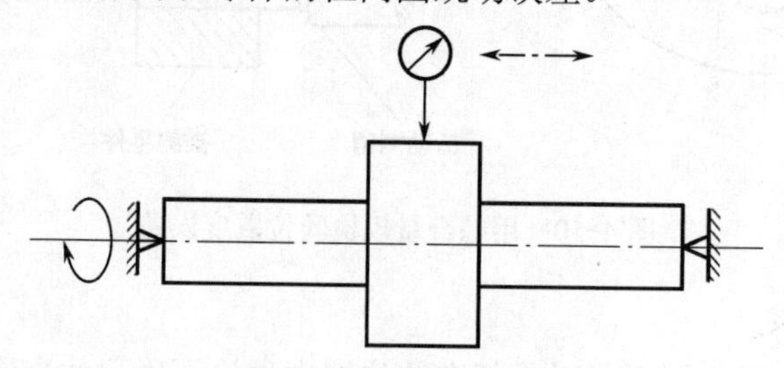

图 4-52　径向圆跳动误差的测量

（2）端面圆跳动误差的检测及评定

如图 4-53 所示，用一个 V 型架来模拟体现基准轴线，并用一定位支承使工件沿轴向固定。使指示器的测头与被测提取表面垂直接触。在被测件回转一周过程中，指示器读数的最大差值即为单个测量圆柱面上的端面圆跳动误差。沿铅垂方向移动指示器，按上述方法测量若干个圆柱面，取各测量圆柱面的跳动量中的最大值作为该零件的端面圆跳动误差值。

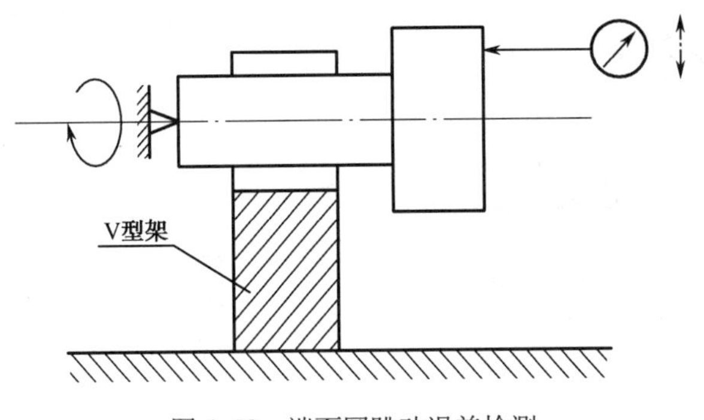

图 4-53 端面圆跳动误差检测

（3）斜向圆跳动误差的检测及评定

如图 4-54 所示，将被测零件固定在导向套筒内，且在轴向固定。指示器的测头沿垂直于被测提取表面的方向移动并与之接触。在被测件回转一周过程中，指示器读数的最大差值即为单个测量圆锥面上的斜向圆跳动误差。取各测量圆锥面上测得的跳动量中的最大值作为该零件的斜向圆跳动误差值。

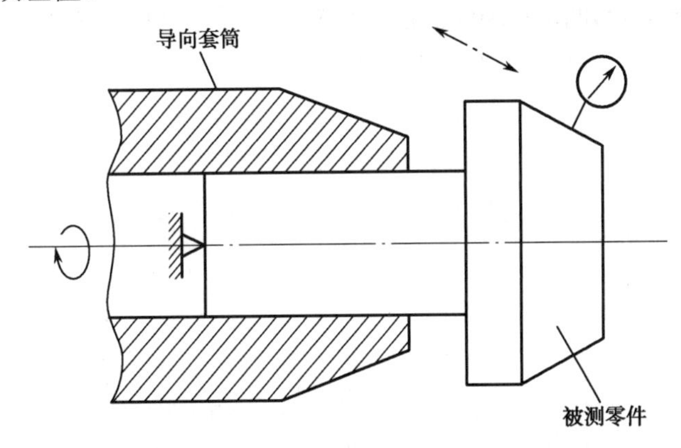

图 4-54 斜向圆跳动误差检测

（4）径向全跳动误差的检测及评定

如图 4-55 所示，将被测零件固定在两同轴导向套筒内，同时在轴向固定零件，调整两套筒，使其公共轴线与平板平行，并使被测零件连续回转，同时使指示器沿基准轴线的方向做直线运动，在整个测量过程中指示器读数的最大差值即为该零件的径向全跳动误差。基准轴线也可以用一对等高的 V 型架或一对同轴且轴线与平板平行的顶尖来模拟体现。

（5）端面全跳动误差的检测及评定

如图 4-56 所示，将被测零件支承在导向套筒内，并在轴向固定，导向套筒的轴线应与平板垂直。在被测零件连续回转过程中，指示器沿被测提取表面的径向做直线移动，在整个测量过程中指示器读数的最大差值即为该零件的端面全跳动误差。基准轴线也可以用 V 型架等模拟体现。

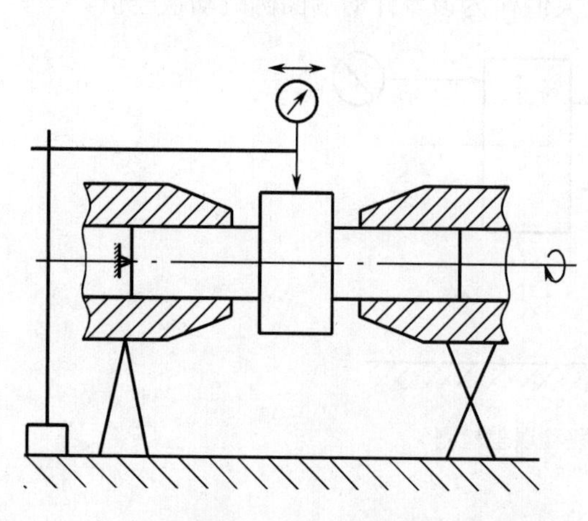

图 4-55　径向全跳动误差检测

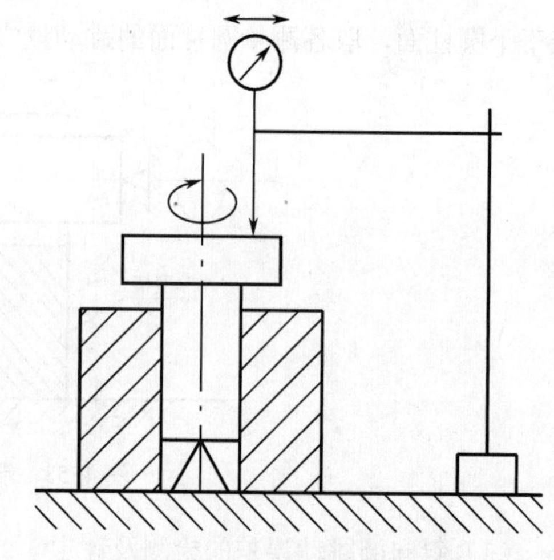

图 4-56　端面全跳动误差检测

答：同轴度误差为ϕ0.08mm>ϕ0.06mm，同轴度误差不合格。

项目 5　表面粗糙度

知识点	知识重点	表面粗糙度的评定参数、标注、选用原则
	知识难点	表面粗糙度的选用原则
	必须掌握的理论知识	表面粗糙度的概念、评定参数、标注、选用原则和检测方法
教学方法	推荐教学方法	任务驱动教学法
	推荐学习方法	课堂：听课+互动+技能训练 课外：了解简单机构实例的结构和功能要求，说明表面粗糙度的含义
技能训练	理论	练习题 11
	实践	任务书 6，表面粗糙度的测量

任务　识读表面粗糙度标注

识读图 5-1 所示图样上的表面粗糙度符号、代号。

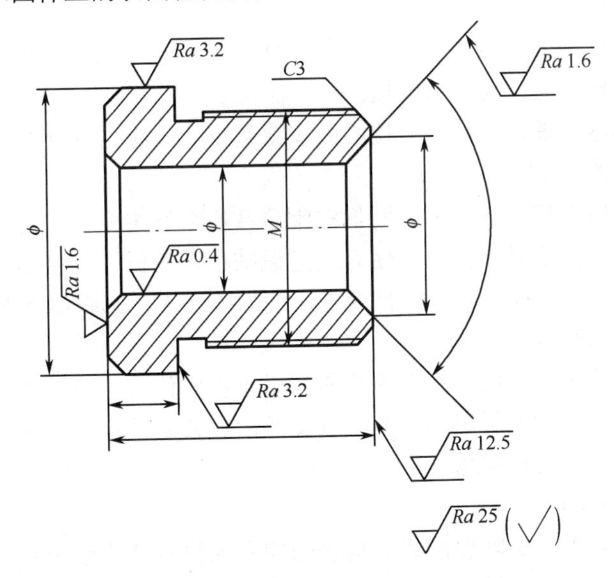

图 5-1　表面粗糙度在图样上的标注示例

相关知识

5.1.1 表面粗糙度基础知识

1. 表面粗糙度的概念

用机械加工或者其他方法获得的零件表面，微观上总会存在较小间距的峰、谷痕迹，如图 5-2（a）所示。表面粗糙度就是表述这些峰、谷高低程度和间距状况的微观几何形状误差。

通常按波距 S 的大小（如图 5-2（b）所示）分类：波距≤1mm 的属于表面粗糙度；波距在 1～10mm 间的属于表面波纹度；波距>10mm 的属于形状误差。

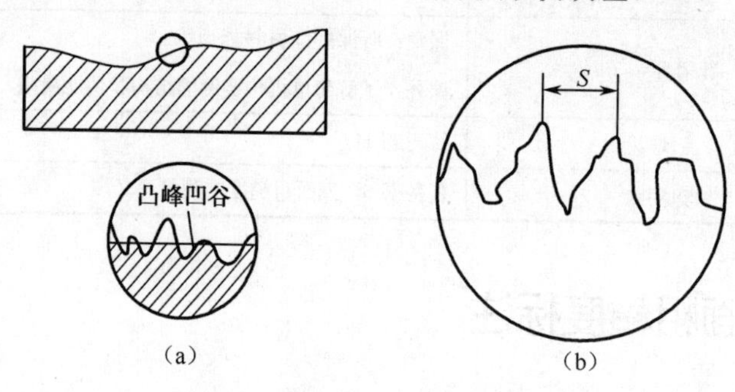

图 5-2　实际表面的几何轮廓形状

2. 表面粗糙度对零件使用性能的影响

（1）对摩擦和磨损的影响

相互运动的两零件表面，只能在轮廓的峰顶间接触，当表面间产生相对运动时，峰顶的接触将对运动产生摩擦阻力，使零件磨损。

相互运动的表面越粗糙，实际有效接触面积就越小，压应力就越大，磨损就越快。

（2）对配合性能的影响

相互配合的表面微小峰被去掉后，它们的配合性质会发生变化。对于过盈配合，由于压入装配时，零件表面的微小峰被挤平而使有效过盈减小，降低了连接强度；对于有相对运动的间隙配合，工作过程中表面的微小峰被磨去，使间隙增大，影响原有的配合要求。

（3）对疲劳强度的影响

受交变应力作用的零件表面，疲劳裂纹易在微小谷的位置出现，这是因为在微观轮廓的微小谷底处产生应力集中，使材料的疲劳强度降低，导致零件表面产生裂纹而损坏。表面越粗糙，越容易产生疲劳裂纹和破坏。

（4）对接触刚度的影响

由于表面的凸凹不平，实际表面间的接触面积有的只有公称面积的百分之几。接触面积越小，单位面积受力就越大，粗糙峰顶处的局部变形也越大，接触刚度便会降低，影响机件的工作精度和抗振性。表面越粗糙，实际承载面积越小，接触刚度越低。

（5）对耐腐蚀性的影响

在零件表面的微小谷的位置容易残留一些腐蚀性物质，由于其与零件的材料不同而形成

电位差，对零件产生电化学腐蚀。表面越粗糙，电化学腐蚀越严重，越容易腐蚀生锈。

此外，表面粗糙度还影响结合的密封性、产品的外观、表面涂层的质量、表面的反射能力等。因此，为保证零件的使用性能和互换性，在零件精度设计时，除了要保证零件尺寸、几何精度要求以外，对零件的不同表面也要提出合理的表面粗糙度要求。所以表面粗糙度是评定机械零件及产品质量的重要指标之一。

5.1.2　表面粗糙度的基本术语和评定参数

有关表面粗糙度的现行国家标准包括：GB/T 3505—2009《产品几何技术规范（GPS）表面结构 轮廓法 术语、定义及表面结构参数》、GB/T 1031—2009《产品几何技术规范（GPS）表面结构 轮廓法 表面粗糙度参数及其数值》、GB/T 131—2006/ISO1302：2002《产品几何技术规范（GPS）技术产品文件中表面结构的表示法》等。

1．表面粗糙度的基本术语

1）实际轮廓（表面轮廓）

实际轮廓是指平面与被测提取表面相交所得的轮廓线。按相截方向的不同，可分为横向实际轮廓和纵向实际轮廓。在评定表面粗糙度时，除非特别指明，通常指横向实际轮廓，即垂直于加工纹理方向的平面与实际表面相交所得的轮廓线。如图 5-3 所示，在这条轮廓线上测得的表面粗糙度数值最大。对车、刨等加工来说，这条轮廓线反映了切削刀痕及走刀量引起的表面粗糙度。

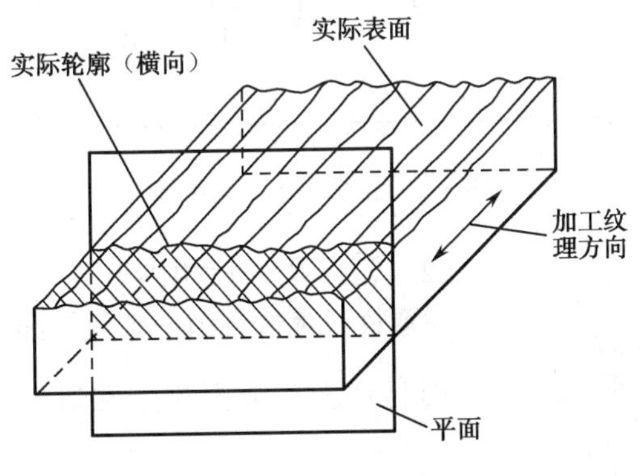

图 5-3　实际轮廓

2）取样长度 lr

取样长度是指用于判别具有表面粗糙度特征的一段基准线长度，如图 5-4 所示。标准规定取样长度按表面粗糙程度合理取值，通常应包含至少 5 个轮廓峰和轮廓谷。这样规定的目的是既要限制和减弱表面波纹度对测量结果的影响，又要客观真实地反映零件表面粗糙度的实际情况。

3）评定长度 ln

评定长度是指评定轮廓表面粗糙度所必需的一段长度。一般情况下，标准推荐 $ln=5lr$。如被测表面均匀性较好，测量时可选用小于 $5lr$ 的评定长度值；反之，均匀性较差的表面可选用大于 $5lr$ 的评定长度值。如果评定长度内的取样长度个数不等于 5，应在相应参数代号后面标注其个数。

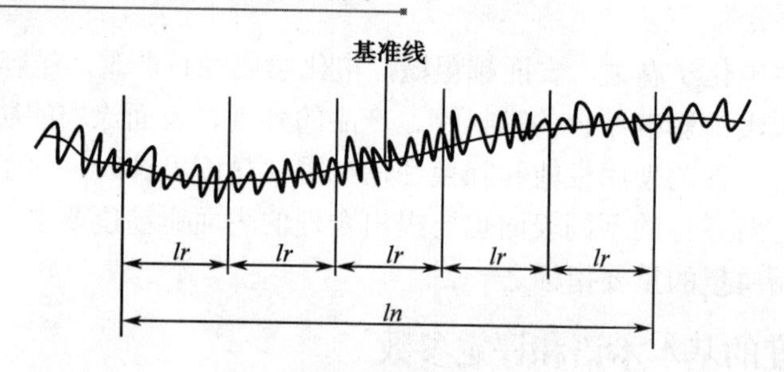

图 5-4　取样长度和评定长度

4）基准线（中线 m）

基准线是用来评定表面粗糙度参数大小所规定的一条参考线，据此来作为评定表面粗糙度参数大小的基准。该线具有几何轮廓形状并划分实际轮廓，在整个取样长度内与实际轮廓走向一致。基准线有如下两种：

（1）轮廓最小二乘中线

在取样长度内，使轮廓上各点至一条假想线距离的平方和（$\sum_{i=1}^{n} Z_i^2$）为最小，这条假想线就是最小二乘中线，如图 5-5 所示。

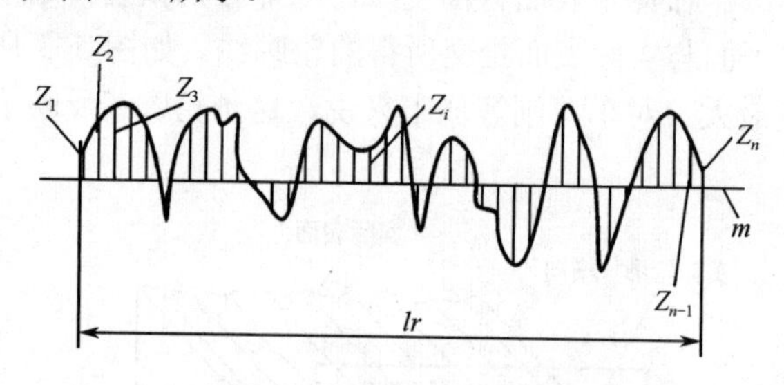

图 5-5　轮廓最小二乘中线

（2）轮廓算术平均中线

在取样长度内，由一条假想线将实际轮廓分为上下两部分，而且使上部分面积之和等于下部分面积之和，$\sum_{i=1}^{n} F_i = \sum_{i=1}^{m} F_i'$。这条假想线就是轮廓算术平均中线，如图 5-6 所示。

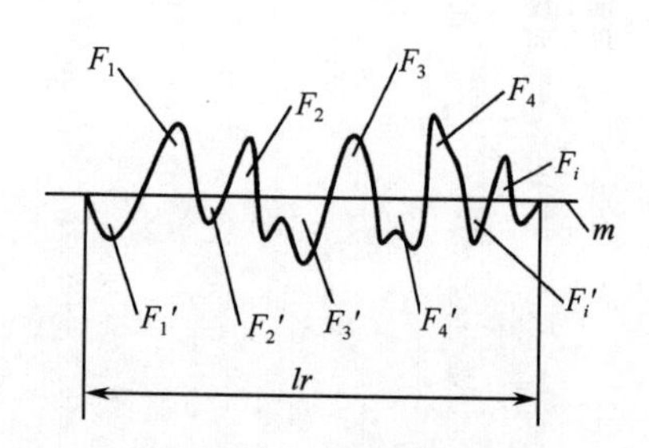

图 5-6　轮廓算术平均中线

标准规定：一般以最小二乘中线作为基准线。但因在实际轮廓图形上确定最小二乘中线的位置比较困难，因此，规定用轮廓算术平均中线代替最小二乘中线，这样便可以用图解法近似确定基准线，通常轮廓算术平均中线也可用目测估定。

与轮廓单元有关的参数如下：

① 轮廓单元。

即一个轮廓峰和其相邻的一个轮廓谷的组合，如图 5-7 所示。

② 轮廓峰高 Z_p。

即轮廓最高点距中线的距离，如图 5-7 所示。

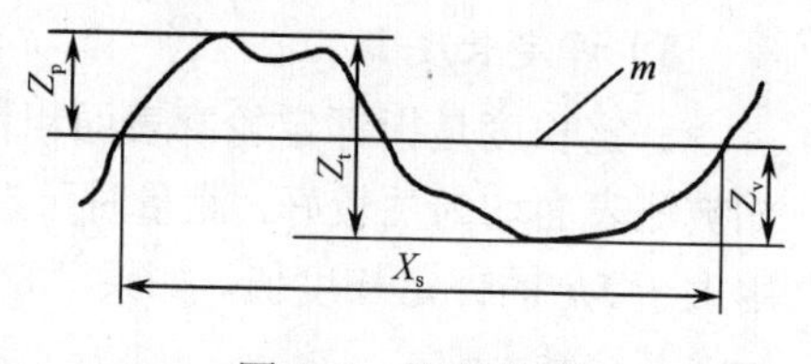

图 5-7　轮廓单元

③ 轮廓谷深 Z_v。

即中线与轮廓最低点之间的距离，如图 5-7 所示。

④ 轮廓单元的高度 Z_t。

即一个轮廓单元的峰高和谷深之和，如图 5-7 所示。

⑤ 轮廓单元的宽度 X_s。

即中线与轮廓单元相交线段的长度，如图 5-7 所示。

5）在水平截面高度 c 上轮廓的实体材料长度 $Ml(c)$

即在一个给定水平截面高度 c 上，用一条平行于中线的线与轮廓单元相截所获得的各段截线长度之和，如图 5-8 所示。

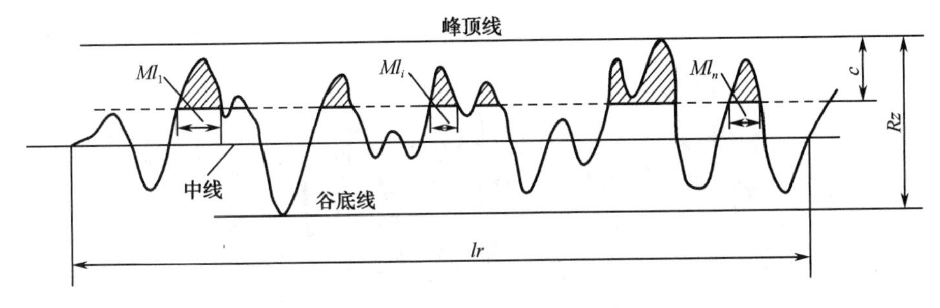

图 5-8　轮廓的实体材料长度

用公式表示为

$$Ml(c)=\sum_{i=1}^{n}Ml_i$$

式中，c 称为轮廓水平截距，即轮廓的峰顶线和平行于它并与轮廓相交的截线之间的距离。

6）高度和间距辨别力

即应计入被评定轮廓的轮廓峰和轮廓谷的最小高度和最小间距。轮廓峰和轮廓谷的最小高度通常用 Rz 或任一振幅参数的百分率来表示；最小间距则以取样长度的百分率表示。

2. 表面粗糙度的评定参数

1）与高度特性有关的参数（幅度参数）

（1）评定轮廓的算术平均偏差 Ra

即在一个取样长度 lr 内，轮廓上各点至基准线的距离的绝对值的算术平均值，如图 5-9 所示。用公式表示为

$$Ra=\frac{1}{lr}\int_0^{lr}|Z(x)|\mathrm{d}x$$

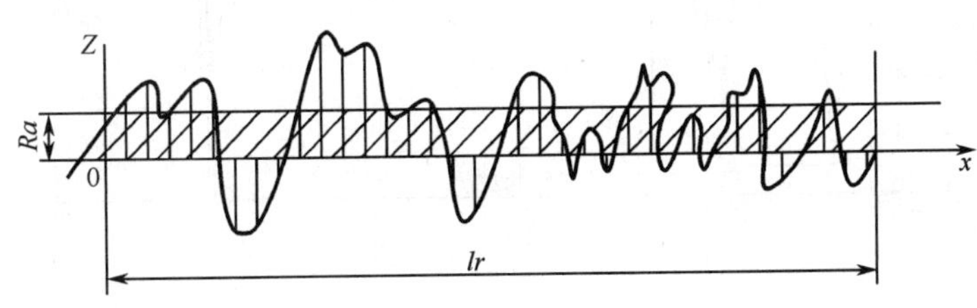

图 5-9　轮廓算术平均偏差

其近似值为
$$Ra=\frac{1}{n}\sum_{i=1}^{n}|Z_i|$$

式中　Z——轮廓偏距（轮廓上各点至基准线的距离）；

Z_i——第 i 点的轮廓偏距（i=1, 2, …, n）。

【特别提示】

Ra 越大，表面越粗糙。

（2）轮廓的最大高度 Rz

即在一个取样长度 lr 内，最大轮廓峰高 Z_p 和最大轮廓谷深 Z_v 之和，如图 5-10 所示。用公式表示为

$$Rz=Z_p+Z_v$$

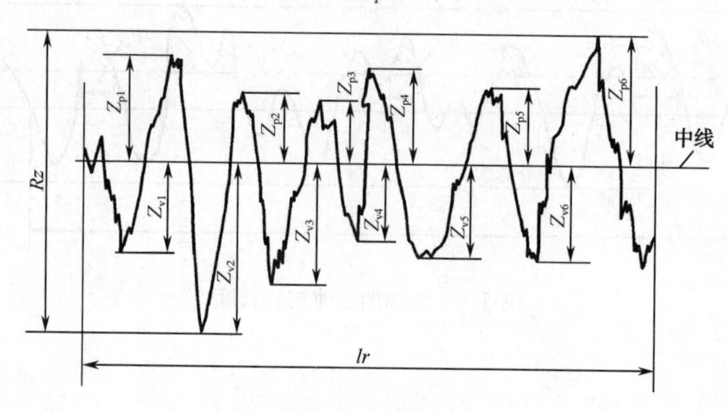

图 5-10　轮廓的最大高度

注意：在 GB/T 3505—1983 中，Rz 表示“微观不平度的十点高度”，在 GB/T 3505—2000 中，Rz 表示“轮廓的最大高度”，在评定和测量时要注意加以区分。

（3）轮廓单元的平均线高度 Rc

即在一个取样长度 lr 内，轮廓单元高度 Z_t 的平均值，如图 5-11 所示。用公式表示为

$$Rc=\frac{1}{m}\sum_{i=1}^{m}Z_{ti}\text{ 。}$$

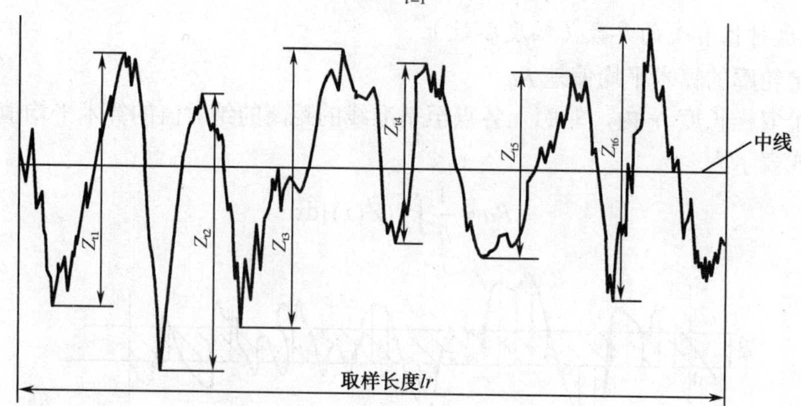

图 5-11　轮廓单元的平均线高度

对参数 Rc 需要辨别高度和间距。除非另有要求，省略标注的高度分辨力按 Rz 的 10%选取；省略标注的间距分辨力应按取样长度的 1%选取。这两个条件都应满足。

2）与间距特性有关的参数（间距参数）

轮廓单元的平均宽度 *Rsm*：即在一个取样长度 *lr* 内，轮廓单元宽度 X_s 的平均值，如图 5-12 所示。用公式表示为

$$Rsm = \frac{1}{m}\sum_{i=1}^{m} X_{si}$$

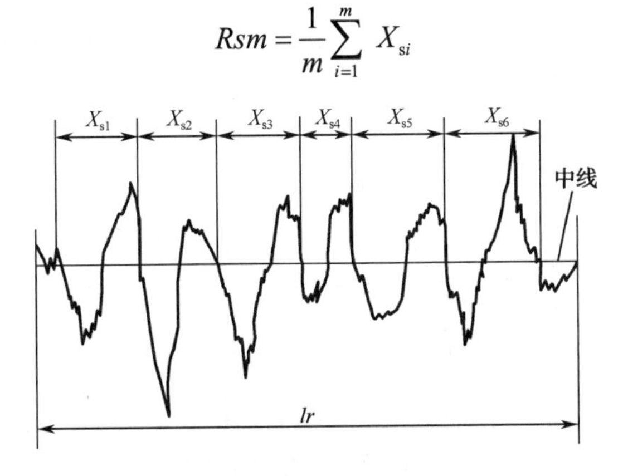

图 5-12 轮廓单元的宽度

3）与形状特性有关的参数（曲线参数）

轮廓的支承长度率 *Rmr*(*c*)：即在一个评定长度 *ln* 内，在给定水平截面高度 *c* 上，轮廓的实体材料长度 *Ml*(*c*)与评定长度 *ln* 的比率，如图 5-8 所示。用公式表示为

$$Rmr(c) = \frac{Ml(c)}{ln}$$

c 值多用轮廓最大高度 *Rz* 的百分数表示。

轮廓的支承长度率 *Rmr*(*c*)与零件的实际轮廓形状有关，是反映零件表面耐磨性能的指标。对于不同的实际轮廓形状，在相同的评定长度内给出相同的水平截距，*Rmr*(*c*)越大，则表示零件表面凸起的实体部分就越大，承载面积就越大，因而接触刚度就越高，耐磨性能就越好。如图 5-13（a）所示的耐磨性能就好，图 5-13（b）所示的耐磨性能就差。

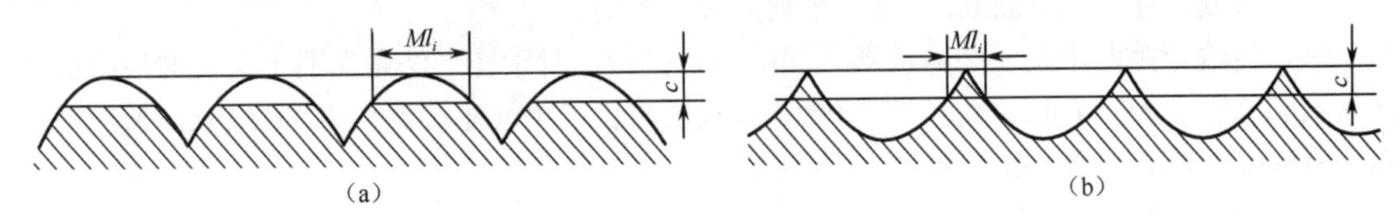

图 5-13 不同实际轮廓形状的实体材料长度

5.1.3 表面粗糙度标注及选用

1. 表面粗糙度的标注

表面粗糙度在图样上的标注依据国家标准 GB/T 131—2006。

1）表面粗糙度的符号

表面粗糙度符号及意义如表 5-1 所示。

表 5-1　表面粗糙度符号及意义

符　号	含　义
	基本图形符号，表示表面可用任何方法获得。不加注表面粗糙度参数值或有关说明（如表面处理、局部处理状况等）时，仅适用于简化代号标注
	扩展图形符号，基本图形符号加一短划，表示指定表面用去除材料的方法获得。如车、铣、钻、磨、剪切、抛光、腐蚀、电火花加工、气割等
	扩展图形符号，基本图形符号加一小圆，表示指定表面用不去除材料的方法获得。如铸、锻、冲压变形、热轧、冷轧、粉末冶金等；或者是用于保持原供应状况的表面（包括保持上道工序的状况）
	完整图形符号，在上述三个符号的长边上均可加一横线，用于标注有关说明和参数
	工件轮廓各表面的图形符号，在上述三个符号的长边与横线的拐角处均可加一小圆，表示所有表面具有相同的表面粗糙度要求

2）表面粗糙度完整图形符号的组成

在表面粗糙度的完整图形符号中，对表面结构的单一要求和补充要求应注写在图 5-14 指定的位置上。

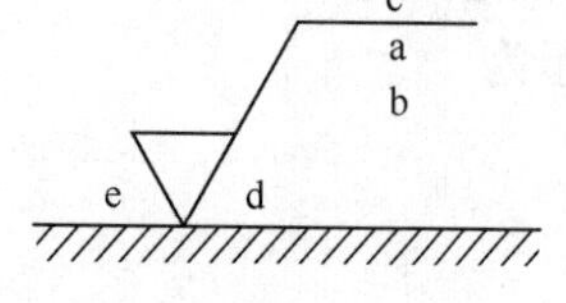

图 5-14　单一要求和补充要求的注写位置

① 位置 a 注写表面结构的单一要求："传输带/取样长度/表面粗糙度参数代号和极限值"，一般传输带或取样长度选默认值，只标参数代号和极限值，为避免误解，在参数代号和极限值间应插入空格。

传输带标注：0.0025-0.8/*Ra* 6.3。

取样长度示例：-0.8/*Ra* 6.3。

传输带和取样长度为默认值示例：*Ra* 6.3。

评定长度示例：-0.8/*Ra*3 3.2，评定长度为 3 倍取样长度。

评定规则标注：*Rz* max 0.2，评定规则为最大规则。

注：传输带是两个定义的滤波器之间的波长范围，对于图形法是在两个定义的极限值之间的波长范围。如"0.0025-0.8"表示滤波器截止波长：短波滤波器为 0.0025mm，长波滤波器为 0.8mm。默认值见 GB/T 6062。

② 位置 a 和 b 注写两个或多个表面结构的单一要求。

在位置 a 注写第一个表面结构的单一要求，方法同①。在位置 b 注写第二个表面结构的单一要求，方法同①。如果要注写第三个或更多表面结构要求，图形符号应在垂直方向扩大，以空出足够的空间。扩大图形符号时，a 和 b 的位置随之上移。

③ 位置 c 注写加工方法（补充要求）。

注写加工方法、表面处理、涂层或其他加工工艺要求等，如车、磨、镀等加工表面。

④ 位置 d 注写表面纹理和方向（补充要求）。

注写所要求的表面纹理和纹理的方向，如"="、"X"等，如表 5-2 所示。

⑤ 位置 e 注写加工余量（补充要求）。

注写所要求的加工余量，以 mm 为单位给出数值。

3）表面纹理的标注符号、解释和示例

表面纹理的标注符号、解释和示例如表 5-2 所示。

表 5-2　表面纹理和方向的符号及示例（摘自 GB/T 131—2006）

序　号	示 意 图	序　号	示 意 图
=	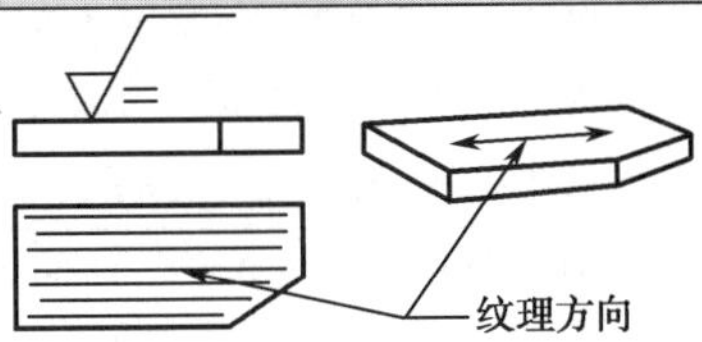 纹理方向 纹理平行于标注代号的视图投影面	P	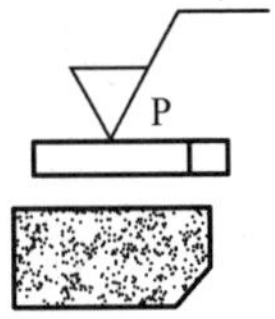 纹理呈微粒、凸起，无方向
		M	纹理呈多方向
⊥	纹理方向 纹理垂直于标注代号的视图投影面	C	纹理呈近似同心圆
×	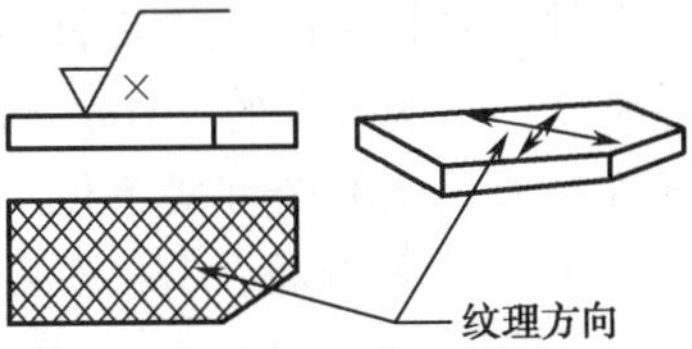 纹理方向 纹理呈两相交的方向	R	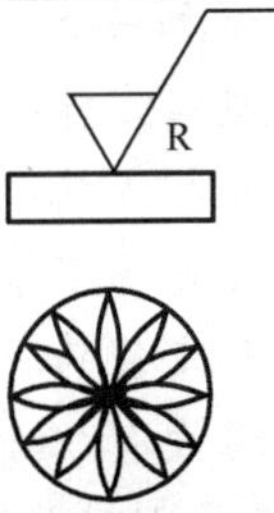 纹理呈近似放射状且与表面圆心相关

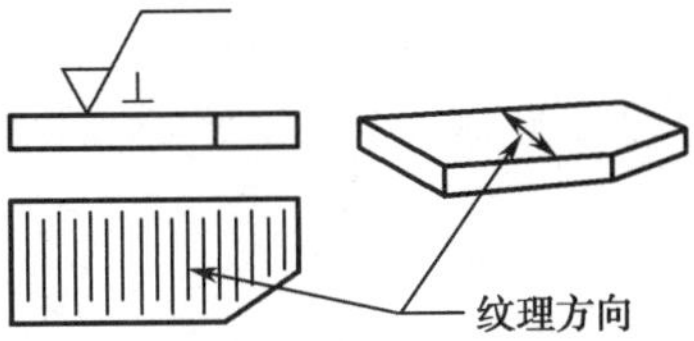

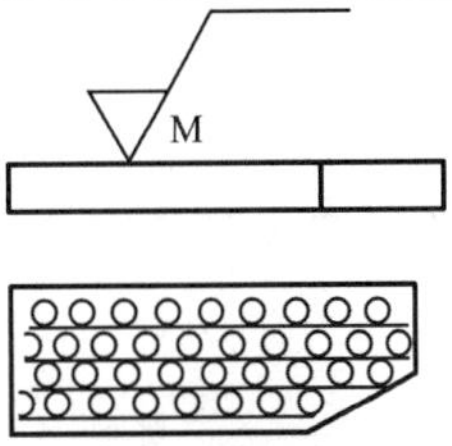

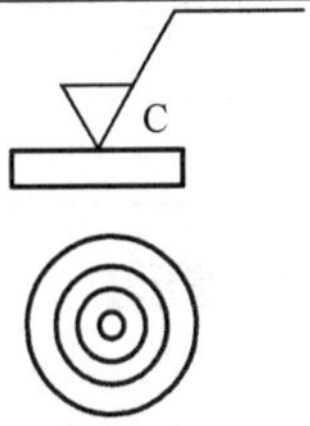

注：如果表面纹理不能清楚地用这些符号表示，必要时，可以在图样上加注说明。

4）典型表面粗糙度代号及含义

典型表面粗糙度代号及含义如表 5-3 所示。

表 5-3　表面粗糙度代号及含义（GB/T 131—2006）

符　号	含　义
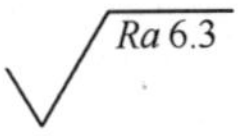 $\sqrt{Ra\ 6.3}$	表示任意加工方法，单向上限值，默认传输带，算术平均偏差 *Ra* 值为 6.3μm，评定长度为 5 个取样长度（默认），“16%规则”（默认）（GB/T 10610）
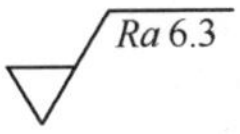 $\sqrt{Ra\ 6.3}$（去除材料）	表示去除材料获得的表面，单向上限值，默认传输带，算术平均偏差 *Ra* 值为 6.3μm，评定长度为 5 个取样长度（默认），“16%规则”（默认）
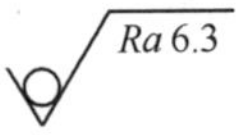 $\sqrt{Ra\ 6.3}$（不允许去除材料）	表示不允许去除材料，单向上限值，默认传输带，算术平均偏差 *Ra* 值为 6.3μm，评定长度为 5 个取样长度（默认），“16%规则”（默认）

续表

符号	含义
U *Ra* max 6.3 L *Ra* 1.6	表示不允许去除材料，双向极限值，两极限值均使用默认传输带。上限值：算术平均偏差 *Ra* 值为 6.3μm，评定长度为 5 个取样长度（默认），“最大规则”；下限值：算术平均偏差 *Ra* 值为 1.6μm，评定长度为 5 个取样长度（默认），“16%规则”（默认）
0.008−0.8/*Ra* 3.2	表示去除材料获得的表面，单向上限值，传输带 0.008～0.8mm，算术平均偏差 *Ra* 值为 3.2μm，评定长度为 5 个取样长度（默认），“16%规则”（默认）
−0.8/*Ra*3 3.2	表示去除材料获得的表面，单向上限值，传输带取样长度为 0.8mm（根据 GB/T 6062，短波默认为 0.0025mm），算术平均偏差 *Ra* 值为 3.2μm，评定长度为 3 个取样长度，“16%规则”（默认）
磨 *Ra*3 1.6 −2.5/*Rz* max 6.3 ⊥	表示去除材料获得的表面，两个单向上限值，算术平均偏差 *Ra*：默认传输带，上限值为 1.6μm，评定长度为 3 个取样长度，“16%规则”（默认）；轮廓的最大高度 *Rz*：取样长度为 2.5mm，上限值为 6.3μm，评定长度为 5 个取样长度（默认），“最大规则”。 表面纹理垂直于视图投影面。 加工方法：磨削

【特别提示】

最大规则：检验时，若参数的规定值为最大值，则在被检表面的全部区域内测得的参数值一个也不应超过图样或技术产品文件中的规定值。若规定评定规则为最大规则，应在参数符号后面增加一个“max”标记。

16%规则：当参数的规定值为上限值时，如果所选参数在同一评定长度上的全部实测值中，大于图样或技术产品文件中规定值的个数不超过实测值总数的 16%，则该表面合格；当参数的规定值为下限值时，如果所选参数在同一评定长度上的全部实测值中，小于图样或技术文件中规定值的个数不超过实测值总数的 16%，则该表面合格。16%规则为默认规则，所用参数符号没有“max”。

5）表面粗糙度代号的书写比例和尺寸

表面粗糙度代号的书写比例和尺寸如图 5-15 所示。

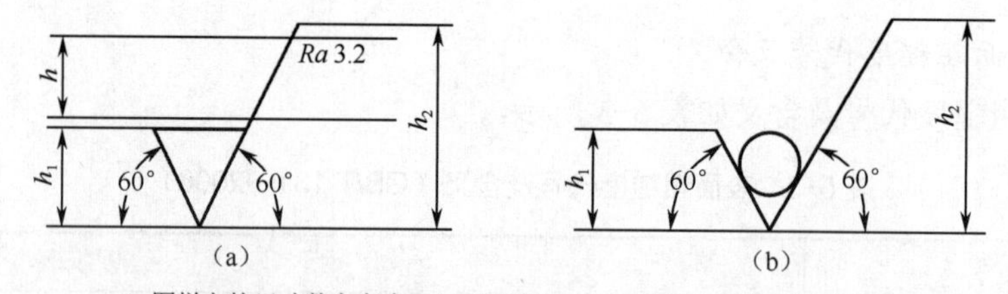

h=图样上的尺寸数字高度；h_1=1.4h；h_2=2h_1；圆为正三角形的内切圆

图 5-15　表面粗糙度代号的书写比例和尺寸

规定及说明：

（1）符号线宽、数字、字母笔画宽度皆为 h/10；

（2）在同一张图上，每一表面一般只标注一次，其大小应一致；

（3）所标注的表面粗糙度要求是对完工零件表面的要求。

6）表面粗糙度在图样上的标注方法

总的原则是根据 GB/T 4458.4 的规定，使表面粗糙度的注写和读取方向与尺寸的注写和读取方向一致，如图 5-16 所示。

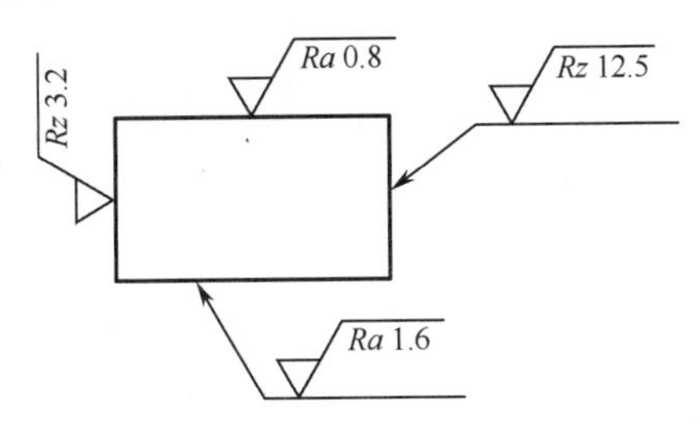

图 5-16 表面粗糙度要求的注写方向

（1）标注在可见轮廓线或指引线上。

表面粗糙度要求可标注在轮廓线上，其符号应从材料外指向并接触表面。必要时，表面粗糙度符号也可用带箭头或黑点的指引线引出标注，如图 5-17 所示。

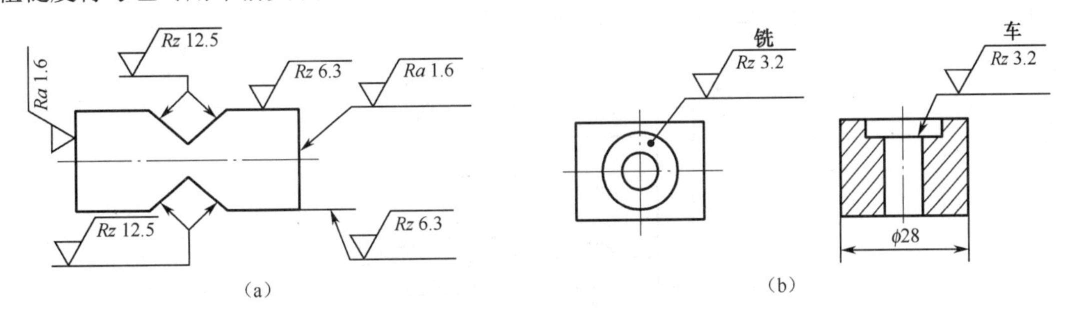

图 5-17 表面粗糙度标注在轮廓线或指引线上示例

（2）标注在特征尺寸的尺寸线上。

在不引起误解时，表面粗糙度要求可标注在给定的尺寸线上，如图 5-18 所示。

（3）标注在几何公差的框格上。

表面粗糙度要求可标注在几何公差框格的上方，如图 5-19 所示。

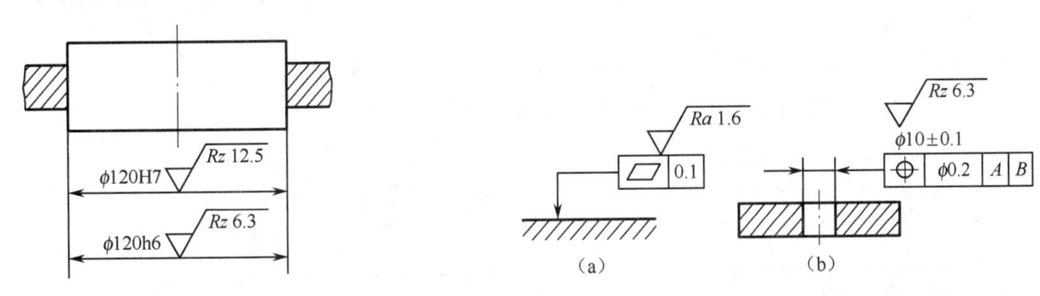

图 5-18 表面粗糙度要求标注在尺寸线上

图 5-19 表面粗糙度要求标注在几何公差框格的上方

（4）标注在延长线上。

表面粗糙度要求可以直接标注在延长线上，或用带箭头的指引线引出标注，如图 5-20（a）和图 5-20（b）所示。

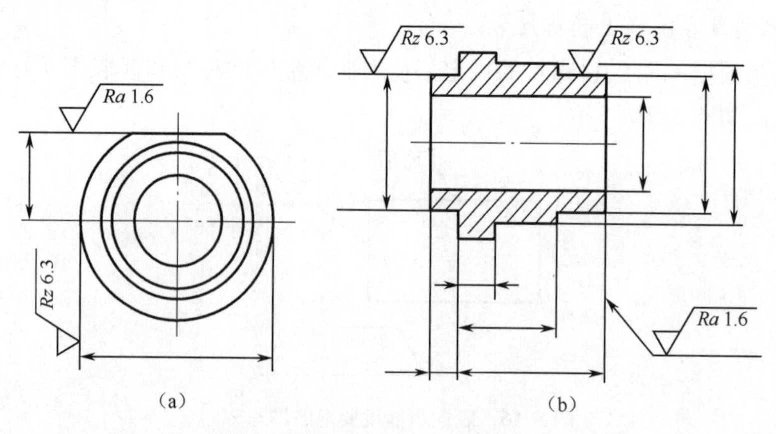

图 5-20　表面粗糙度要求标注在圆柱特征的延长线上

（5）标注在圆柱和棱柱表面上。

圆柱和棱柱表面的表面粗糙度要求只标注一次（图 5-21）。如果每个棱柱表面有不同的表面粗糙度要求，则应分别单独标注，如图 5-21 所示。

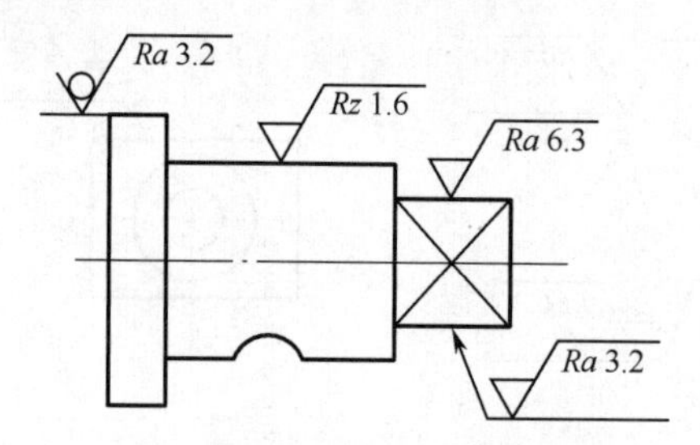

图 5-21　圆柱和棱柱的表面粗糙度要求的注法

7）*表面粗糙度要求的简化注法*

（1）有相同表面粗糙度要求的简化注法。

如果在工件的多数（包括全部）表面有相同的表面粗糙度要求，则其表面粗糙度要求可统一标注在图样的标题栏附近。此时（除全部表面有相同要求的情况外），表面粗糙度要求的符号后面应包括：

① 在圆括号内给出无任何其他标注的基本符号（见图 5-22）；

② 在圆括号内给出不同的表面粗糙度要求（见图 5-23）。

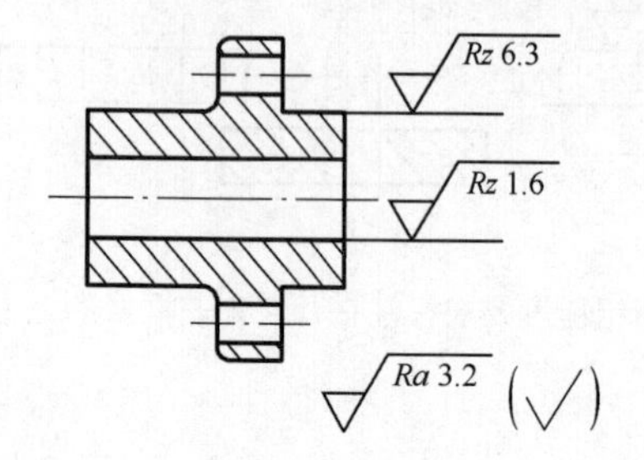

图 5-22　大多数表面有相同表面粗糙度要求的简化注法（一）

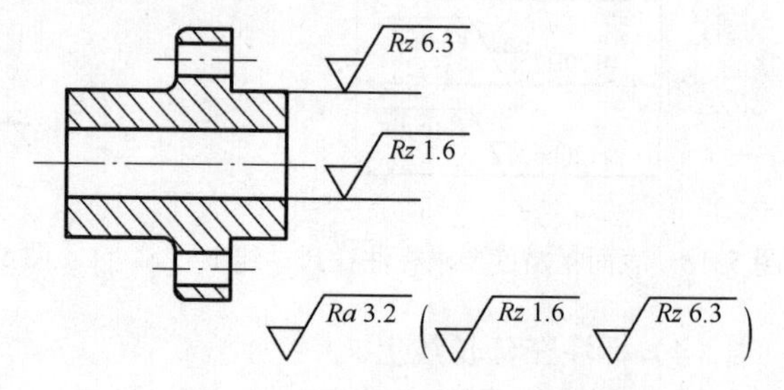

图 5-23　大多数表面有相同表面粗糙度要求的简化注法（二）

不同的表面粗糙度要求应直接标注在图形中，如图 5-22 和图 5-23 所示。

（2）多个表面有共同要求的注法。

可用带字母的完整符号，以等式的形式在图形或标题栏附近，对有相同表面粗糙度要求的表面进行简化标注，如图 5-24 所示。

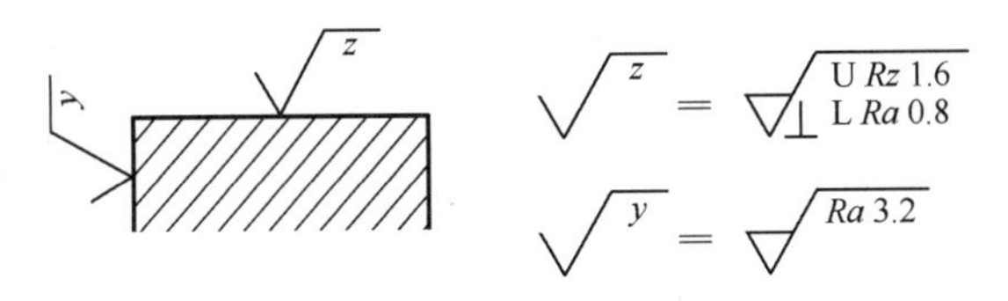

图 5-24 在图纸空间有限时的简化注法

（3）只用表面粗糙度符号的简化注法。

可用基本图形符号、扩展图形符号，以等式的形式给出对多个表面共同的表面粗糙度要求，如图 5-25～图 5-27 所示。

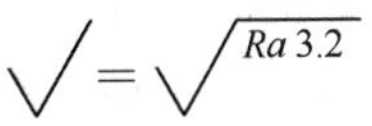

图 5-25 未指定工艺方法的多个表面粗糙度要求的简化注法

图 5-26 要求去除材料的多个表面粗糙度要求的简化注法

图 5-27 不允许去除材料的多个表面粗糙度要求的简化注法

8）两种或多种工艺获得的同一表面的注法

由几种不同的工艺方法获得的同一表面，当需要明确每种工艺方法的表面粗糙度要求时，可按图 5-28 进行标注。

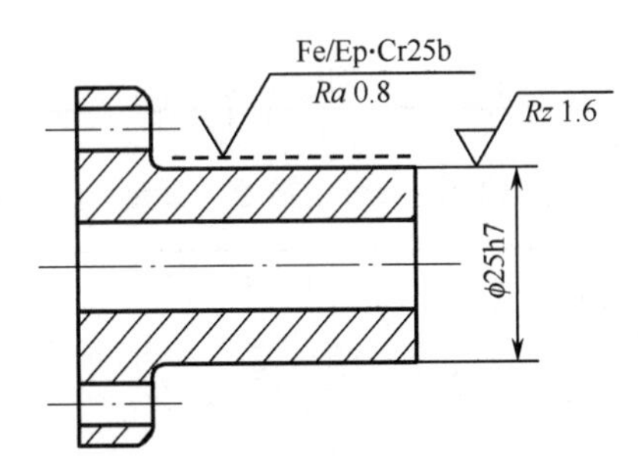

图 5-28 同时给出镀覆前后的表面粗糙度要求的注法

2．表面粗糙度的选用

表面粗糙度评定参数及其数值选用的合理与否，直接影响到机器的使用性能和寿命，特别是对装配精度要求高、运动速度要求高、密封性能要求高的产品，更具有重要的意义。

1）表面粗糙度评定参数的选用

表面粗糙度的幅度、间距、曲线三类评定参数中，最常采用的是幅度参数。对大多数表面来说，一般仅给出幅度特性评定参数即可反映被测提取表面粗糙度的特征。故 GB/T 1031—2009 规定，表面粗糙度参数应从幅度特性参数中选取。

（1）*Ra* 参数最能充分反映表面微观几何形状高度方面的特性，*Ra* 值用触针式电动轮廓仪测量也比较简便，所以对于光滑表面和半光滑表面，普遍采用 *Ra* 作为评定参数。但由于受电动轮廓仪功能的限制，对于极光滑和极粗糙的表面，不宜采用 *Ra* 作为评定参数。

（2）*Rz* 参数虽不如 *Ra* 参数反映的几何特性准确、全面，但 *Rz* 的概念简单，测量也很简便。*Rz* 与 *Ra* 联用，可以评定某些不允许出现较大加工痕迹和受交变应力作用的表面，尤其当被测表面面积很小，不宜采用 *Ra* 评定时，常采用 *Rz* 参数。

（3）附加评定参数 *Rsm* 和 *Rmr*(*c*)只有在高度特征参数不能满足表面功能要求时，才附加选用。例如，对密封性要求高的表面，可规定 *Rsm*；对耐磨性要求高的表面，可规定 *Rmr*(*c*)。

2）表面粗糙度主要参数值的选用

选用表面粗糙度参数值总的原则：在满足功能要求的前提下顾及经济性，使参数的允许值尽可能大。

表面粗糙度的评定参数值已经标准化，设计时应按国家标准 GB/T 1031—2009 规定的参数值系列选取，如表 5-4～表 5-7 所示。

表 5-4　评定轮廓的算术平均偏差 *Ra* 的数值（摘自 GB/T 1031—2009）　　单位：μm

0.012	0.2	3.2	
0.025	0.4	6.3	50
0.05	0.8	12.5	100
0.1	1.6	25	

表 5-5　轮廓的最大高度 *Rz* 的数值（摘自 GB/T 1031—2009）　　单位：μm

0.025	0.4	6.3	100	
0.05	0.8	12.5	200	
0.1	1.6	25	400	1600
0.2	3.2	50	800	

表 5-6　轮廓单元的平均宽度 *Rsm* 的数值（摘自 GB/T 1031—2009）　　单位：mm

0.006	0.1	1.6
0.0125	0.2	3.2
0.025	0.4	6.3
0.05	0.8	12.5

表 5-7　轮廓的支承长度率 *Rmr*(*c*)的数值（摘自 GB/T 1031—2009）　　%

10	15	20	25	30	40	50	60	70	80	90

注：选用轮廓支承长度率时，必须同时给出轮廓的水平截距 *c* 值，*c* 值多用 *Rz* 的百分数表示。百分数系列如下：*Rz* 的 10%、15%、20%、25%、30%、40%、50%、60%、70%、80%、90%。

在实际应用中，常用类比法来确定。具体选用时，可先根据经验统计资料初步选定表面粗糙度参数值，然后再对比工作条件做适当调整。调整时应考虑以下几点：

（1）同一零件上，工作表面的粗糙度值应比非工作表面小。

（2）摩擦表面的粗糙度值应比非摩擦表面小，滚动摩擦表面的粗糙度值应比滑动摩擦表面小。

（3）运动速度高、单位面积压力大的表面，受交变应力作用的重要零件的圆角、沟槽表面的粗糙度值都应该小。

（4）配合性质要求越稳定，其配合表面的粗糙度值应越小；配合性质相同时，小尺寸结合面的粗糙度值应比大尺寸结合面小；同一公差等级时，轴的粗糙度值应比孔的小。

（5）表面粗糙度参数值应与尺寸公差及几何公差相协调，如表 5-8 所示，可供设计时参考。

表 5-8 表面粗糙度值与尺寸公差及几何公差的关系 %

几何公差 t 占尺寸公差 T 的百分比 t/T	表面粗糙度参数值占尺寸公差的百分比	
	Ra/T	Rz/T
≈60	≤5	≤20
≈40	≤2.5	≤10
≈25	≤1.2	≤5

一般来说，尺寸公差和几何公差小的表面，其表面粗糙度值也应小。即尺寸公差等级高，表面粗糙度要求也高。但尺寸公差等级低的表面，其表面粗糙度要求不一定也低。如医疗器械、机床手轮等的表面，对尺寸精度的要求不高，但却要求光滑。

（6）防腐性、密封性要求高，外表美观等表面的粗糙度值应较小。

（7）凡有关标准已对表面粗糙度要求做出规定（如与滚动轴承配合的轴颈和外壳孔、键槽、各级精度齿轮的主要表面等），则应按标准规定的表面粗糙度参数值选用。

选用表面粗糙度参数值的方法通常采用类比法。表 5-9 给出了不同表面粗糙度的表面特性、经济加工方法及应用举例，可作为选用表面粗糙度参数值的参考。表 5-10 是常用的加工方法所得的表面粗糙度。表 5-11 是表面粗糙度 *Ra* 的推荐选用值。

表 5-9 表面粗糙度的表面特征、经济加工方法及应用举例

表面微观特性		Ra/μm	Rz/μm	加工方法	应用举例
粗糙表面	可见刀痕	>20～40	>80～100	粗车、粗刨、粗铣、钻、毛锉、锯断	半成品粗加工的表面，非配合的加工表面，如轴端面、倒角、钻孔、齿轮、皮带轮侧面，键槽底面、垫圈接触面
	微见刀痕	>10～20	>40～80		
半光表面	可见加工痕迹	>5～10	>20～40	车、刨、铣、镗、钻、粗铰	轴上不安装轴承、齿轮处的非配合表面，紧固件的自由装配表面，轴和孔的退刀槽
	微可见加工痕迹	>2.5～5	>10～20	车、刨、铣、镗、磨、拉、粗刮、液压	半精加工表面，箱体、支架、盖面、套筒等和其他零件结合而无配合要求的表面，需要法兰的表面等
	看不清加工痕迹	>1.25～2.5	>6.3～10	车、刨、铣、镗、磨、拉、刮、压、铣齿	接近于精加工表面，箱体上安装轴承的镗孔表面，齿轮的工作面
光表面	可辨加工痕迹方向	>0.63～1.25	>3.2～6.3	车、镗、磨、拉、刮、精铰、磨齿、滚压	圆柱销、圆锥销、与滚动轴承配合的表面，普通车床导轨面，内、外花键定心表面

续表

表面微观特性		*Ra*/μm	*Rz*/μm	加工方法	应用举例
光表面	微可辨加工痕迹方向	>0.32～0.63	>1.6～3.2	精铰、精镗、磨、刮、滚压	要求配合性质稳定的配合表面，工作时受交变应力的零件，高精度车床的导轨面
	不可辨加工痕迹方向	>0.16～0.32	>0.8～1.6	精磨、珩磨、超精加工	精度车床主轴锥孔、顶尖圆锥面、发动机曲轴、凸轮轴工作表面、高精度齿轮表面
极光表面	暗光泽面	>0.08～0.16	>0.4～0.8	精磨、研磨、普通抛光	精密机床主轴轴颈表面、一般量规工作表面、汽缸套内表面、活塞销表面
	亮光泽面	>0.04～0.08	>0.2～0.4	超精磨、精抛光、镜面磨削	精密机床主轴轴颈表面、滚动轴承的滚珠，高压油泵中柱塞和柱塞配合的表面
	镜状光泽面	>0.01～0.04	>0.05～0.2		
	镜面	≤0.01	≤0.05	镜面磨削、超精研	高精度量仪、量块的工作表面、光学仪器中的金属镜面

表 5-10　常用加工方法所得的表面粗糙度

加 工 方 式	表面粗糙度 *Ra* 值/μm
铸造加工	100、50、25、12.5、6.3
钻削加工	12.5、6.3
铣削加工	12.5、6.3、3.2
车削加工	12.5、6.3、3.2、1.6
磨削加工	0.8、0.4、0.2
超精磨削加工	0.1、0.05、0.025、0.012

表 5-11　表面粗糙度 *Ra* 的推荐选用值　　单位：μm

应 用 场 合			公称尺寸/mm					
		公差等级	≤50		>50～120		>120～500	
			轴	孔	轴	孔	轴	孔
经常装拆零件的配合表面		IT5	≤0.2	≤0.4	≤0.4	≤0.8	≤0.4	≤0.8
		IT6	≤0.4	≤0.8	≤0.8	≤1.6	≤0.8	≤1.6
		IT7	≤0.8		≤1.6		≤1.6	
		IT8	≤0.8	≤1.6	≤1.6	≤3.2	≤1.6	≤3.2
过盈配合	压入装配	IT5	≤0.2	≤0.4	≤0.4	≤0.8	≤0.4	≤0.8
		IT6、IT7	≤0.4	≤0.8	≤0.8	≤1.6	≤1.6	
		IT8	≤0.8	≤1.6	≤1.6	≤3.2	≤3.2	
	热装	—	≤1.6	≤3.2	≤1.6	≤3.2	≤1.6	≤3.2

续表

<table>
<tr><th colspan="2">应用场合</th><th colspan="7">公称尺寸/mm</th></tr>
<tr><td rowspan="4">滑动轴承的配合表面</td><td>公差等级</td><td colspan="4">轴</td><td colspan="3">孔</td></tr>
<tr><td>IT6～IT9</td><td colspan="4">≤0.8</td><td colspan="3">≤1.6</td></tr>
<tr><td>IT10～IT12</td><td colspan="4">≤1.6</td><td colspan="3">≤3.2</td></tr>
<tr><td>液体湿磨擦条件</td><td colspan="4">≤0.4</td><td colspan="3">≤0.8</td></tr>
<tr><td colspan="2" rowspan="2">圆锥结合的工作面</td><td colspan="2">密封结合</td><td colspan="3">对中结合</td><td colspan="2">其他</td></tr>
<tr><td colspan="2">≤0.4</td><td colspan="3">≤1.6</td><td colspan="2">≤6.3</td></tr>
<tr><td rowspan="6">密封材料处的孔、轴表面</td><td rowspan="2">密封形式</td><td colspan="7">速度/（ms^{-1}）</td></tr>
<tr><td colspan="2">≤3</td><td colspan="3">3～5</td><td colspan="2">≥5</td></tr>
<tr><td>橡胶圈密封</td><td colspan="2">0.8～1.6（抛光）</td><td colspan="3">0.4～0.8（抛光）</td><td colspan="2">0.2～0.4（抛光）</td></tr>
<tr><td>毛毡密封</td><td colspan="7">0.8～1.6（抛光）</td></tr>
<tr><td>迷宫式</td><td colspan="7">3.2～6.3.</td></tr>
<tr><td>涂油槽式</td><td colspan="7">3.2～6.3.</td></tr>
<tr><td rowspan="3">精密定心零件的配合表面</td><td rowspan="3">IT5～IT8</td><td>径向跳动</td><td>2.5</td><td>4</td><td>6</td><td>10</td><td>16</td><td>25</td></tr>
<tr><td>轴</td><td>≤0.05</td><td>≤0.1</td><td>≤0.1</td><td>≤0.2</td><td>≤0.4</td><td>≤0.8</td></tr>
<tr><td>孔</td><td>≤0.1</td><td>≤0.2</td><td>≤0.2</td><td>≤0.4</td><td>≤0.8</td><td>≤1.6</td></tr>
<tr><td colspan="2" rowspan="3">V 带和平带轮工作表面</td><td colspan="7">带轮直径/mm</td></tr>
<tr><td colspan="2">≤120</td><td colspan="3">>120～315</td><td colspan="2">>315</td></tr>
<tr><td colspan="2">1.6</td><td colspan="3">3.2</td><td colspan="2">6.3</td></tr>
<tr><td rowspan="3">箱体分界面（减速箱）</td><td>类型</td><td colspan="2">有垫片</td><td colspan="5">无垫片</td></tr>
<tr><td>需要密封</td><td colspan="2">3.2～6.3</td><td colspan="5">0.8～1.6</td></tr>
<tr><td>不需要密封</td><td colspan="7">6.3～12.5</td></tr>
</table>

在一般情况下，测量 *Ra* 和 *Rz* 时，推荐按表 5-12 选用对应的取样长度及评定长度值，此时在图样上可省略标注取样长度值。当有特殊要求不能选用表 5-12 中的数值时，应在图样上注出取样长度值。

表 5-12　*lr* 和 *ln* 的数值（摘自 GB/T 1031—2009）

Ra/μm	*Rz*/μm	*lr*/mm	*ln*（*ln*=5*lr*）/mm
≥0.008～0.02	≥0.025～0.10	0.08	0.4
>0.02～0.1	>0.10～0.50	0.25	1.25
>0.1～2.0	>0.50～10.0	0.8	4.0
>2.0～10.0	>10.0～50.0	2.5	12.5
>10.0～80.0	>50.0～320.0	8.0	40.0

对于轮廓单元宽度较大的端铣、滚铣及其他大进给走刀量的加工表面，应在国家标准规定的取样长度系列中选取较大的取样长度值。

5.1.4 表面粗糙度的检测

1．表面粗糙度常用的检测方法

表面粗糙度常用的检测方法有比较法、光切法、干涉法和针描法。

（1）比较法

概念：比较法是用已知其高度参数值的粗糙度比较样块与被测提取表面相比较，通过人的感官，亦可借助放大镜、显微镜来判断被测提取表面粗糙度的一种检测方法。比较时，所用的粗糙度比较样块的材料、形状和加工方法应尽可能与被测提取表面相同。这样可以减少检测误差，提高判断准确性。当大批生产时，也可从加工零件中挑选出样品，经检定后作为表面粗糙度样板。

应用：比较法具有简单易行的优点，适合在车间使用。缺点是评定的可靠性很大程度上取决于检验人员的经验。仅适用于评定表面粗糙度要求不高的工件。

检测方法：比较样块与零件靠近在一起，当用目视无法确定时，可以结合手的触摸或者使用放大镜来观察，以比较样块工作面上的表面粗糙度为标准，观察、比较被测提取表面是否达到相应比较样块的表面粗糙度，从而判定被测提取零件表面粗糙度是否符合规定，但是这种方法不能得出具体的表面粗糙度数值。

（2）光切法

光切法是利用光切原理来测量零件表面粗糙度的方法。光切显微镜（又称双管显微镜）就是应用这一原理设计而成的。它适于测量 Rz 值，测量范围一般为 0.5～60μm。

光切法测量原理如图 5-29 所示。从光源发出的光，穿过照明光管内的聚光镜、狭缝和物镜后，变成扁平的带状光束，以 45° 倾角的方向投射到被测表面上，再经被测表面反射，通过与照明光管成 90° 的观察光管内的物镜，在目镜视场中可以看到一条狭亮的光带，这条光带就是扁平光束与被测表面相交的交线，亦即被测表面在 45° 斜向截面上的实际轮廓线的影像（已经过放大）。此轮廓线的波峰 s 与波谷 s' 通过物镜分别成像在分划板上的 a 和 a' 点，两点之间的距离 h' 即峰谷影像的高度差。从 h' 可以求出被测表面的峰谷高度 h，即 $h=\dfrac{h'}{V}\cos 45°$。式中 V 为物镜的放大倍数，可通过仪器所附的一块“标准玻璃刻度尺”来确定。目镜中影像高度 h' 可用测微目镜千分尺测出。

光切显微镜的外形结构如图 5-30 所示。

整个光学系统装在一个封闭的壳体 7 内，其上装有目镜 11 和可换物镜组 10。可换物镜组有四组，可按被测表面粗糙度参数值的大小选用，并由手柄 8 借助弹簧力固紧。被测工件安放在工作台 9 上，要使其加工纹理方向和扁平光束垂直。松开锁紧螺钉 5，转动粗调螺母 4 可使横臂 3 连同壳体 7 沿立柱 2 上下移动，进行显微镜的粗调焦。旋转微调手轮 6，进行显微镜的精细调焦。随后，在目镜视场中可看到清晰的狭亮光带，如图 5-31 所示。转动目镜千分尺 13，分划板上的十字线就会移动，就可测量影像高度 h'。

测量时，先调节目镜千分尺，使目镜中十字线的水平线与光带平行，然后旋转目镜千分尺，使水平线与光带的最高点和最低点先后相切，记下两次读数差 a。由于读数是在测微目镜千分尺轴线（与十字线的水平线成 45° ）方向测得的，如图 5-31 所示。因此两次读数差 a 与目镜中影像高度 h' 的关系为 $h'=a\cos 45°$ ，则 $h=\dfrac{h'}{V}\cos 45°=\dfrac{a}{2V}$。

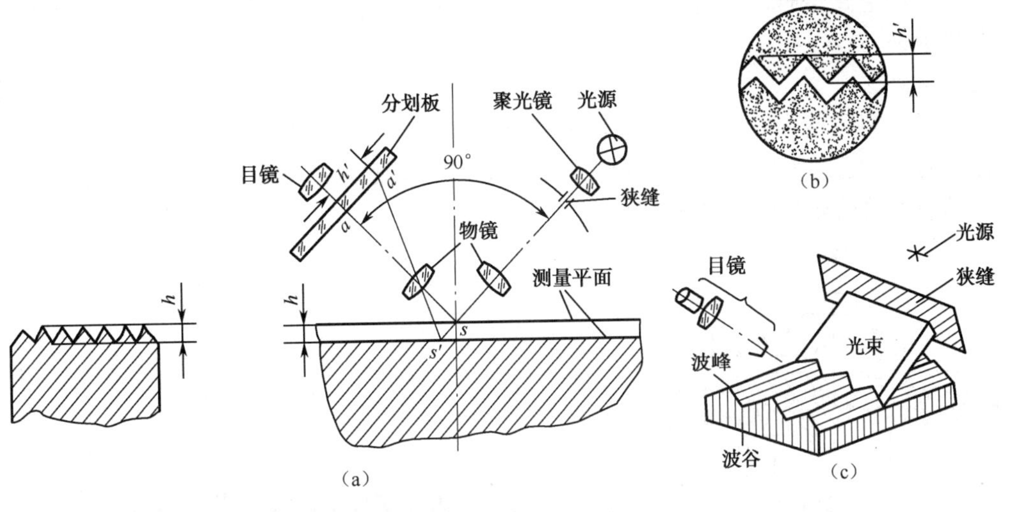

图 5-29 光切法测量原理

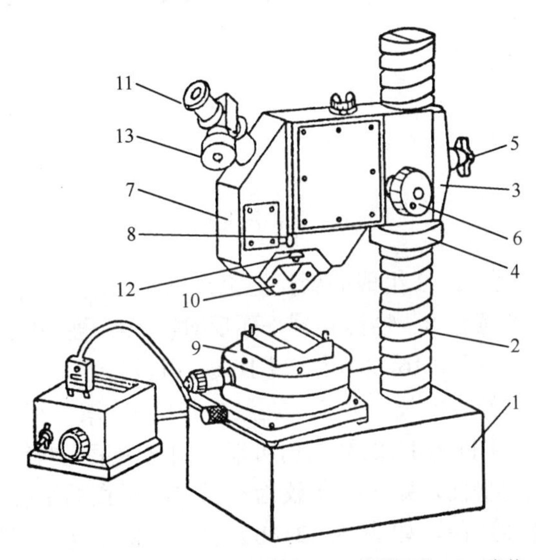

1—底座；2—立柱；3—横臂；4—粗调螺母；5—锁紧螺钉；6—微调手轮；7—壳体；8—手柄；9—工作台；10—可换物镜组；11—目镜；12—燕尾；13—目镜千分尺

图 5-30 光切显微镜外形结构

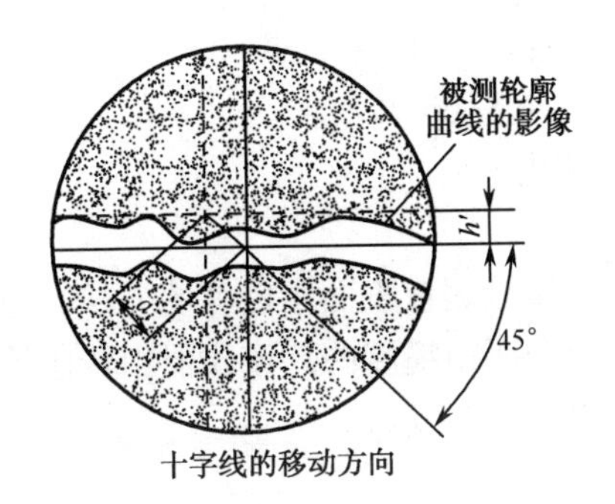

图 5-31 目镜视场的影像

注意：测量 a 值时，应选择两条光带边缘中比较清晰的一条边缘进行测量，不要把光带宽度测量进去。

（3）干涉法

干涉法是利用光波干涉原理测量表面粗糙度的一种方法。采用光波干涉原理制成的量仪为干涉显微镜，它通常用于测量极光滑表面的 Rz 值，其测量范围为 0.025～0.8μm。

干涉显微镜的光学系统原理如图 5-32（a）所示。

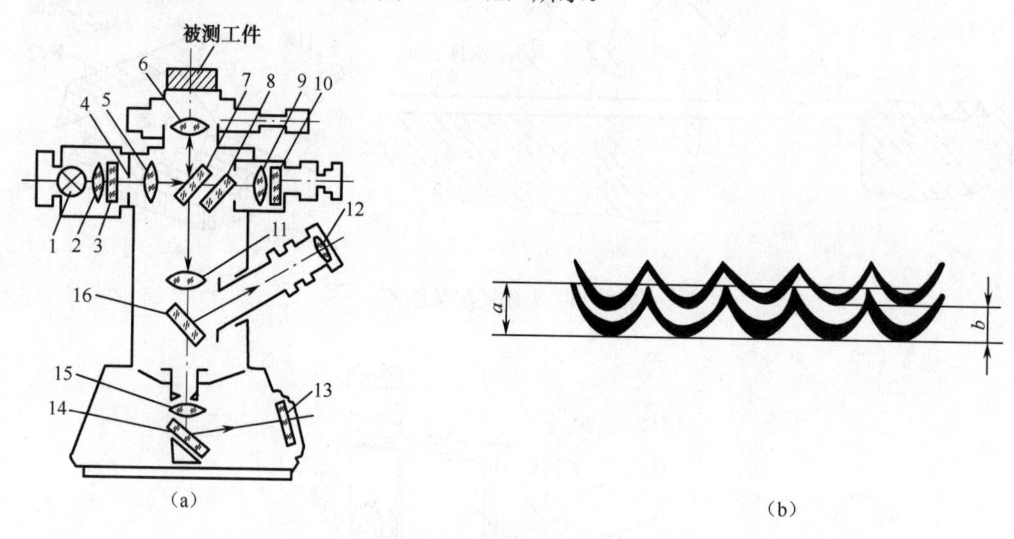

图 5-32　干涉法测量原理

由光源 1 发出的光线，经 2、3 组成的聚光滤色组聚光滤色，再经光栏 4 和透镜 5 至分光镜 7 分为两束光：一束经补偿镜 8、物镜 9 到平面反射镜 10，被 10 反射又回到分光镜 7，再由分光镜 7 经聚光镜 11 到反射镜 16，由反射镜 16 进入目镜 12；另一束光线向上经物镜 6 射向被测工件表面，由被测工件表面反射回来，通过分光镜 7、聚光镜 11 到反射镜 16，由反射镜 16 反射也进入目镜 12。在目镜 12 的视场内可以看到这两束光线因光程差而形成的干涉条纹。若被测工件表面为理想平面，则干涉条纹为一组等距平直的平行光带；若被测工件表面粗糙不平，则干涉条纹就会弯曲，如图 5-32（b）所示。根据光波干涉原理，光程差每增加半个波长，就形成一条干涉带，故被测工件表面的不平高度（峰、谷高度差）h 为

$$h=\frac{a}{b}\times\frac{\lambda}{2}$$

式中　a——干涉条纹的弯曲量；

b——相邻干涉条纹的间距；

λ——光波波长（绿色光 λ=0.53μm）。

a、b 值可利用测微目镜测出。

（4）针描法

针描法又称触针法，是一种接触测量表面粗糙度的方法。电动轮廓仪（又称表面粗糙度检查仪）就是利用针描法来测量表面粗糙度的。该仪器由传感器、驱动器、指示表、记录器和工作台等主要部件组成，如图 5-33 所示。

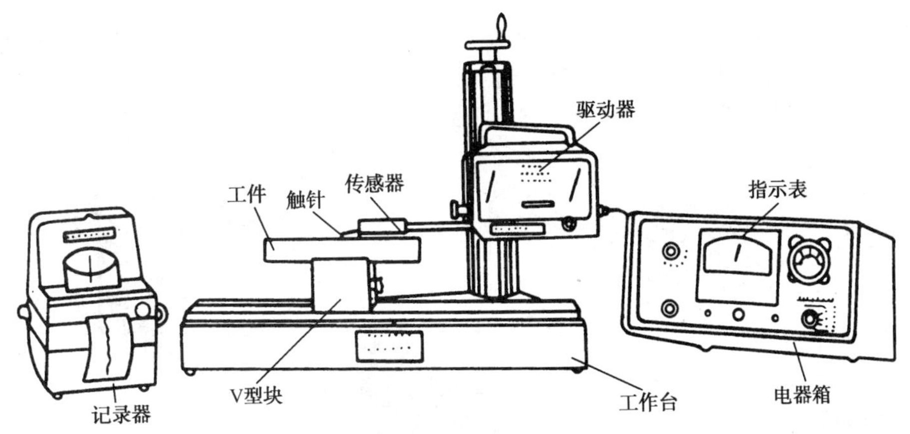

图 5-33 电动轮廓仪

传感器端部装有金刚石触针，如图 5-34 所示。

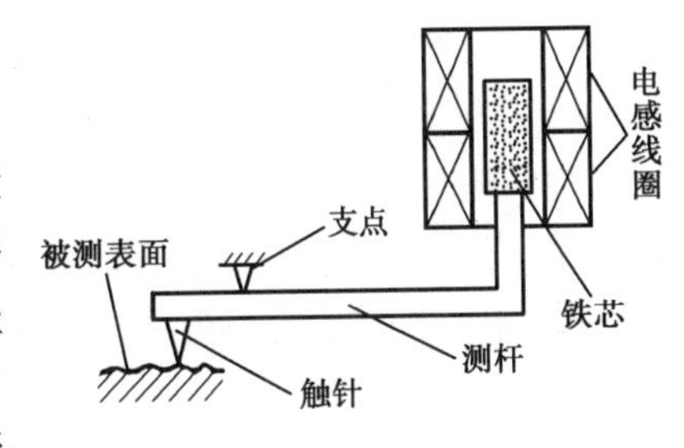

图 5-34 传感器

测量时，将触针搭在工件上，与被测表面垂直接触，利用驱动器以一定的速度拖动传感器。由于被测表面粗糙不平，因此迫使触针在垂直于被测表面的方向产生上下移动。这种机械的上下移动通过传感器转换成电信号，再经电子装置将该信号放大、相敏检波和功率放大后，推动自动记录装置，直接描绘出被测轮廓的放大图形，按此图形进行数据处理，即可得到 *Rz* 值或 *Ra* 值；或者把信号进行滤波和积分计算后，由指示表直接读出 *Ra* 值。这种仪器适用于测量 0.025～5μm 的 *Ra* 值。有些型号的仪器还配有各种附件，以适应平面、内外圆柱面、圆锥面、球面、曲面以及小孔、沟槽等工件的表面测量。

针描法测量迅速方便，测量精度高，并能直接读出参数值，故获得广泛应用。用光切法与光波干涉法测量表面粗糙度，虽有不接触零件表面的优点，但一般只能测量 *Rz* 值，测量过程比较烦琐，测量误差也大。针描法操作方便，测量可靠，但触针与被测工件表面接触时会留下划痕，这对一些重要的表面（如光栅刻画面等）是不允许的。此外，因受触针圆弧半径大小的限制，不能测量粗糙度值要求很小的表面，否则会产生大的测量误差。随着激光技术的发展，近年来，很多国家都在研究利用激光测量表面粗糙度，如激光光斑法等。

2. 用手持便携式表面粗糙度测量仪检测表面粗糙度

（1）TR200 表面粗糙度测量仪的组成及持点

如图 5-35 所示为 TR200 表面粗糙度测量仪的外形结构，它是适用于生产现场环境、能满足移动测量需要的一种小型手持仪器。它操作简便，功能全面，测量快捷，精度稳定，携带方便，能测量现行国家标准的主要参数，全面、严格地执行了国际标准。

（2）TR200 表面粗糙度测量仪的测量原理

该仪器在测量零件表面粗糙度时，先将传感器搭放在被测提取零件的表面上，然后启动仪器进行测量，由仪器内部的精密驱动机构带动传感器沿被测提取零件表面做等速直线滑行，传感器通过内置的锐利触针感受被测提取零件的表面粗糙度，此时被测提取零件表面会引起触针产生位移，该位移使传感器电感线圈的电感量发生变化，从而在相敏检测器的输出端产生与被测提取零件表面粗糙度成比例的模拟信号，该信号经过放大及电平转换之后进入数据采集系统，DSP 芯片对采集的数据进行数字滤波和参数计算，测量结果可显示在液晶显示器上，也可在打印机上输出，还可以与 PC 进行通信。

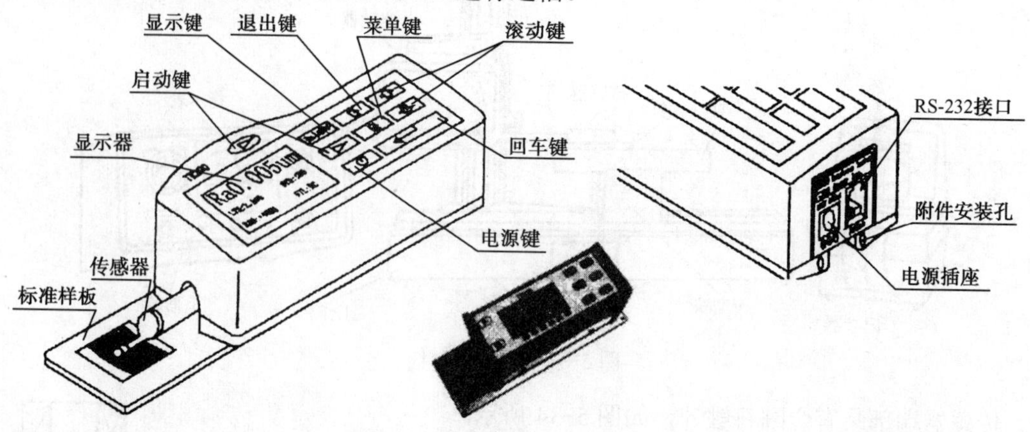

图 5-35　TR200 表面粗糙度测量仪

（3）测量方法

① 开机，按下电源键后仪器开机。

② 示值校准，用随机配置标准样板校准，正常情况下，测量值与标准样板值之差在合格范围内。

③ 启动测量，在主界面上按下启动键。

④ 开始测量，采样、滤波、参数计算。

⑤ 结果显示，测量完毕后，可以通过两种方式观察全部测量结果：主界面中按上（下）键进行全部参数结果显示；主界面中按左（右）键进行轮廓图形显示，按回车键可放大，按“设置/菜单”键退出。

⑥ 存储/读取测量结果，主界面中按下滚动键进行存储/读取界面，按上（下）滚动键选择“存当前数据”，按回车键进入存储界面。

⑦ 打印测量结果，在主界面状态下，按右滚动键将测量参数和轮廓图形输出到打印机。该仪器可选配打印机，打印全部测量结果，以便保留存档。

在图样上标注表面粗糙度符号、代号时，一般应将其标注在可见轮廓线、尺寸界线、引出线或它们的延长线上。符号的尖端必须从材料外指向被注表面，当零件表面具有相同的表面粗糙度要求时，其符号、代号可在图样上统一标注，并在后面加注无任何其他标注的基本符号（√），如图 5-1 所示。

图 5-1 中，零件是通过去除材料的方法获得表面的。

① 左端面和右端倒角的表面粗糙度 *Ra* 值为 1.6μm；

② 内孔的表面粗糙度 *Ra* 值为 0.4μm；

③ 左侧圆柱的外圆柱面和右端阶梯面的表面粗糙度 *Ra* 值为 3.2μm；

④ 零件的右端面表面粗糙度 *Ra* 值为 12.5μm；

⑤ 其余未标注的表面粗糙度要求 *Ra* 值为 25μm。

通过图纸上的表面粗糙度的标注可知，内孔的内圆柱面的表面粗糙度要求最高。

项目 6　普通螺纹的公差及检测

知识点	知识重点	普通螺纹的几何参数、公差与配合项目及标注
	知识难点	普通螺纹的公差与配合项目及标注
	必须掌握的理论知识	普通螺纹的几何参数、公差与配合项目及标注，普通螺纹的检测方法
教学方法	推荐教学方法	任务驱动教学法
	推荐学习方法	课堂：听课+互动+技能训练 课外：了解普通螺纹件的用途，说明螺纹标记的含义
技能训练	理论	练习题 12
	实践	任务书 7，螺纹中径的测量

任务　识读普通螺纹标记

在零件图和装配图上，各种螺纹有不同的标注形式，如图 6-1 所示零件图为普通螺纹公差标注示例，试识读图样中螺纹标记 M24-6h。

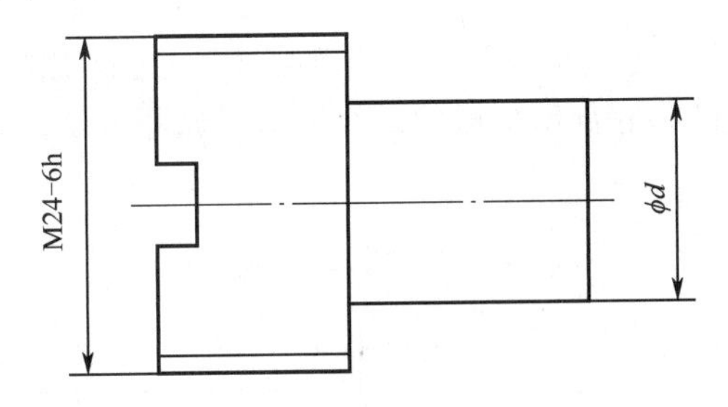

图 6-1　螺纹公差标注示例

螺纹连接是指利用螺纹零件构成的可拆连接，在机器和仪器中应用得十分广泛，主要用于紧固连接、密封、传递动力和运动等场合。螺纹的结构复杂，几何参数较多，国家标准对螺纹的牙型、几何参数和公差与配合都做了规定，以保证其几何精度。螺纹是典型的标准零件，互换程度高。

6.1.1　螺纹种类

螺纹的种类繁多，按牙型可分为三角形螺纹、梯形螺纹和矩形螺纹等；按其结合性质和使用要求可分为以下三类。

（1）普通螺纹

普通螺纹主要用于连接和紧固零件，如用螺钉将轴承端盖固定在箱体上，是应用最为广泛的一种螺纹，分粗牙和细牙两种。要实现普通螺纹的互换性，必须保证良好的旋合性和足够的连接强度。旋合性是指公称直径和螺距基本值分别相等的内、外螺纹能够自由旋合并获得所需要的配合性质。足够的连接强度是指内、外螺纹的牙侧能够均匀接触、具有足够的承载能力。

（2）传动螺纹

传动螺纹主要用于传递精确的位移、动力和运动。通常指丝杠和测微螺纹，用于螺旋传动，如滑动螺旋传动的千斤顶起重螺纹、普通车床进给机构中的丝杠螺母副和滚动螺旋传动的滚珠丝杠副。对滑动螺旋传动螺纹的使用要求是传递动力可靠、传递位移准确和具有一定的间隙。对滚动螺旋传动螺纹的使用要求为具有较高的行程精度，误差波动幅度小，直线度好，精度保持稳定。

（3）密封螺纹

密封螺纹用于使两个零件紧密连接而无泄漏的结合，如管螺纹的连接，要求结合紧密，不漏水、不漏气、不漏油。

6.1.2　普通螺纹的基本几何参数

螺纹的基本牙型有三角形、梯形、锯齿形和矩形等几种形式。

1. 普通螺纹的基本牙型

按 GB/T 192—2003《普通螺纹　基本牙型》规定，普通螺纹的基本牙型是指在原始的等边三角形基础上，削去顶部和底部所形成的螺纹牙型，如图 6-2 所示。该牙型具有螺纹的公称尺寸，如表 6-1 所示。

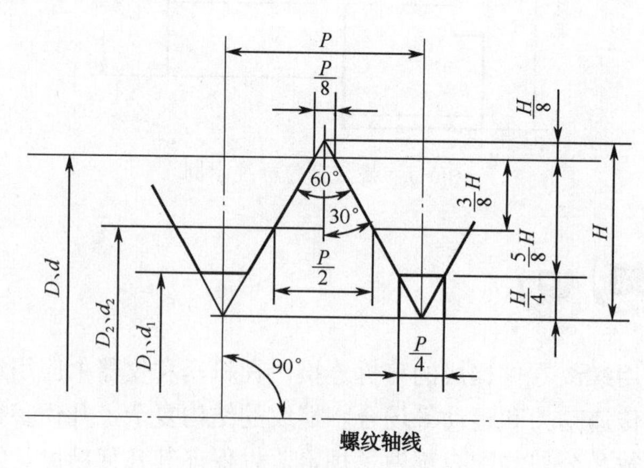

图 6-2　普通螺纹的基本牙型

表 6-1 普通螺纹的公称尺寸（摘自 GB/T 196—2003） 单位：mm

公称直径（大径）D、d	螺距 P	中径 D_2，d_2	小径 D_1，d_1	公称直径（大径）D、d	螺距 P	中径 D_2，d_2	小径 D_1，d_1
5	0.8 0.5	4.480 4.675	4.134 4.459	16	2 1.5 1	14.701 15.026 15.350	13.835 14.376 14.917
5.5	0.5	5.175	4.959	17	1.5 1	16.026 16.350	15.376 15.917
6	1 0.75	5.350 5.513	4.917 5.188	18	2.5 2 1.5 1	16.376 16.701 17.026 17.350	15.294 15.835 16.376 16.917
7	1 0.75	6.350 6.513	5.917 6.188	20	2.5 2 1.5 1	18.376 18.701 19.026 19.350	17.294 17.835 18.376 18.917
8	1.25 1 0.75	7.188 7.350 7.513	6.647 6.917 7.188	22	2.5 2 1.5 1	20.376 20.701 21.026 21.350	19.294 19.835 20.376 20.917
9	1.25 1 0.75	8.188 8.350 8.513	7.647 7.917 8.188	24	3 2 1.5 1 （0.75）	22.051 22.701 23.026 23.350 23.513	20.752 21.835 22.376 22.917 23.188
10	1.5 1.25 1 0.75	9.026 9.188 9.350 9.513	8.376 8.647 8.917 9.188	25	2 1.5 1	23.701 24.026 24.350	22.835 23.376 23.917
11	1.5 1 0.75	10.026 10.350 10.513	9.376 9.917 10.188	26	1.5	25.026	24.376
12	1.75 1.5 1.25 1	10.863 11.026 11.188 11.350	10.106 10.376 10.647 10.917	27	3 2 1.5 1	25.051 25.701 26.026 26.350	23.752 24.835 25.376 25.917

续表

公称直径（大径）D、d	螺距 P	中径 D_2，d_2	小径 D_1，d_1	公称直径（大径）D、d	螺距 P	中径 D_2，d_2	小径 D_1，d_1
14	2	12.701	11.835	28	2	26.701	25.835
	1.5	13.026	12.376		1.5	27.026	26.376
	1.25	13.188	12.647		1	27.350	26.917
	1	13.350	12.917				
15	1.5	14.026	13.376	30	3.5	27.727	26.211
	1	14.350	13.917		3	28.051	26.752
					2	28.701	27.835
					1.5	29.026	28.376
					1	29.350	28.917

2．普通螺纹的主要几何参数

（1）大径（d、D）

大径是指与外螺纹牙顶或内螺纹牙底相切的假想圆柱的直径。国家标准规定，普通螺纹大径的公称尺寸为螺纹的公称直径。

（2）小径（d_1、D_1）

小径是指与外螺纹牙底或内螺纹牙顶相切的假想圆柱的直径。

为了应用方便，与牙顶相切的直径又被称为顶径，外螺纹大径和内螺纹小径即顶径。与牙底相切的直径又被称为底径，外螺纹小径和内螺纹大径即底径。

（3）中径（d_2、D_2）

中径是一个假想圆柱的直径，该圆柱的母线通过螺纹牙型上沟槽和凸起宽度相等的地方。

上述三种螺纹直径的符号中，大写字母表示内螺纹，小写字母表示外螺纹。对同一结合的内、外螺纹，其大径、小径、中径的公称尺寸也应对应相等。

（4）螺距（P）

螺距是指相邻两牙在中径线对应两点间的轴向距离。

（5）单一中径（d_a、D_a）

单一中径是指一个假想圆柱的直径，该圆柱的母线通过牙型上沟槽宽度等于基本螺距一半的地方。单一中径代表螺距中径的提取组成要素的局部尺寸。当无螺距偏差时，单一中径与中径相等；有螺距偏差的螺纹，其单一中径与中径数值不相等，如图 6-3 所示。ΔP 为螺距偏差。

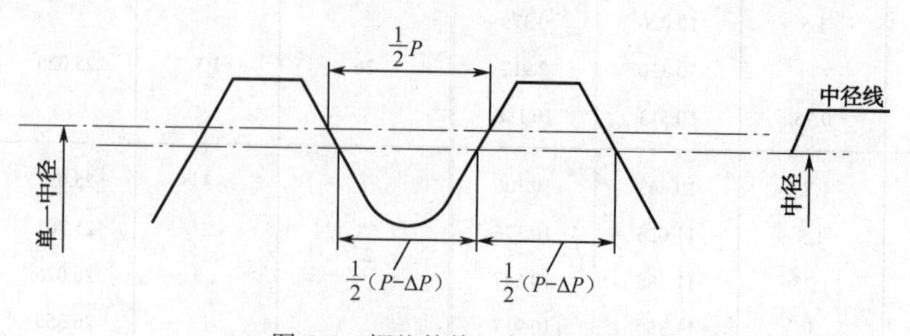

图 6-3　螺纹的单一中径与中径

（6）导程（P_h）

导程是指同一螺旋线上的相邻两牙在中径线上对应两点间的轴向距离。对单线螺纹，导程与螺距同值；对多线螺纹，导程等于螺距 P 与螺纹线数 n 的乘积，即 $P_h=nP$。

（7）牙型角（α）和牙型半角（$\alpha/2$）

牙型角是螺纹牙型上相邻两牙侧间的夹角。公制普通螺纹的牙型角 $\alpha=60°$。牙型半角是牙型角的一半。公制普通螺纹的牙型半角 $\alpha/2=30°$，如图 6-4（a）所示。

（8）牙侧角（α_1、α_2）

牙侧角是指在螺纹牙型上牙侧与螺纹轴线的垂线之间的夹角。对于普通螺纹，在理论上，$\alpha=60°$，$\alpha/2=30°$，$\alpha_1=\alpha_2=30°$，如图 6-4（b）所示。

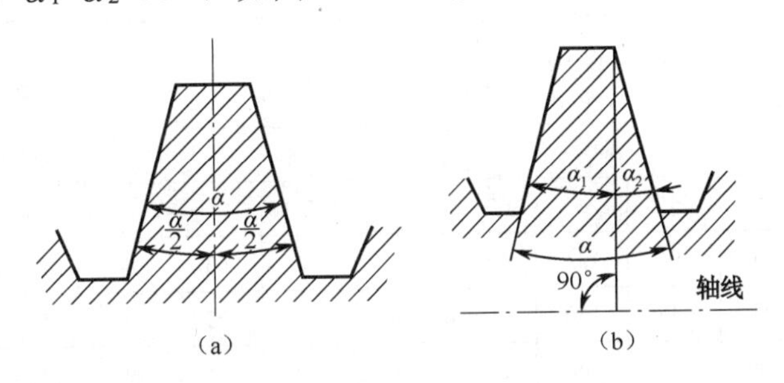

图 6-4　牙型角、牙型半角和牙侧角

（9）螺纹旋合长度

螺纹旋合长度是指两个相互配合的螺纹，沿螺纹轴线方向上相互旋合部分的长度，如图 6-5 所示。

（10）螺纹接触高度

螺纹接触高度是指在两个相互配合的螺纹牙型上，牙侧重合部分在垂直于螺纹轴线方向上的距离，如图 6-5 所示。

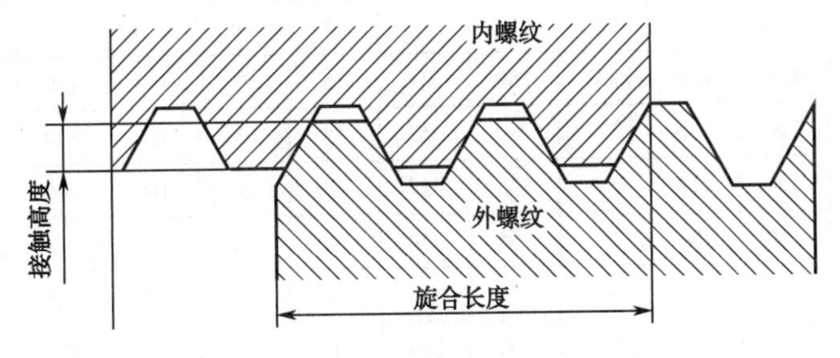

图 6-5　螺纹的接触高度和旋合长度

6.1.3　普通螺纹的公差与配合

1．普通螺纹的公差带

按 GB/T 197—2003《普通螺纹　公差》规定，螺纹公差带由构成公差带大小的公差等级和确定公差带位置的基本偏差组成。

（1）螺纹公差带的大小和公差等级

国家标准对内、外螺纹规定了不同的公差等级，各公差等级中 3 级最高，9 级最低，6 级为基本级。螺纹公差等级如表 6-2 所示。

表 6-2　螺纹公差等级

螺纹直径	公差等级	螺纹直径	公差等级
外螺纹中径 d_2	3、4、5、6、7、8、9	内螺纹中径 D_2	4、5、6、7、8
外螺纹大径 d	4、6、8	内螺纹小径 D_1	4、5、6、7、8

普通螺纹的中径和顶径公差如表 6-3 和表 6-4 所示。

表 6-3　普通螺纹的中径公差（摘自 GB/T 197—2003）

公称直径 D/mm		螺距	内螺纹中径公差 T_{D2}/μm					外螺纹中径公差 T_{d2}/μm						
>	≤	P/mm	公差等级					公差等级						
			4	5	6	7	8	3	4	5	6	7	8	9
5.6	11.2	0.75	85	106	132	170	–	50	63	80	100	125	–	–
		1	95	118	150	190	236	56	71	95	112	140	180	224
		1.25	100	125	160	200	250	60	75	95	118	150	190	236
		1.5	112	140	180	224	280	67	85	106	132	170	212	295
11.2	22.4	1	100	125	160	200	250	60	75	95	118	150	190	236
		1.25	112	140	180	224	280	67	85	106	132	170	212	265
		1.5	118	150	190	236	300	71	90	112	140	180	224	280
		1.75	125	160	200	250	315	75	95	118	150	190	236	300
		2	132	170	212	265	335	80	100	125	160	200	250	315
		2.5	140	180	224	280	355	85	106	132	170	212	265	335
22.4	45	1	106	132	170	212	—	63	80	100	125	160	200	250
		1.5	125	160	200	250	315	75	95	118	150	190	236	300
		2	140	180	224	280	355	85	106	132	170	212	265	335
		3	170	212	265	335	425	100	125	160	200	250	315	400
		3.5	180	224	280	355	450	106	132	170	212	265	335	425
		4	190	236	300	375	415	112	140	180	224	280	355	450
		4.5	200	250	315	400	500	118	150	190	236	300	375	475

表 6-4　普通螺纹的顶径公差（摘自 GB/T 197—2003）

公差项目 / 公差等级 / 螺距 P/mm	内螺纹小径公差 T_{D1}/μm					外螺纹大径公差 T_d/μm		
	4	5	6	7	8	4	6	8
0.75	118	150	190	236	—	90	140	—
0.8	125	160	200	250	315	95	150	236
1	150	190	236	300	375	112	180	280
1.25	170	212	265	335	425	132	212	335

续表

公差项目 / 公差等级 / 螺距 P/mm	内螺纹小径公差 T_{D1}/μm					外螺纹大径公差 T_d/μm		
	4	5	6	7	8	4	6	8
1.5	190	236	300	375	475	150	236	375
1.75	212	265	335	425	530	170	265	425
2	236	300	375	475	600	180	280	450
2.5	280	355	450	560	710	212	335	530
3	315	400	500	630	800	236	375	600

由于内螺纹加工比外螺纹困难，所以在同一公差等级中，内螺纹中径公差比外螺纹中径公差大 32%。对外螺纹的小径和内螺纹的大径没有规定具体的公差值，而只规定内、外螺纹牙底实际轮廓上的任何点均不得超出按基本偏差所确定的最大实体牙型。

（2）螺纹公差带的位置和基本偏差

螺纹公差带的位置是由基本偏差确定的。在普通螺纹标准中，对内螺纹规定了代号为 G、H 的两种基本偏差，对外螺纹规定了代号为 e、f、g、h 的四种基本偏差，如图 6-6 所示。H、h 的基本偏差为 0，G 的基本偏差为正值，e、f、g 的基本偏差为负值。

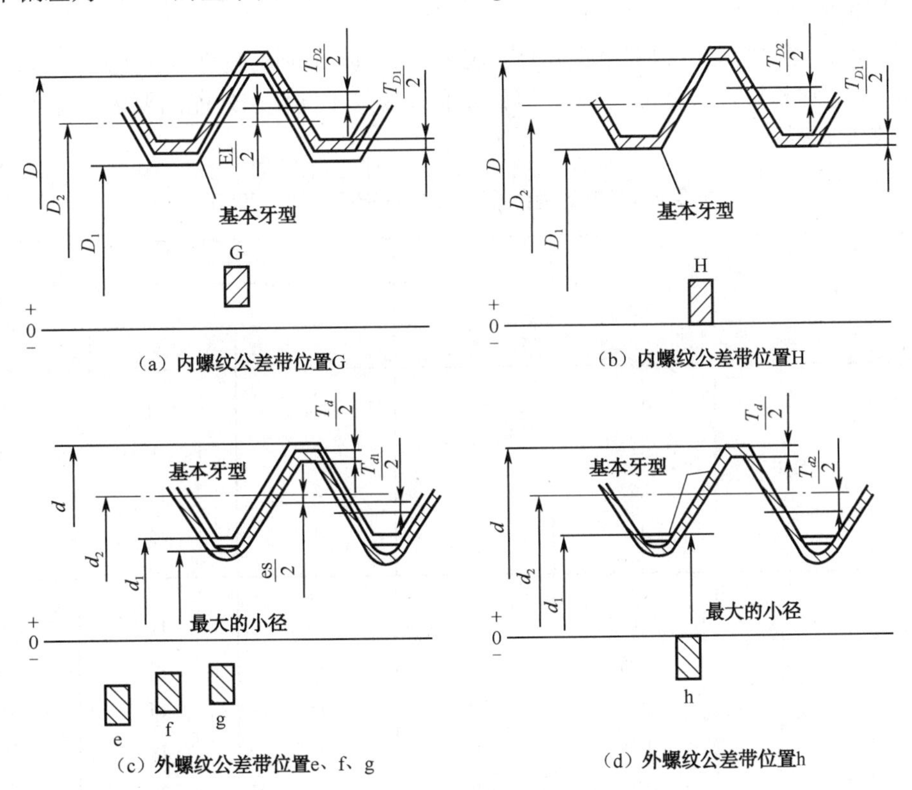

图 6-6　内外螺纹公差带位置

内、外螺纹的基本偏差如表 6-5 所示。

表 6-5 内、外螺纹的基本偏差（摘自 GB/T 197—2003）

螺距 P/mm \ 基本偏差 \ 螺纹	内螺纹		外螺纹			
	G	H	e	f	g	h
	EI/μm		es/μm			
0.75	+22	0	−56	−38	−22	0
0.8	+24	0	−60	−38	−24	0
1	+26	0	−60	−40	−26	0
1.25	+28	0	−63	−42	−28	0
1.5	+32	0	−67	−45	−32	0
1.75	+34	0	−71	−48	−34	0
2	+38	0	−71	−52	−38	0
2.5	+42	0	−80	−58	−42	0
3	+48	0	−85	−63	−48	0

2. 螺纹的旋合长度及其精度等级

（1）螺纹旋合长度

国家标准按螺纹的直径和螺距将旋合长度分为三组，分别为短旋合长度组（S）、中等旋合长度组（N）和长旋合长度组（L），以满足普通螺纹不同使用性能的要求。普通螺纹的旋合长度如表 6-6 所示。

表 6-6 螺蚊的旋合长度（摘自 GB/T 197—2003） 单位：mm

公称直径 D，d		螺距 P	旋合长度			
			S	N		L
>	≤		≤	>	≤	>
5.6	11.2	0.75	2.4	2.4	7.1	7.1
		1	2	2	9	9
		1.25	4	4	12	12
		1.5	5	5	15	15
11.2	22.4	1	3.8	3.8	11	11
		1.25	4.5	4.5	13	13
		1.5	5.6	5.6	16	16
		1.75	6	6	18	18
		2	8	8	24	24
		2.5	10	10	30	30

续表

公称直径 D，d		螺距 P	旋合长度			
			S	N		L
>	≤		≤	>	≤	>
22.4	45	1	4	4	12	12
		1.5	6.3	6.3	19	19
		2	8.5	8.5	25	25
		3	12	12	36	36
		3.5	15	15	45	45
		4	18	18	53	53
		4.5	21	21	63	63

（2）螺纹的精度等级

当公差等级一定时，螺纹旋合长度越长，螺距累积偏差越大，加工越困难。因此，公差等级相同而旋合长度不同的螺纹精度等级就不相同。国家标准按螺纹公差等级和旋合长度将螺纹精度分为精密、中等和粗糙三级。螺纹精度等级的高低代表着螺纹加工的难易程度。精密级用于精密螺纹，要求配合性质变动小时采用；中等级用于一般用途的机械和构件；粗糙级用于精度要求不高或制造比较困难的螺纹，如在热轧棒料上和深盲孔内加工螺纹。

（3）螺纹公差带的选用

按照内、外螺纹不同的基本偏差和公差等级可以组成许多螺纹公差带，在实际应用中，为了减少螺纹刀具和螺纹量规的规格和数量，GB/T 197—2003 推荐了一些常用的公差带，如表 6-7 所示。在选用螺纹公差带时，应优先按表 6-7 的规定选取。除特殊情况外，表 6-7 以外的公差带不宜选用。如果不知道螺纹旋合长度的实际值（如标准螺栓），推荐按中等旋合长度（N）选取螺纹公差带。

表 6-7　普通螺纹推荐公差带（摘自 GB/T 197—2003）

公差精度	公差带位置 G			公差带位置 H		
	S	N	L	S	N	L
精密	–	–	–	4H	5H	6H
中等	（5G）	6G*	（7G）	5H*	6H	7H*
粗糙	–	（7G）	（8G）	–	7H	8H

公差精度	公差带位置 e			公差带位置 f			公差带位置 g			公差带位置 h		
	S	N	L	S	N	L	S	N	L	S	N	L
精密	–	–	–	–	–	–	–	（4g）	（5g4g）	（3h4h）	4h*	（5h4h）
中等	–	6e*	（7e6e）	–	6f*	–	（5g6g）	6g	（7g6g）	（5h6h）	6h	（7h6h）
粗糙		（8e）	（9e8e）	–	–	–	–	8g	（9g8g）	—	—	—

注：其中大量生产的精制紧固螺纹，推荐采用带方框的公差带；带“*”的公差带应优先选用，其次是不带“*”的公差带；括号内的公差带尽量不用。

如无其他特殊说明，推荐公差带适用于涂镀前螺纹。涂镀后，螺纹实际轮廓上的任何点不应超越按公差带位置 H 或 h 所确定的最大实体牙型。

内、外螺纹牙底实际轮廓上的任何点不应超越按基本牙型和公差带位置所确定的最大实体牙型。

（4）配合的选择

表 6-7 的内螺纹公差带与外螺纹公差带可以任意组合成各种配合，但是，为了保证内、外螺纹间有足够的螺纹接触高度，推荐完工后的螺纹零件应优先组成 H/g、H/h 或 G/h 的配合。选择配合时主要考虑以下几种情况：

① 为了保证旋合性，内、外螺纹应具有较高的同轴度，并有足够的接触高度和结合强度。通常采用最小间隙等于零的配合（H/h）。

② 如需要易于拆卸，可选用较小间隙的配合（H/g 或 G/h）。

③ 需要镀层的螺纹，其基本偏差按所需镀层厚度确定。

内螺纹较难镀层，涂镀对象主要是外螺纹。如镀层较薄（厚度约为 5μm），则内螺纹选用 6H，外螺纹选用 6g；如镀层较厚（厚度达 10μm），内螺纹选用 6H，外螺纹选用 6e；如内、外螺纹均需镀层，则可选用 6G/6e。

④ 高温工作的螺纹，可根据装配时和工作时的温度，来确定适当的间隙和相应的基本偏差，留有间隙以防螺纹卡死。一般常用基本偏差 e。如汽车上用 M14×1.25 规格的火花塞，温度相对较低时，可用基本偏差 g。

3．普通螺纹的标记

完整的螺纹标记由螺纹特征代号、尺寸代号、公差带代号及其他有必要进一步说明的个别信息组成，如图 6-7 所示。

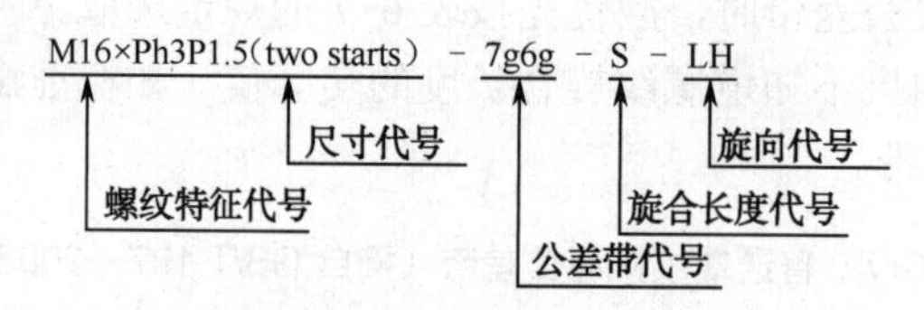

图 6-7　普通螺纹的标记

1）单个螺纹的标记

（1）特征代号

普通螺纹的特征代号用字母“M”表示。

（2）尺寸代号

尺寸代号包括公称直径、导程、螺距等。

粗牙螺纹可省略标注螺距项；单线螺纹为“公称直径×P 螺距”；多线螺纹为“公称直径×Ph 导程 P 螺距”，如要进一步表明螺纹的线数，可在后面增加括号说明（使用英语进行说明，如双线为 two starts，三线为 three starts）。

（3）公差带代号

公差带代号包含中径公差带代号和顶径公差带代号。公差带代号由表示公差等级的数值和表示公差带位置的字母组成。中径公差带代号在前，顶径公差带代号在后。如果中径公差带代号和顶径公差带代号相同，则应只标注一个公差带代号。螺纹尺寸代号与公差带代号间用“-”隔开。

下列情况下，中等精度螺纹不标注其公差代号：

① 内螺纹的公差带代号为 5H，且公称直径≤1.4mm；公差带代号为 6H，且公称直径≥1.6mm；螺距为 0.2mm，且公差等级为 4 级。

② 外螺纹的公差带代号为 6h，且公称直径≤1.4mm；公差带代号为 6g，且公称直径≥1.6mm。

（4）旋合长度代号

旋合长度代号“S”和“L”标注在公差带代号后，公差带代号与旋合长度代号用“-”分开，中等旋合长度螺纹不标注代号“N”。

（5）旋向代号

对左旋螺纹，应在旋合长度代号之后标注“LH”。旋合长度代号与旋向代号间用“-”分开。右旋螺纹不标注旋向代号。

2）螺纹配合的标记

表示内、外螺纹配合时，内螺纹公差带代号在前，外螺纹公差带代号在后，中间用斜线“/”分开。

3）标注示例

① M10：公称直径为 10mm，粗牙，单线，中等公差精度（省略 6H 或 6g），中等旋合长度，右旋普通螺纹。

② M14×1.5-6H/5g6g：公称直径为 14mm，螺距为 1.5mm，单线，中径公差带和顶径公差带为 6H 内螺纹和中径公差带为 5g、顶径公差带为 6g 的外螺纹组成的中等旋合长度、右旋细牙普通螺纹配合。

③ M6×0.75-5h6h-S-LH：公称直径为 6mm，螺距为 0.75mm，单线，中径公差带为 5h、顶径公差带为 6h，短旋合长度，左旋细牙普通外螺纹。

④ M14×Ph6P2-7H-L-LH：公称直径为 14mm，导程为 6mm，螺距为 2mm，3 线，中径公差带和顶径公差带为 7H，长旋合长度，左旋普通内螺纹。

6.1.4 螺纹中径合格性的判断

1. 普通几何参数偏差对螺纹互换性的影响

螺纹的主要几何参数为大径、小径、中径、螺距和牙型半角，在加工过程中，这些参数不可避免地都会产生一定的偏差，这些偏差将影响螺纹的旋合性、接触高度和连接的可靠性，从而影响螺纹结合的互换性。以下着重介绍螺纹中径偏差、螺距偏差及牙型半角偏差对螺纹互换性的影响。

（1）普通螺纹中径偏差对螺纹互换性的影响

螺纹中径的提取组成要素的局部尺寸与中径公称尺寸存在偏差，如果外螺纹中径比内螺纹中径大，就会影响螺纹的旋合性；反之，如果外螺纹中径比内螺纹中径小，就会使内外螺纹配合过松而影响连接的可靠性和紧密性，削弱连接强度。可见，中径偏差的大小直接影响螺纹的互换性，因此对中径偏差必须加以限制。

（2）螺距偏差对螺纹互换性的影响

螺距偏差分为单个螺距偏差和螺距累积偏差，前者与旋合长度无关，后者与旋合长度有关。螺距偏差对旋合性的影响如图 6-8 所示。

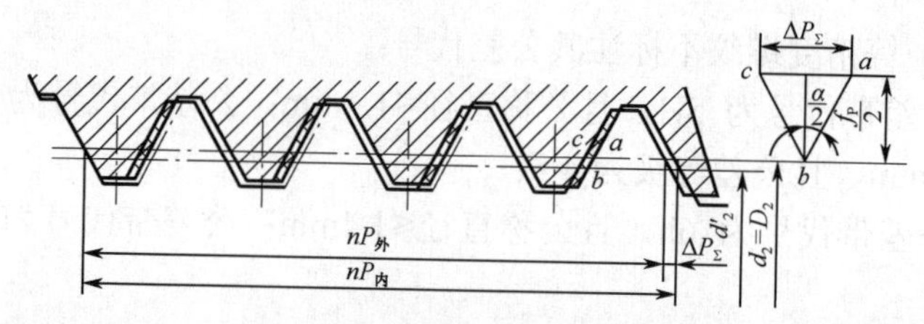

图 6-8　螺距偏差对旋合性的影响

在图 6-8 中，假定内螺纹具有基本牙型，外螺纹的中径及牙型半角与内螺纹相同，但螺距有偏差，外螺纹的螺距比内螺纹的小，则内、外螺纹的牙型产生干涉（图 6-8 中网格线部分）而无法自由旋合。

在实际生产中，为了使有螺距偏差的外螺纹旋入标准的内螺纹，应将外螺纹的中径减小一个数值 f_P。同理，为了使有螺距偏差的内螺纹旋入标准的外螺纹，应将内螺纹的中径加大一个数值 f_P。这个 f_P 值叫做螺距偏差的中径当量（μm）。从图 6-8 中的几何关系可得

$$f_P = \left|\Delta P_\Sigma\right| \cdot \cot\frac{\alpha}{2} \tag{6-1}$$

对于公制普通螺纹 $\alpha/2=30°$，则

$$f_P = 1.732\left|\Delta P_\Sigma\right| \quad (\text{mm}) \tag{6-2}$$

式中，ΔP_Σ 取绝对值，因为不论 ΔP_Σ 是正值或负值，都会发生干涉，影响旋合性的性质不变，只是发生的干涉在不同的牙侧面而已。ΔP_Σ 应为在旋合长度内最大的螺距累积偏差值，但该值并不一定出现在最大旋合长度上。

（3）牙型半角偏差对螺纹互换性的影响

螺纹牙型半角偏差为实际牙型半角与理论牙型半角之差，它是牙侧相对于螺纹轴线的位置偏差。牙型半角偏差对螺纹的旋合性和连接强度均有影响。

如图 6-9 所示为牙型半角偏差对旋合性的影响。在图 6-9 中，假设内螺纹具有基本牙型，外螺纹中径及螺距与内螺纹相同，仅牙型半角有偏差。

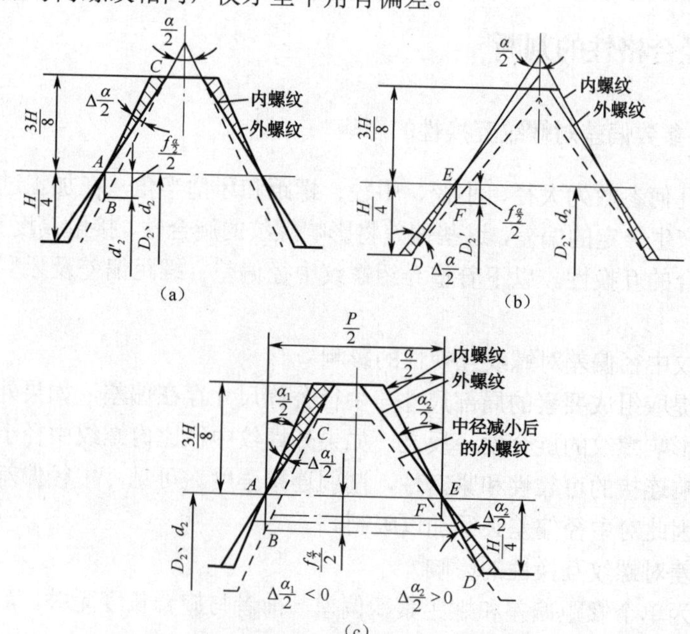

图 6-9　牙型半角偏差对旋合性的影响

在图 6-9（a）中，外螺纹的左、右牙型半角相等，但小于内螺旋牙型半角，牙型半角偏差$\Delta\alpha/2=\alpha/2$（外）$-\alpha/2$（内）<0，则在其牙顶部分的牙侧发生干涉。

在图 6-9（b）中，外螺纹的左、右牙型半角相等，但大于内螺纹牙型半角，牙型半角偏差$\Delta\alpha/2=\alpha/2$（外）$-\alpha/2$（内）>0，则在其牙根部分的牙侧有干涉现象。

在图 6-9（c）中，外螺纹的左、右牙型半角偏差不相同，两侧干涉区的干涉量也不相同。

上述三种情况下，外螺纹都将无法旋入内螺纹，为了使外螺纹旋入标准的内螺纹，必须把外螺纹的中径减小一个数值$f_{\frac{\alpha}{2}}$,这个$f_{\frac{\alpha}{2}}$值叫做牙型半角偏差的中径当量（μm）。

根据三角形的正弦定理，可得到外螺纹牙型半角偏差的中径当量$f_{\frac{\alpha}{2}}$为

$$f_{\frac{\alpha}{2}}=0.073P\left(K_1\left|\Delta\frac{\alpha_{左}}{2}\right|+K_2\left|\Delta\frac{\alpha_{右}}{2}\right|\right)\ (\mu m) \qquad (6-3)$$

式中　P——螺距（mm）；

$\Delta\frac{\alpha_{左}}{2}$——左牙型半角偏差（分）；

$\Delta\frac{\alpha_{右}}{2}$——右牙型半角偏差（分）；

K_1、K_2——系数，对外螺纹，当牙型半角误差为正值时，K_1 和 K_2 取 2；为负值时，K_1 和 K_2 取 3，对内螺纹其取值相反。

式（6-3）是以外螺纹存在牙型半角偏差时推导整理出来的一个通式，当假设外螺纹具有标准牙型，而内螺纹存在牙型半角偏差时，就需要将内螺纹的中径加大一个$f_{\frac{\alpha}{2}}$，它对内螺纹同样适用。

2. 作用中径

作用中径是指螺纹配合时实际起作用的中径。当普通螺纹没有螺距偏差和牙型半角偏差时，内、外螺纹旋合时起作用的中径就是螺纹的实际中径。当螺纹有了螺距偏差和牙型半角偏差时，相当于外螺纹的中径增大了，这个增大了的想象中径叫做外螺纹的作用中径，它是与内螺纹旋合时实际起作用的中径，其值等于外螺纹的实际中径与螺距偏差及牙型半角偏差的中径当量之和，即

$$d_{2作用}=d_{2实际}+(f_P+f_{\frac{\alpha}{2}}) \qquad (6-4)$$

同理，内螺纹有了螺距偏差和牙型半角偏差时，相当于内螺纹中径减小了，这个减小了的想象中径叫做内螺纹的作用中径，它是与外螺纹旋合时实际起作用的中径，其值等于内螺纹的实际中径与螺距偏差及牙型半角偏差的中径当量之差，即

$$D_{2作用}=D_{2实际}-(f_P+f_{\frac{\alpha}{2}}) \qquad (6-5)$$

这里实际中径$D_{2实际}$（$d_{2实际}$）用螺纹的单一中径代替。由于螺距偏差和牙型半角偏差的影响均可折算为中径当量，故对于普通螺纹，国家标准没有规定螺距及牙型半角的公差，只规定了一个中径公差，这个公差同时用来限制实际中径、螺距及牙型半角三个要素的偏差。

3. 螺纹中径合格性判断原则

如前所述，如果外螺纹的作用中径过大，内螺纹的作用中径过小，将使螺纹难以旋合。若外螺纹的单一中径过小，内螺纹的单一中径过大，将会影响螺纹的连接强度。因此，从保证螺纹旋合性和连接强度看，螺纹中径合格性判断准则应遵循泰勒原则，即螺纹的作用中径不能超越最大实体牙型的中径；任意位置的实际中径（单一中径）不能超越最小实体牙型的中径。所谓最大与最小实体牙型，是指在螺纹中径公差范围内，分别具有材料量最多和最少且与基本牙型形状一致的螺纹的牙型。

对外螺纹：作用中径不大于中径上极限尺寸；任意位置的实际中径不小于中径下极限尺寸，即

$$d_{2\,作用} \leqslant d_{2\max}，\ d_{2a} \geqslant d_{2\min}$$

对内螺纹：作用中径不小于中径下极限尺寸；任意位置的实际中径不大于中径上极限尺寸，即

$$D_{2\,作用} \geqslant D_{2\min}，\ D_{2a} \leqslant D_{2\max}$$

6.1.5 普通螺纹的检测

螺纹的检测可分为综合检验和单项测量。

1. 综合检验

在实际生产中，通常采用螺纹量规和光滑极限量规联合检验螺纹的合格性，如图 6-10 所示。

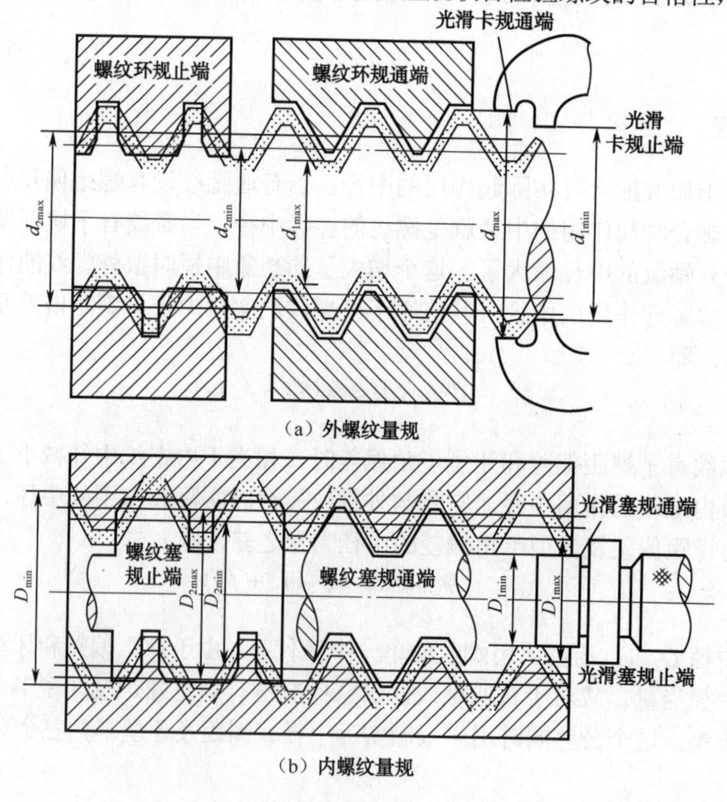

图 6-10 螺纹量规

图 6-10（a）中的卡规用来检验外螺纹的大径，螺纹环规通端用来检验外螺纹作用中径和小径的上极限尺寸，应有完整的牙型，其螺纹长度要与提取（实际）螺纹旋合长度相当（至少等于提取（实际）工件旋合长度的 80%）。螺纹环规通端旋过提取（实际）螺纹为合格。螺纹环规止端只用来检验外螺纹实际中径是否超过外螺纹中径的下极限尺寸，螺纹环规止端不应旋过合格的螺纹，但可以旋入不超过两个螺距的旋合量。为了消除螺距偏差和牙型半角偏差的影响，螺纹环规止端做成截短牙型，且螺纹圈数只有 2～3.5 圈。

在图 6-10（b）中，光滑塞规用来检验内螺纹的小径，螺纹塞规通端用来检验内螺纹作用中径和大径的下极限尺寸，应有完整的牙型和与被测螺纹相当的螺纹长度。螺纹塞规止端只用来检验内螺纹实际中径，采用截短牙型和较少的螺纹圈数，旋合量要求与螺纹环规相同。

2. 单项测量

单项测量一般分别测量螺纹的每个参数，主要测量中径、螺距、牙型半角和顶径。单项测量主要用于螺纹工件的工艺分析或螺纹量规和螺纹刀具的质量检查。

1）用螺纹千分尺测量外螺纹中径

（1） 螺纹千分尺结构

螺纹千分尺的结构和一般外径千分尺相似，所不同的是螺纹千分尺在微动螺杆（活动测头）及量砧座（砧座）上有孔，在孔内可装置不同型号的可换测量头。其中圆锥量头装在量杆（活动测头）上，V 型量头装在可调整的砧座上。每个螺纹千分尺有一套可换测头。每对测头只能用来测量一定范围螺距的螺纹。螺纹千分尺的结构如图 6-11 所示。

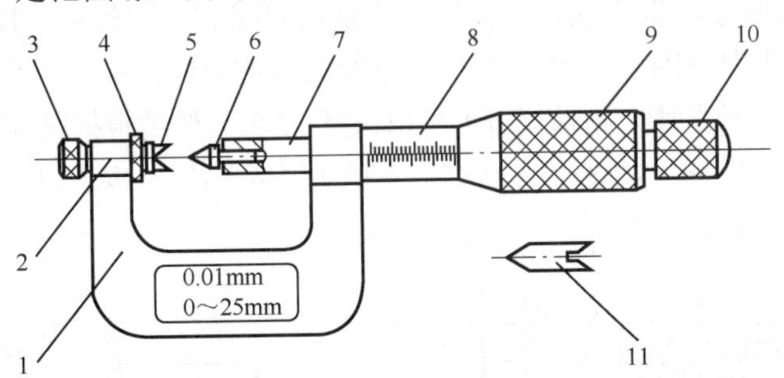

1—弓架；2—砧座；3—微调螺钉；4—锁紧螺母；5—V 型测头；6—锥型测头；7—活动测头测杆；8—内套筒；9—旋转测微套筒；10—棘轮定压机构；11—校对样柱

图 6-11 螺纹千分尺

螺纹千分尺的规格有 0～25mm、25～50mm 直至 325～350mm 数十种，螺纹千分尺的特点是使用方便，但测量误差较大（一般在 0.05～0.20mm），所以在实际生产中，只适用于测量低精度螺纹中径。

（2）测量方法与步骤

① 根据被测对象要求，从普通螺纹偏差表中查出螺纹中径的极限偏差；计算出螺纹中径的极限尺寸。中径公称尺寸可查普通螺纹公称尺寸表，也可用以下公式计算：

$$d_2=d-0.6495P$$

② 根据螺纹中径数值选择具有相应测量范围的螺纹千分尺。

③ 根据被测螺纹的螺距选择测头，并装于螺纹千分尺活动测头测杆 7 和砧座 2 的孔内。

④ 校对螺纹千分尺的“零位”，并将零位误差的负值记录为“修正值”。校对 0～25mm

的螺纹千分尺 0 点位置时，将两个测头直接接触即可。校对大于 25mm 的千分尺时，需将校对样柱 11 置于两测头之间，使两测头测量面与校对样柱相应的工作表面接触，然后读取零位误差并将其负值计为“修正值”。

⑤ 测量。将被测螺纹工件擦净，测头和牙型的接触位置如图 6-12 所示。将螺纹千分尺的 V 形测头 1 放置于被测螺纹牙型外侧面，使两者双面接触；锥形测头 2 放置于被测螺纹对应的牙型槽内，也必须保证双面接触，反复试几次尽量使两测头的连线通过被测螺纹的直径方向，读取并记录测得值。在若干个径向剖面上的几个不同方位进行测量后，将测得值填入检测记录，并做出适用性结论。

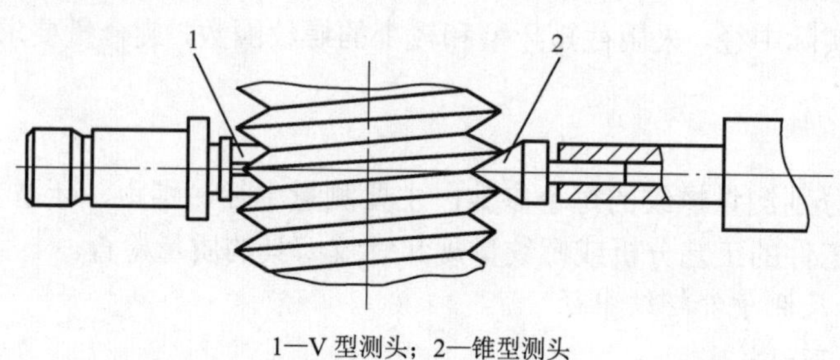

1—V 型测头；2—锥型测头

图 6-12　螺纹千分尺测量螺纹中径示意图

2）三针量法

（1）测量原理

三针量法是一种间接测量方法，主要用于测量精密螺纹（如丝杠、螺纹塞规）的单一中径。根据被测螺纹的螺距和牙型半角选取三根直径相同的小圆柱（直径为 d_0）放在牙槽里，用量仪（机械测微仪、光学计、测长仪等）量出尺寸 M 值，然后根据被测螺纹已知的螺距 P、牙型半角$\alpha/2$ 和量针直径 d_0，计算螺纹中径的实际（组成）$d_{2实}$，如图 6-13 所示。

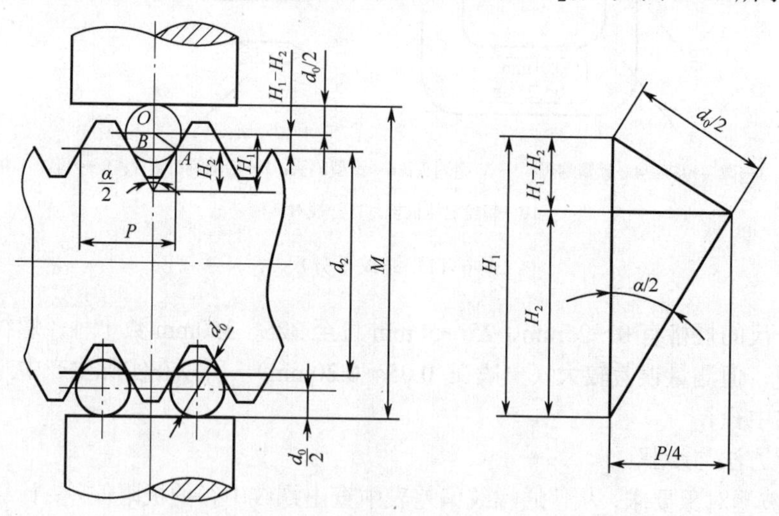

图 6-13　三针法测量螺纹中径示意图

由图 6-13 可知

$$d_{2实}=M-d_0\left(1+\frac{1}{\sin\frac{\alpha}{2}}\right)+\frac{P}{2}\cot\frac{\alpha}{2}$$

对于公制普通螺纹，α=60°，则

$$d_{2实}=M-3d_0+0.866P \quad (6-6)$$

为避免牙型半角偏差对测量结果的影响，量针直径应按照螺纹螺距选取，使量针在中径线上与牙侧接触，这样的量针直径称为最佳量针直径 $d_{0最佳}$，如图 6-14 所示。

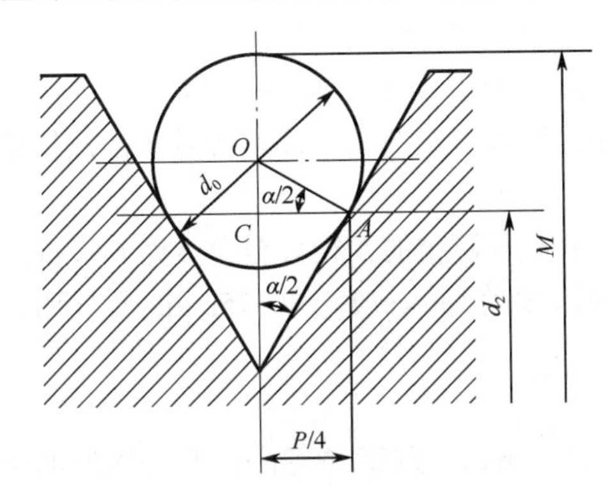

图 6-14　量针最佳直径分析计算图

由图 6-14 可知

$$d_{0最佳}=P/\left(2\times\cos\frac{\alpha}{2}\right)$$

对公制普通螺纹，则

$$d_{0最佳}=0.577P \quad (6-7)$$

$$d_{2实}=M-1.5d_{0最佳} \quad (6-8)$$

（2）测量方法与步骤

① 根据被测对象要求，从普通螺纹偏差表中查出螺纹中径的极限偏差；计算出螺纹中径的极限尺寸。中径公称尺寸可查普通螺纹公称尺寸表，也可用以下公式计算：

$$d_2=d-0.6495P$$

② 选择量具及量针。

量具的选择：普通螺纹用外径千分尺测量。精度要求高的螺纹用杠杆千分尺或比较仪测量。

量针的选择：量针分 0 级和 1 级两种。0 级量针主要用来测量螺纹中径公差在 4～8μm 的螺纹制件；1 级量针用来测量螺纹中径公差在 8μm 以上的螺纹制件。一般螺纹测量选用 1 级量针即可。

若被测件α=60°，按式（6-7）计算量针最佳直径，再按 $d_{0最佳}$ 选取相近数值的量针。

③ 校对量具。用千分尺校对样柱或量块校对千分尺。

④ 按图 6-13 所示位置将三针放入螺槽中测得 M 值。

⑤ 计算 $d_{2实}$。

当所选量针 $d_0=d_{0最佳}$时，按式（6-8）计算；当 $d_0\neq d_{0最佳}$时，应按式（6-6）计算。

⑥ 将测量结果填入检测记录，进行数据处理。

3）用工具显微镜测量螺纹各参数

用工具显微镜测量属于影像法测量，能测量螺纹的各种参数，如测量螺纹的大径、中径、小径、螺距和牙型半角等。各种精密螺纹，如螺纹量规、丝杠、螺杆、滚刀等，都可以在工具显微镜上进行测量。测量时可参阅有关仪器使用说明资料。

识读图 6-1 所示零件图的螺纹标记：M24-6h 表示公称直径为 24mm，中径和顶径公差带为 6h 的中等旋合长度右旋粗牙单线普通螺纹。

查表 6-1 得：螺距 P=3mm，大径 d=24mm，中径 d_2=22.051mm，小径 d_1=20.752mm。

查表 6-5，由螺距 P=3mm 和外螺纹的基本偏差代号 h 得：外螺纹的基本偏差 es=0。

① 大径。

查表 6-4，由螺距 P=3mm 和外螺纹的大径公差等级为 6 级得：T_d=0.375mm。

所以大径公差带的下极限偏差 ei=es−T_d=−0.375mm；大径的极限尺寸：d_{max}=24mm，d_{min}=23.625mm。

② 中径。

查表 6-3，由公称直径 d=24mm、螺距 P=3mm 和外螺纹的中径公差等级为 6 级得：T_{d2}=0.200mm。

所以中径公差带的下极限偏差 ei=es−T_d=−0.200mm；中径的极限尺寸：d_{2max}=22.051mm，d_{2min}=21.851mm。

③ 小径。

对外螺纹小径下偏差不做要求，故小径的极限尺寸为 d_{1max}=20.752mm，d_{1max} 不超越实体牙型即可。

班级：______________ 学号：______________ 姓名：______________

第2篇 技能训练篇

技能训练（理论）——练习题

练习题1 互换性

一、填空题

1．采用互换性原则的生产要靠________________、________________和标准化来保证。

2．机械零件的几何量精度包括______________精度、______________精度和表面粗糙度。

3．所谓互换性原则，就是同一规格的零部件制成后，装配过程中的要求：装配前___________，装配中___________，装配后___________。

4．完全互换法一般适用于________________，分组互换法一般适用于________________。

5. 根据零件的互换程度的不同，互换性分为________________和________________两种，分组装配法属于________________。

6．大批量生产，如汽车、拖拉机厂大都采用___________法生产；精度要求高、批量大的产品，如轴承，常采用分组装配，即___________法生产；而小批和单件生产，如矿山、冶金工业中使用的重型机器，则常采用___________或___________生产。

7．我国标准中，GB/T为___________标准；GB为___________标准。

二、选择题

（　　）1．互换性的零件应是（　　）。

A．相同规格的零件　　B．不同规格的零件

C．相互配合的零件　　D．上述三种都不对

（　　）2．互换性按其互换（　　）不同可分为完全互换和不完全互换。

A．方法　　B．性质　　C．程度　　D．效果

（　　）3．检测是互换性生产的（　　）。

A．保障　　B．措施　　C．基础　　D．原则

（　　）4．具有互换性的零件，其几何参数制成绝对精确是（　　）。

A．有可能的　　B．必要的　　C．不可能的　　D．不必要的

（　　）5．标准化是制定标准和贯彻标准的（　　）。

A．命令　　B．环境　　C．条件　　D．全过程

（　　）6．加工后的零件实际尺寸与理想尺寸之差称为（　　）。

A．形状误差　　B．尺寸误差　　C．公差　　D．位置误差

（　　）7．加工时引入的误差称为（　　）。

A．绝对误差　　B．相对误差　　C．加工误差

三、判断题（对“√”，错“X”。答案写在题号前括号内）

（　　）1．只要零件不经挑选或修配，便能装配到机器上，该零件就具有互换性。

（　　）2．完全互换的零件装配的精度必高于不完全互换的。

（　　）3．优先数系是由一些十进制等差数列构成的。

（　　）4．国家标准中强制性标准是必须执行的，而推荐性标准执行与否无所谓。

（　　）5．企业标准比国家层次低，在标准要求上可稍低于国家标准。

班级：______________ 学号：______________ 姓名：______________

练习题 2　了解尺寸公差及配合

一、填空题

1．配合是指________________相同的孔和轴________________之间的关系。

2．尺寸公差带的位置由________________决定，公差带的大小由________________决定。

3．一个孔或轴允许尺寸的两个极端称为________________。

4．零件的尺寸合格，其________________ 应在上偏差和下偏差之间。

5．某一尺寸减去________________尺寸所得的代数差称为偏差。

6．零件的尺寸合格，其________________应在上极限尺寸和下极限尺寸之间。

7．配合分为以下三种：________________、________________、________________。

8．极限尺寸减去________________尺寸所得的代数差称为________________偏差。

9．已知公称尺寸为ϕ50mm 的轴，其下极限尺寸为ϕ49.98mm，公差为 0.01mm，则它的上极限偏差是________________mm，下极限偏差是________________mm。

二、选择题

（　　）1．当孔与轴的公差带相互交叠时，其配合性质为（　　）。

A．间隙配合

B．过渡配合

C．过盈配合

（　　）2．公差带的大小由（　　）确定。

A．实际偏差

B．基本偏差

C．标准公差

（　　）3．基本偏差是（　　）。

A．上偏差　　B．下偏差

C．上偏差和下偏差　　D．上偏差或下偏差

（　　）4．轴的下偏差大于孔的上偏差的配合，应是（　　）配合。

A．间隙

B．过渡

C．过盈

（　　）5．孔、轴公差带的相对位置反映（　　）程度。

A．加工难易

B．配合松紧

C．尺寸精度

（　　）6．当孔的公差带在轴的公差带之上时，其配合性质为（　　）。

A．间隙配合

B．过渡配合

C．过盈配合

(　　) 7. 公差带相对零线的位置由（　　）确定。

A. 实际偏差

B. 基本偏差

C. 标准公差

(　　) 8. 上极限尺寸减去其公称尺寸所得的代数差叫（　　）。

A. 实际偏差

B. 上偏差

C. 下偏差

(　　) 9. 孔、轴标准公差等级反映（　　）程度。

A. 加工难易

B. 配合松紧

C. 尺寸精度

(　　) 10. 设计时给定的尺寸称为（　　）。

A. 实际尺寸

B. 极限尺寸

C. 公称尺寸

(　　) 11. 下极限尺寸减去其公称尺寸所得的代数差叫（　　）。

A. 实际偏差

B. 上偏差

C. 下偏差

(　　) 12. 孔的下极限尺寸与轴的上极限尺寸之代数差为负值，叫（　　）。

A. 最小过盈　　B. 最大间隙

C. 最小间隙　　D. 最大过盈

(　　) 13. 配合公差总是（　　）孔和轴的尺寸公差之和。

A. 大于

B. 等于

C. 小于

(　　) 14. 孔的下偏差大于轴的上偏差的配合，应是（　　）配合。

A. 过盈

B. 过渡

C. 间隙

(　　) 15. 轴的下偏差大于孔的上偏差的配合，应是（　　）配合。

A. 过盈

B. 过渡

C. 间隙

(　　) 16. 孔的下极限尺寸与轴的上极限尺寸之代数差为正值，叫（　　）。

A. 间隙差　　B. 最大间隙

C. 最大过盈　　D. 最小间隙

(　　) 17. 上极限尺寸（　　）公称尺寸

A. 大于　　B. 小于

C．等于　　　　　　　　　　D．以上三项均可能

（　　）18．设置基本偏差的目的是将（　　）加以标准化，以满足各种配合性质的需要。

A．公差带相对于零线的位置

B．公差带的大小

C．各种配合

三、判断题（对“√”，错“X”。答案写在题号前括号内）

（　　）1．相互配合的孔和轴，其公称尺寸必然相等。

（　　）2．一般以靠近零线的那个偏差作为基本偏差。

（　　）3．尺寸偏差可为正值、负值或零。

（　　）4．按过渡配合加工出的孔、轴配合后，既可能出现间隙，也可能出现过盈。

（　　）5．上极限尺寸一定大于公称尺寸，下极限尺寸一定小于公称尺寸。

（　　）6．公差是指允许尺寸的最大变动量。

（　　）7．一般以靠近零线的那个偏差作为上极限偏差。

（　　）8．在间隙配合中，孔的公差带都处于轴的公差带的下方。

（　　）9．在过渡配合中，孔的公差带都处于轴的公差带的下方。

（　　）10．用来确定公差带相对于零线位置的偏差称为基本偏差。

（　　）11．在间隙配合中，孔的公差带都处于轴的公差带上方。

（　　）12．极限尺寸是指允许尺寸变化的两个界限值。

（　　）13．数值为正的偏差称为上偏差，数值为负的偏差称为下偏差。

（　　）14．某配合的最大间隙为20μm，配合公差为30μm，则该配合一定是过渡配合。

（　　）15．ϕ75±0.060mm的基本偏差是+0.060mm，尺寸公差为0.06mm。

（　　）16．尺寸公差是指零件尺寸允许的最大偏差。

（　　）17．某一尺寸的上极限偏差一定大于其下极限偏差。

（　　）18．零件的实际（组成）要素越接近其公称尺寸越好。

（　　）19．国家标准规定，轴是指圆柱形外表面。

（　　）20．基本偏差应该是两个极限偏差中绝对值小的那个。

（　　）21．最小间隙为零的配合与最小过盈等于零的配合，二者实质相同。

（　　）22．公称尺寸不同的零件，只要它们的公差值相同，就可以说明它们的精度要求相同。

（　　）23．图样标注$\phi 30_{-0.021}^{\ 0}$ mm的轴，加工得越靠近公称尺寸就越精确。

四、计算出表格中空格处数值并画出孔、轴尺寸公差带图或配合孔、轴尺寸公差带图。

公称尺寸/mm	上极限尺寸/mm	下极限尺寸/mm	上极限偏差/mm	下极限偏差/mm	公差/mm	尺寸标注/mm
孔ϕ12	ϕ12.050	ϕ12.032				
轴ϕ60			+0.072		0.019	

孔、轴尺寸公差带图如下。

公称尺寸/mm	孔			轴			X_{max}或Y_{min}	X_{min}或Y_{max}	X_{av}或Y_{av}	T_f
	ES/mm	EI/mm	T_h/mm	es/mm	ei/mm	T_s/mm				
ϕ25		0				0.021	+0.074		+0.057	
ϕ14		0				0.010		−0.012	+0.037	

配合孔、轴尺寸公差带图如下。

班级：______________　　学号：______________　　姓名：______________

练习题3　识读尺寸公差及配合标注

一、填空题

1．国家标准对标准公差规定了20级，最高级为__________，最低级为__________。

2．ϕ25p6、ϕ25p7、ϕ25p8的基本偏差为__________偏差，其数值__________同。

3．标准公差的数值只与__________和__________有关。

4．f7、g7、h7的__________相同，__________不同。

5．在同一尺寸段内，从IT01～IT18，公差等级逐渐降低，公差数值逐渐__________。

6．国家标准规定了__________个公差等级和__________个基本偏差。

7．ϕ30H7/f6表示__________（基准）制的__________配合，基中H7、f6是__________代号。

8．常用尺寸段的标准公差的大小，随公称尺寸的增大而__________，随公差等级的提高而__________。

9．ϕ100m7的上偏差为+0.048mm，下偏差为+0.013mm，ϕ100mm的6级标准公差值为0.022mm，那么ϕ100m6的上偏差为__________，下偏差为__________。

二、选择题

（　　）1．尺寸公差代号ϕ63H7中的数值7表示（　　）。

A．孔公差范围的位置在零线处

B．轴的公差等级

C．孔的公差等级

D．偏差值总和

（　　）2．不论公差值是否相等，只要（　　）相同，尺寸的精确程度就相同。

A．公差等级

B．相对误差

C．绝对误差

（　　）3．尺寸公差代号ϕ63h7中的数值7表示（　　）。

A．孔公差范围的位置在零线处　　B．偏差值总和

C．孔的公差等级　　D．轴的公差等级

（　　）4．下列配合代号标注不正确的是（　　）。

A．ϕ60H8/r7　　B．ϕ60H8/k7

C．ϕ60h7/D9　　D．ϕ60H8/f7

（　　）5．ϕ25g6、ϕ25g7、ϕ25g8三个公差带的（　　）。

A．上极限偏差相同，下极限偏差也相同

B．上极限偏差相同，但下极限偏差不同

C．上极限偏差不同，但下极限偏差相同

D．上、下极限偏差各不相同

（　　）6．下列配合代号标注不正确的有（　　）。

A．ϕ60H7/r6　　B．ϕ60H8/k7

C．ϕ60h7/D8　　D．ϕ60H9/f9

（　）7．基本偏差代号为p（P）的公差带与基准件的公差带一般可形成（　）。

A．过渡配合

B．过盈配合

C．间隙配合

D．过渡或过盈配合

（　）8．以下各组配合中，配合性质不相同的有（　）。

A．ϕ30P8/h7和ϕ30H8/p7

B．ϕ30M8/h7和ϕ30H8/m7

C．ϕ30H8/m7和ϕ30H7/f6

D．ϕ30H7/f6和ϕ330F7/h6

（　）9．标准公差数值与（　）有关。

A．公称尺寸和公差等级

B．公称尺寸和基本偏差

C．公差等级和配合性质

D．基本偏差和配合性质

（　）10．在相配合的孔、轴中，某一对实际孔、轴配合得到间隙，则此配合为（　）。

A．间隙配合

B．可能是间隙配合，也可能是过盈配合

C．过渡配合

D．可能是间隙配合，也可能是过渡配合

三、判断题（对“√”，错“X”。答案写在题号前括号内）

（　）1．尺寸ϕ30f7与尺寸ϕ30F8的精度相同。

（　）2．因为公差等级不同，所以ϕ50H7与ϕ50H8的标准公差不相等。

（　）3．未注公差尺寸是没有公差的尺寸。

（　）4．公称尺寸一定时，公差值越大，公差等级越高。

（　）5．因为公差等级不同，所以ϕ50H7与ϕ50H8的基本偏差值不相等。

（　）6．同一公差等级的孔和轴的标准公差数值一定相等。

（　）7．若孔、轴配合为ϕ49H9/n9，则可判断是过渡配合。

（　）8．未注公差尺寸即对该尺寸无公差要求。

（　）9．ϕ10f6、ϕ10f7和ϕ10f8的上极限偏差相等，只是它们的下极限偏差各不相同。

（　）10．因JS为完全对称偏差，故其上、下极限偏差相等。

（　）11．基本偏差a～h与基准孔构成间隙配合，其中h配合最松。

四、查表确定下列尺寸的公差代号。

$\phi 40^{+0.033}_{+0.017}$ mm（轴）　　$\phi 65^{-0.021}_{-0.051}$ mm（孔）

五、计算出表中空格处数值，并画出配合孔、轴尺寸公差带图

单位：mm

ϕ50H7/k6	孔	轴
公称尺寸		
上极限尺寸		
下极限尺寸		
上偏差		
下偏差		
公差		
最大间隙		
最小间隙		
最大过盈		
最小过盈		
何种配合		
配合公差		

单位：mm

ϕ40K7/h6	孔	轴
公称尺寸		
上极限尺寸		
下极限尺寸		
上偏差		
下偏差		
公差		
最大间隙		
最小间隙		
最大过盈		
最小过盈		
何种配合		
配合公差		

单位：mm

ϕ50S8/h8	孔	轴
公称尺寸		
上极限尺寸		
下极限尺寸		
上偏差		
下偏差		
公差		
最大间隙		
最小间隙		
最大过盈		
最小过盈		
何种配合		
配合公差		

练习如下配合公差代号：

ϕ25H7/g6、ϕ50H7/g6、ϕ50F8/h7、ϕ50H8/f7、ϕ50G7/h6、ϕ40H7/k6、ϕ30H8/s8。

班级：__________ 学号：__________ 姓名：__________

练习题 4　设计尺寸公差及配合

一、填空题

1. 配合基准制分__________和__________两种。一般情况下优先选用__________。

2. 滚动轴承内圈与轴的配合采用基______制，而外圈与箱体孔的配合采用基______制。

3. 基孔制就是__________的公差带位置保持不变，通过改变__________的公差带的位置，实现不同性质的配合的一种制度。

4. 国标规定基准孔基本偏差代号为__________、基准轴基本偏差代号为__________。

5. 基轴制就是__________的公差带位置保持不变，通过改变__________的公差带的位置，实现不同性质的配合的一种制度。

二、选择题

（　　）1. 下列孔与基准轴配合，组成间隙配合的孔是（　　）。

A. 孔两个极限尺寸都大于公称尺寸

B. 孔两个极限尺寸都小于公称尺寸

C. 孔上极限尺寸大于公称尺寸，下极限尺寸小于公称尺寸

（　　）2. 下列轴与基准孔配合，组成间隙配合的孔是（　　）。

A. 轴两个极限尺寸都大于公称尺寸

B. 轴两个极限尺寸都小于公称尺寸

C. 轴上极限尺寸大于公称尺寸，下极限尺寸小于公称尺寸

（　　）3. 下列有关公差等级的论述中，正确的有（　　）。

A. 公差等级高，则公差带宽

B. 在满足使用要求的前提下，应尽量选用低的公差等级

C. 孔、轴相配合，均为同级配合

D. 标准规定，标准公差分为 18 级

（　　）4. 当相配孔、轴既要求对准中心，又要求装拆方便时，应选用（　　）。

A. 间隙配合　　B. 过盈配合

C. 过渡配合　　D. 间隙配合或过渡配合

（　　）5. 当孔、轴之间有相对运动且定心精度要求较高时，它们的配合应选择为（　　）。

A. H7/m6　　B. H8/g8

C. H7/g6　　D. H7/b6

三、判断题（对“√”，错“X”。答案写在题号前括号内）

（　　）1. 在ϕ60H7/f6 代号中，由于轴的精度高于孔，故以轴为基准件。

（　　）2. 选用公差等级的原则，是在满足使用要求的前提下，尽可能选用较高的公差等级。

（　　）3. 一光滑轴与多孔配合，其配合性质不同时，应当选用基孔制配合。

（　　）4. 一光滑轴与多孔配合，其配合性质不同时，应当选用基轴制配合。

（　　）5．选用公差等级的原则，是在满足使用要求的前提下，尽可能选用较低的公差等级。

（　　）6．一般来讲，ϕ50H7 比ϕ50t7 加工难度高。

（　　）7．过盈配合中，过盈量越大，越能保证装配后的同心度。

（　　）8．间隙配合说明配合之间有间隙，因此只适用于有相对运动场合。

（　　）9．有相对运动的配合应选用间隙配合，无相对运动的配合均选用过盈配合。

（　　）10．ϕ30E8/h8 与ϕ30E9/h9 的最小间隙相同。

四、练习题

有一基孔制配合，孔、轴的公称尺寸为ϕ50mm，最大间隙 X_{max}=+0.049mm，最大过盈 Y_{max}=−0.015mm，试确定孔和轴的配合公差代号。

班级：______________　学号：______________　姓名：______________

练习题5　选择计量器具

一、填空题

1．我国长度量值传递系统是____________和____________。

2．量块的精度可按____________和____________两种方法划分。

3．一个完整的测量过程应包括____________、计量单位、____________和测量精度四要素。

4．计量器具按用途、结构和工作原理可分为量具、____________、___________和计量装置。

5．在进行检测时，把______________的废品误判为合格品而接收称为_________。

6．在进行检测时，把______________的合格品误判为废品而给予报废称为_________。

7．在进行检测时，要针对零件不同的__________和__________选用不同的计量器具。

8．对于大批量生产，多采用__________检验，以提高__________。

9．选择计量器具应考虑工件的尺寸公差，使所选计量器具的不确定度既能保证__________要求，又符合__________要求。

10．安全裕度由被检工件的__________确定，其作用是__________。

二、选择题

（　　）1．我国的法定长度计量基本单位是（　　）。

A．米　　B．毫米　　C．绝对测量　　D．相对测量

（　　）2．机械制造业中默认的长度计量单位是（　　）。

A．米　　B．毫米　　C．绝对测量　　D．相对测量

（　　）3．关于量块，下列正确的论述有（　　）。

A．量块具有研合性

B．量块按“等”使用，比按“级”使用精度高

C．量块的形状大多为圆柱体

D．量块只能作为标准器具进行长度量值传递

（　　）4．在加工完毕对提取（实际）零件几何量进行测量的方法称为（　　）测量。

A．接触　　B．静态　　C．综合　　D．被动

（　　）5．用立式光学比较仪测量轴的直径属于（　　）。

A．动态测量　B．间接测量　　C．绝对测量　　D．相对测量

（　　）6．用游标卡尺测量孔的中心距的测量方法称为（　　）测量。

A．直接　　B．间接　　C．绝对　　D．比较

（　　）7．大批量生产中检验孔径宜使用（　　）。

A．内径千分尺　　B．内径百分表

C．卡规　　D．塞规

三、判断题（对“√”，错“X”。答案写在题号前括号内）

（　　）1．只要量块组的基本尺寸满足要求，量块组内的量块数目可以随意选定。

（　　）2．使用的量块越多，组合的尺寸越精确。

（　　）3．在相对测量中，测量器具的示值范围应大于被测零件的尺寸。

（　　）4．直接测量必为绝对测量。

（　　）5．0～25mm 千分尺的示值范围和测量范围是一样的。

（　　）6．安全裕度 A 值应按被检验工件的公差大小来确定。

（　　）7．验收极限是检验工件尺寸时判断其合格与否的尺寸界限。

（　　）8．用普通计量器具测量公称尺寸为ϕ30mm，上偏差为-0.11mm，下偏差为-0.24mm 的轴时，若安全裕度为 0.01mm，则该轴的上验收极限为ϕ30mm。

（　　）9．用普通计量器具测量公称尺寸为ϕ30mm，上偏差为-0.11mm，下偏差为-0.24mm 的轴时，若安全裕度为 0.01mm，则该轴的上验收极限为ϕ29.89mm。

（　　）10．用普通计量器具测量公称尺寸为ϕ30mm，上偏差为-0.11mm，下偏差为-0.24mm 的轴时，若安全裕度为 0.01mm，则该轴的上验收极限为ϕ29.88mm。

四、练习题

从 83 块一套的量块中组合尺寸 35.785（单位：mm）。

第 1 块	第 2 块	第 3 块	第 4 块	第 5 块	第 6 块	…

从 83 块一套的量块中组合尺寸 48.98（单位：mm）。

第 1 块	第 2 块	第 3 块	第 4 块	第 5 块	第 6 块	…

练习如下尺寸：

35.785、56.785、45.675、38.865、47.685、29.875、36.565、45.475、34.585、57.965。

班级：＿＿＿＿＿＿＿　　学号：＿＿＿＿＿＿＿　　姓名：＿＿＿＿＿＿＿

练习题 6　处理等精度直接测量数据

一、填空题

1．测量误差按其特性可分为系统误差、＿＿＿＿＿、＿＿＿＿＿ 三大类。

2．测量误差有＿＿＿＿＿和＿＿＿＿＿两种形式。

3．螺旋测微器可准确到＿＿＿＿＿mm。由于还能再估读一位，可读到 mm 的＿＿＿＿＿位。

二、判断题（对"√"，错"X"。答案写在题号前括号内）

（　　）1．测量误差是不可避免的。

（　　）2．测量所得的值即零件的真值。

（　　）3．随机误差全部是服从正态分布规律的。

（　　）4．对某一尺寸进行多次测量，它们的平均值就是真值。

（　　）5．高度游标卡尺可以做精密划线。

（　　）6．用外径千分尺测得的结果为 2.4cm。

（　　）7．测量过程中产生随机误差的原因可以一一找出，而系统误差是测量过程中所不能避免的。

三、读出图示千分尺和游标卡尺的读数（单位：mm）。

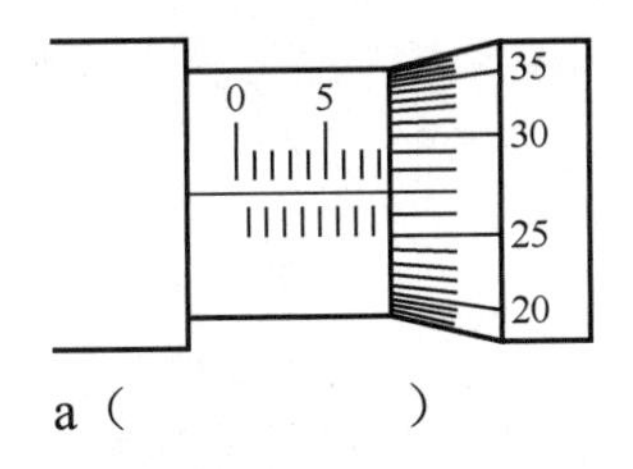

a（　　　　　）

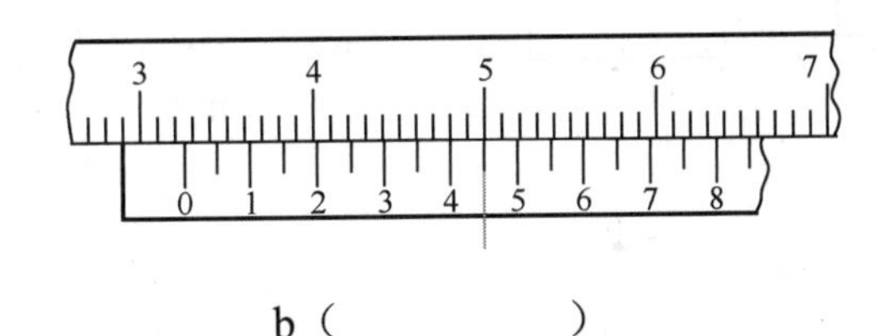

b（　　　　　）

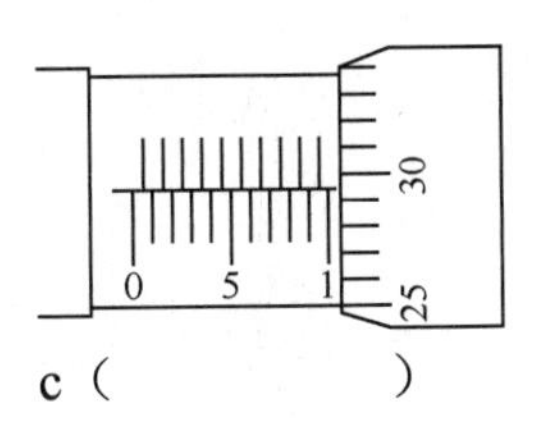

c（　　　　　）

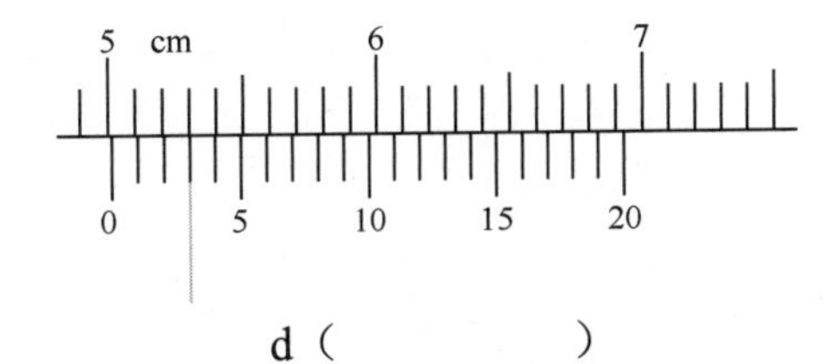

d（　　　　　）

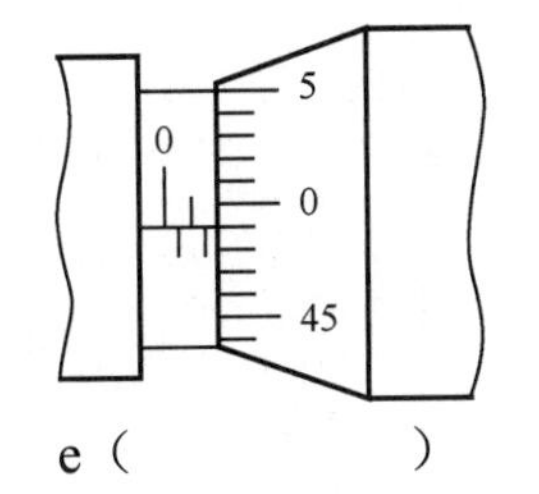

e（　　　　　）

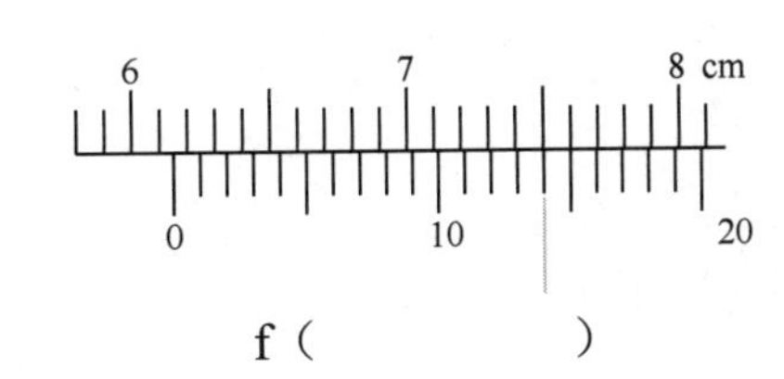

f（　　　　　）

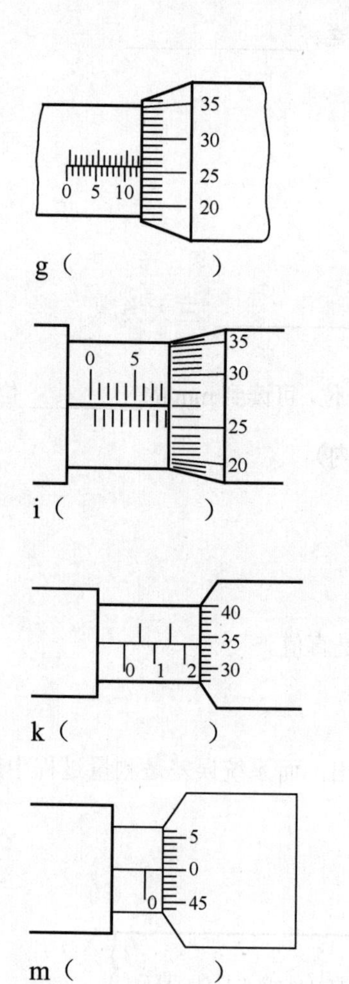

g（　　　　　）

i（　　　　　）

k（　　　　　）

m（　　　　　）

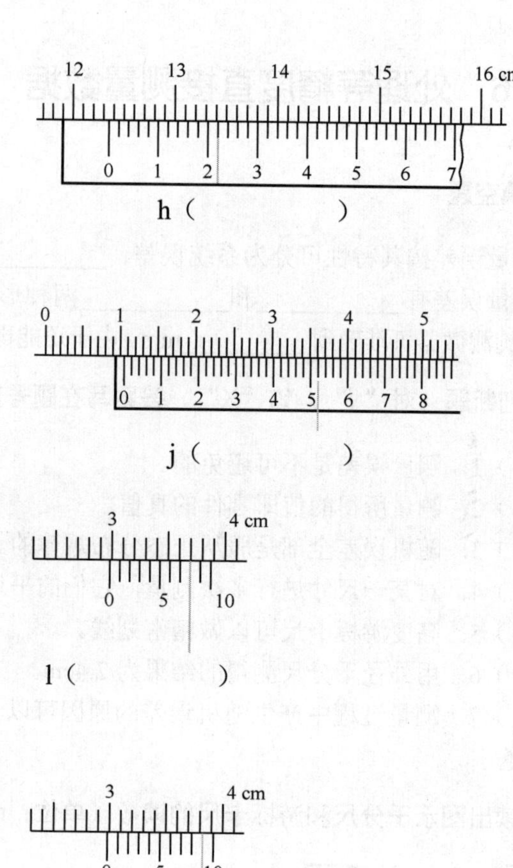

h（　　　　　）

j（　　　　　）

l（　　　　　）

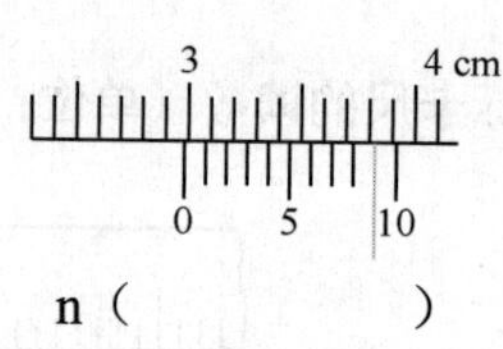

n（　　　　　）

班级：____________ 学号：____________ 姓名：____________

练习题 7　了解几何公差标注

一、填空题

1．圆柱度的符号为 ______，位置度的符号为 ______。

二、选择题

（　　）1．垂直度公差属于（　　）。

A．形状公差　　B．定位公差　　C．定向公差　　D．跳动公差

（　　）2．如被测提取要素为轴线，标注几何公差时，指引线箭头应（　　）。

A．与确定导出要素的轮廓线对齐

B．与确定导出要素的尺寸线对齐

C．与确定导出要素的尺寸线错开

（　　）3．标准规定几何公差共有（　　）个项目符号。

A．8　　B．12　　C．14　　D．16

（　　）4．圆柱度公差属于（　　）。

A．形状公差　　B．定位公差　　C．定向公差　　D．跳动公差

（　　）5．同轴度公差属于（　　）。

A．形状公差　　B．定位公差　　C．定向公差　　D．跳动公差

（　　）6．零件的几何误差是指被测提取实际要素相对（　　）的变动量。

A．拟合要素　　B．实际要素　　C．基准要素　　D．关联要素

（　　）7．对称度公差属于（　　）。

A．形状公差　　B．定位公差　　C．定向公差　　D．跳动公差

（　　）8．下列属于形状公差项目的是（　　）

A．平行度　　B．直线度　　C．对称度　　D．倾斜度

（　　）9．下列属于位置公差项目的是（　　）。

A．圆度　　B．同轴度　　C．平面度　　D．全跳动

（　　）10．下列属于跳动公差项目的是（　　）。

A．全跳动　　B．平行度　　C．对称度　　D．线轮廓度

（　　）11．下列属于形状公差的有（　　）。

A．圆柱度　　B．同轴度　　C．圆跳动　　D．平行度

（　　）12．下列属于形状公差的有（　　）。

A．平行度　　B．平面度　　C．端面全跳动　　D．倾斜度

三、判断题（对“√”，错“X”。答案写在题号前括号内）

（　　）1．在几何公差标注中，指向被测提取要素的箭头不一定和尺寸线对齐。

（　　）2．圆柱度和同轴度都属于形状公差。

四、将下列几何公差要求标注在图中。

1．圆锥面的圆度公差为0.006mm，圆锥面素线的直线度公差为0.005mm，圆锥面的轴线对$\phi20$轴线的同轴度公差为$\phi0.015$mm。

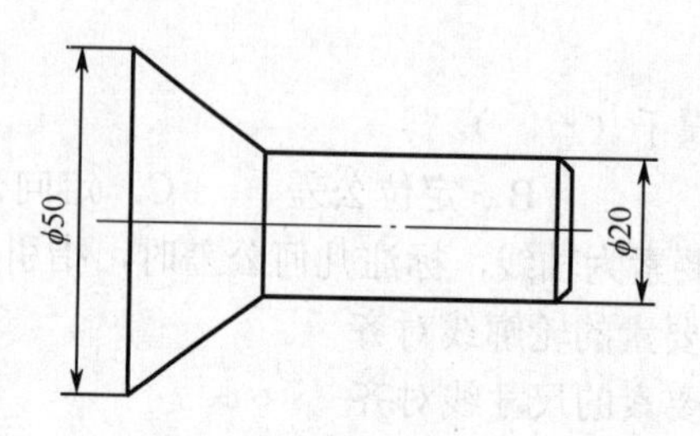

2．将以下要求用几何公差代号标注在图中。

（1）$\phi60$mm圆柱的轴线必须位于直径为$\phi0.05$mm，且轴线与$\phi40$圆柱的轴线同轴的圆柱面之内。

（2）键槽10mm两侧工作面的中心平面必须位于距离为0.05mm，且相对于$\phi40$轴线的中心平面对称配置的两平行平面之间。

（3）在垂直于$\phi60$mm圆柱轴线的任一正截面上，实际圆必须位于半径差为0.03mm的两同心圆之间。

（4）零件的左端面必须位于距离为0.05mm，且垂直于$\phi60$mm圆柱轴线的两平行平面之间。

（5）$\phi60$mm圆柱面绕$\phi40$mm圆柱轴线做无轴向移动的连续回转，同时指示器做平行于$\phi40$mm轴线的直线运动，在$\phi60$mm圆柱面上的跳动量不得大于0.06mm。

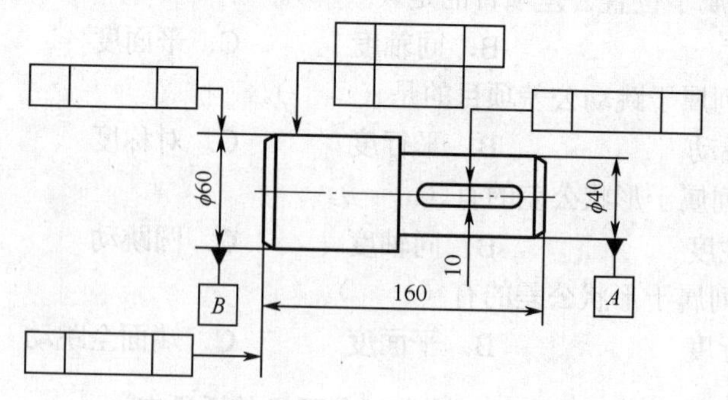

五、用文字解释图中几何公差标注的含义。

（1）

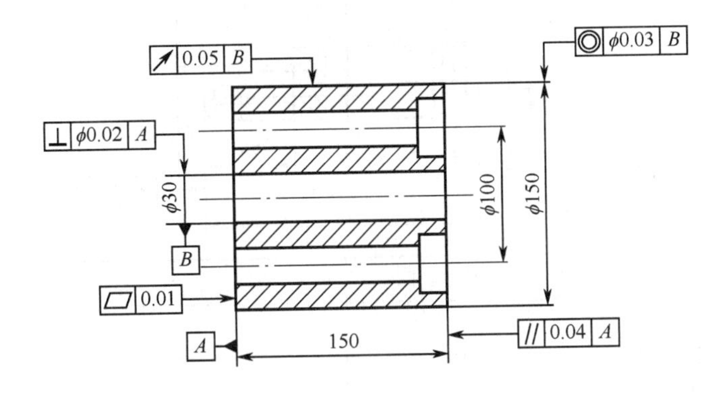

图 序 号	被 测 要 素	基 准 要 素
↗ 0.05 B		
◎ ϕ0.03 B		
⊥ ϕ0.02 A		
▱ 0.01		
// 0.04 A		

（2）

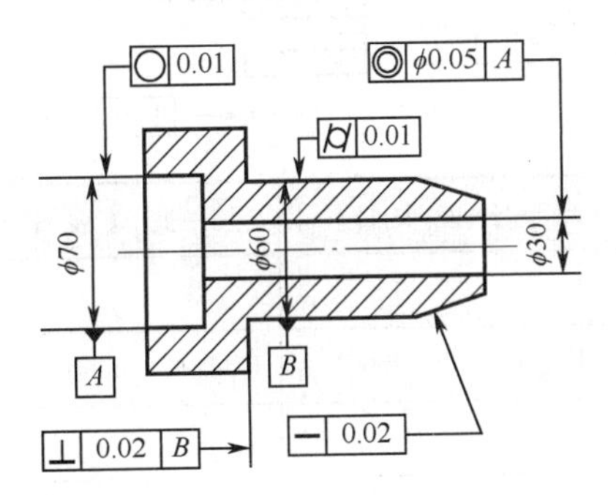

图 序 号	被 测 要 素	基 准 要 素
○ 0.01		
◎ ϕ0.05 A		
⌭ 0.01		
⊥ 0.02 B		
— 0.02		

（3）

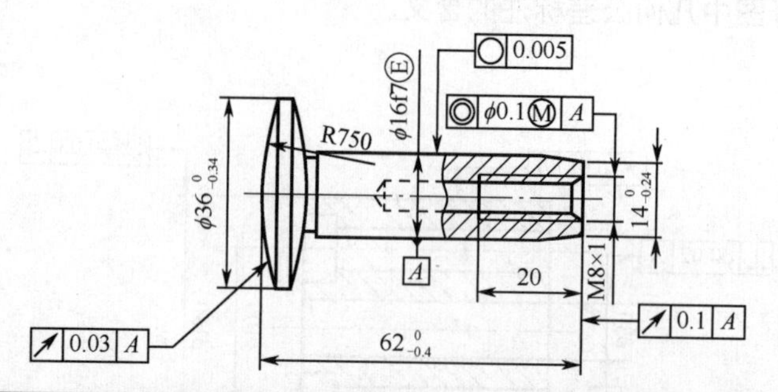

图序号	公差项目	被测要素	基准要素
○ 0.005			
◎ φ0.1Ⓜ A			
↗ 0.1 A			
↗ 0.03 A			

（4）

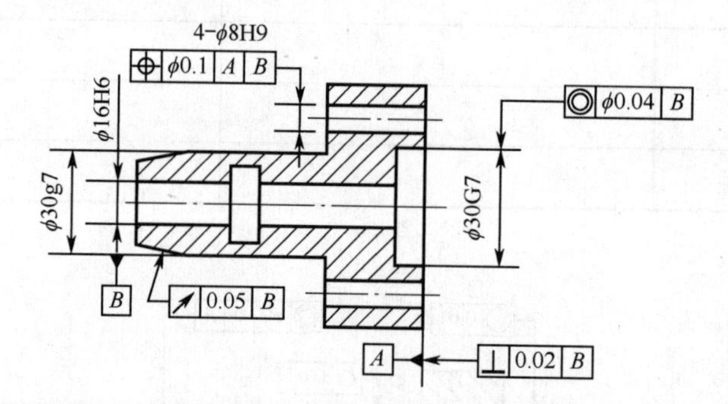

图序号	公差项目	被测要素	基准要素
◎ φ0.04 B			
↗ 0.05 B			
⊥ 0.02 B			
⌖ φ0.1 A B			

班级：______________ 学号：______________ 姓名：______________

练习题 8 识读几何公差标注

一、填空题

1．几何公差带的四要素是 ________、大小、方向、________ 。

2．跳动公差项目有________、________。

3．几何公差中定向的公差项目有________、________、________。

4．几何公差中只能用于导出要素的项目有______，只能用于轮廓要素的项目有________。

二、选择题

（　　）1．径向全跳动公差带的形状与（　　）的公差带形状相同。

A．圆柱度　　B．圆度

C．同轴度　　D．线的位置度

（　　）2．几何公差带形状是半径差为公差值 t 的两圆柱面之间的区域有（　　）。

A．圆柱度　　B．同轴度

C．任意方向直线度　　D．任意方向垂直度

（　　）3．径向圆跳动公差带的形状与（　　）的公差带形状相同。

A．圆柱度　　B．圆度

C．同轴度　　D．线的位置度

（　　）4．几何公差带形状是距离为公差值 t 的两平行平面内区域的有（　　）。

A．平面度　　B．任意方向的线的直线度

C．任意方向的线的位置度　　D．线对线的平行度

（　　）5．下列公差带形状相同的有（　　）。

A．轴线对轴线的平行度与面对面的平行度

B．同轴度与径向全跳动

C．轴线对面的垂直度与轴线对面的倾斜度

D．径向圆跳动与圆度

（　　）6．定向公差带可以综合控制被测提取要素的（　　）。

A．形状误差和位置误差　　B．方向误差和位置误差

C．形状误差和方向误差　　D．方向误差和尺寸误差

（　　）7．圆柱度公差可以同时控制（　　）。

A．圆度和同轴度　　B．素线直线度和圆度

C．径向全跳动和圆度　　D．同轴度和轴线对端面的垂直度

（　　）8．下列论述正确的有（　　）。

A．给定方向上的线位置度公差值前应加注符号“ϕ”

B．任意方向上线倾斜度公差值前应加注符号“ϕ”

C．空间中，点位置度公差值前应加注符号“$S\phi$”

D．标注斜向圆跳动时，指引线箭头应与轴线垂直

(　　) 9. 几何公差带形状是直径为公差值 t 的圆柱面内区域的有（　　）。

A. 同轴度　　B. 端面全跳动

C. 径向全跳动　　D. 圆柱度

(　　) 10. 几何公差带是指限制提取（实际）要素变动的（　　）。

A. 范围　　B. 大小　　C. 位置　　D. 区域

(　　) 11. 几何公差带形状不是距离为公差值 t 的两平行平面内区域的有（　　）。

A. 平面度　　B. 任意方向的线的直线度

C. 给定一个方向的线的倾斜度　　D. 面对面的平行度

(　　) 12. 同轴度公差和对称度公差的相同之处是（　　）。

A. 公差带形状相同

B. 提取组成要素相同

C. 基准要素相同

D. 确定公差带位置的理论正确尺寸均为零

(　　) 13. 下列四组几何公差特征项目的公差带形状相同的一组为（　　）。

A. 圆度、径向圆跳动　　B. 平面度、同轴度

C. 同轴度、径向全跳动　　D. 圆度、同轴度

(　　) 14. 孔和轴的轴线的直线度公差带形状一般是（　　）。

A. 两平行直线　　B. 圆柱面

C. 一组平行平面　　D. 两组平行平面

(　　) 15. 几何公差带形状是直径为公差值 t 的圆柱面内区域的有（　　）。

A. 径向全跳动　　B. 端面全跳动　　C. 同轴度　　D. 直线度

(　　) 16. 在图样上标注几何公差要求，当几何公差前面加注ϕ时，则被测提取要素的公差带形状应为（　　）

A. 两同心圆　　B. 圆或圆柱　　C. 两同轴圆柱　　D. 圆、圆柱或球

(　　) 17. 圆柱度公差可以同时控制（　　）。

A. 圆度和素线直线度　　B. 素线直线度和同轴度

C. 径向全跳动和同轴度　　D. 同轴度和圆度

三、判断题（对“√”，错“X”。答案写在题号前括号内）

(　　) 1. 在确定几何公差项目时，使用端面跳动代替垂直度不会降低精度要求。

(　　) 2. 对称度的被测提取要素和基准要素同为导出要素。

(　　) 3. 在确定几何公差项目时，使用端面跳动代替垂直度会降低精度要求。

(　　) 4. 圆度公差对于圆柱是在垂直于轴线的任一正截面上量取的，而对圆锥则是在法线方向测量的。

(　　) 5. 跳动公差带可以综合控制被测提取要素的位置、方向和形状。

(　　) 6. 位置公差就是位置度公差的简称，故位置度公差可以控制所有的位置误差。

(　　) 7. 径向圆跳动公差带与圆度公差带的区别是两者在形状方面不同。

(　　) 8. 端面全跳动公差带与端面对轴线的垂直度公差带相同。

(　　) 9. 径向全跳动公差可以综合控制圆柱度和同轴度误差。

(　　) 10. 圆柱度公差是控制圆柱形零件横截面和轴向截面内形状误差的综合性指标。

(　　) 11．端面全跳动公差和平面对轴线垂直度公差两者控制的效果完全相同。

四、图（a）中几何公差的标注有错误，将正确的几何公差标注在右侧图（b）中（不改变几何公差特征符号）。

（1）

（a）

（b）

（2）

（a）

（b）

（3）

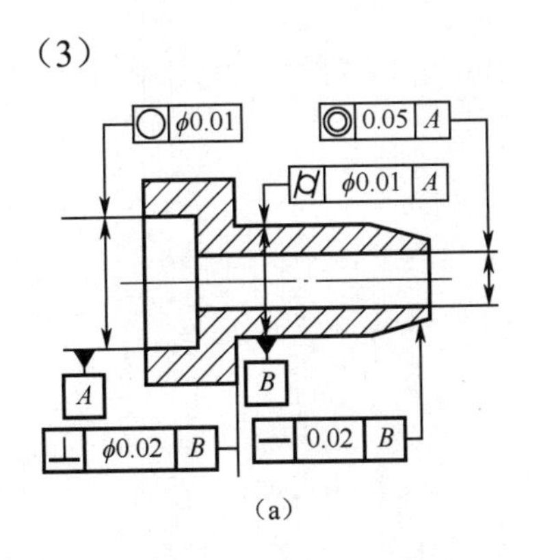

（a）

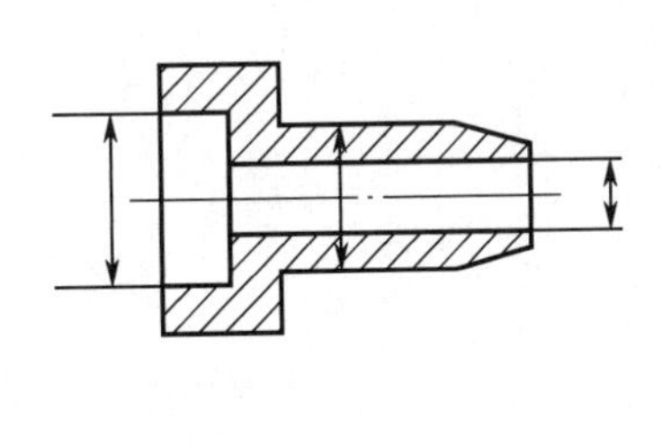
（b）

（4）

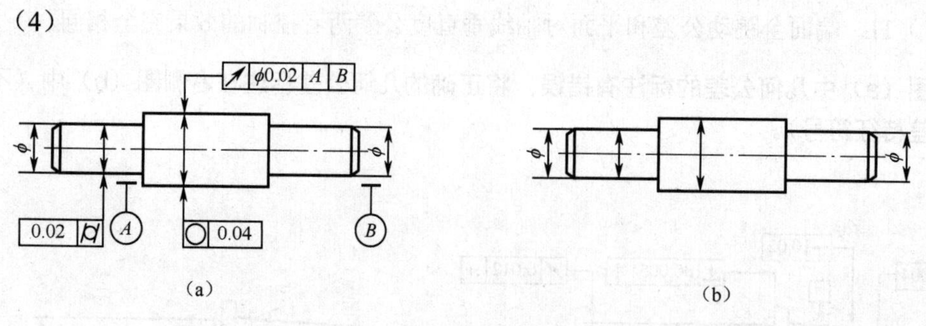

五、分析下面三个图中几何公差项目的公差带有何异同。

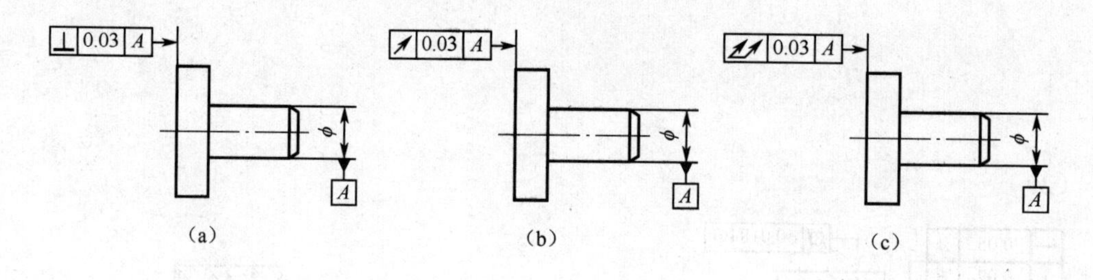

班级：__________ 学号：__________ 姓名：__________

练习题 9　识读公差要求标注

一、填空题

1．公差原则是指处理__________与__________之间关系的规定。

2．公差原则分__________和相关要求，相关要求包括__________、__________、__________以及__________四种。

3．孔在图样上的标注为ϕ80H8，已知 IT8=45μm，则其基本偏差为__________，该孔的最大实体尺寸为__________mm，最小实体尺寸为__________mm。

4．轴在图样上的标注为ϕ80h8，已知 IT8=45μm，其基本偏差为__________，该轴的最大实体尺寸为__________mm，最小实体尺寸为__________mm。

5．__________是指处理尺寸公差与几何公差之间关系的规定。

6．ϕ20mm 轴的其上偏差为+6μm，下偏差为-15μm，那么其基本偏差为__________，公差为__________，该轴的最大实体尺寸为__________mm，最小实体尺寸为__________mm。

二、选择题

（　　）1．最大实体尺寸是指（　　）。

A．孔和轴的上极限尺寸

B．孔的上极限尺寸和轴的下极限尺寸

C．孔和轴的下极限尺寸

D．孔的下极限尺寸和轴的上极限尺寸

（　　）2．最小实体尺寸是指（　　）。

A．孔和轴的上极限尺寸

B．孔的下极限尺寸和轴的上极限尺寸

C．孔的上极限尺寸和轴的下极限尺寸

D．孔和轴的下极限尺寸

（　　）3．公差原则是指（　　）。

A．确定公差值大小的原则

B．确定公差与配合标准的原则

C．形状公差与位置公差的关系

D．尺寸公差与几何公差的关系

（　　）4．被测提取要素采用最大实体要求的零几何公差时（　　）。

A．几何公差值的框格内标注符号Ⓔ

B．几何公差值的框格内标注符号 0Ⓜ

C．提取实际要素处于最小实体尺寸时，允许的几何误差为零

D．几何公差值的框格内标注符号ϕ0Ⓜ

（　　）5．为保证配合性质，尺寸公差与几何公差一般可选用（　　）。

A．包容要求　　B．最大实体要求　　C．独立原则

三、判断题（对“√”，错“X”。答案写在题号前括号内）

(　　) 1．按同一公差要求加工的同一批轴，其作用尺寸不完全相同。
(　　) 2．零件的最大实体尺寸一定大于其最小实体尺寸。
(　　) 3．实效尺寸能综合反映被测提取要素的尺寸误差和几何误差在配合中的作用。
(　　) 4．包容要求是控制作用尺寸不超出最大实体边界的公差原则。
(　　) 5．最大实体要求是控制作用尺寸不超出最大实体实效边界的公差原则。
(　　) 6．某一尺寸后标注Ⓔ表示其遵守包容原则。
(　　) 7．最大实体实效尺寸一定大于最小实体实效尺寸。
(　　) 8．孔的体内作用尺寸是孔的提取（实际）内表面体内相接的最小理想面的尺寸。
(　　) 9．孔的最大实体实效尺寸为最大实体尺寸减导出要素的几何公差。
(　　) 10．最大实体状态是指假定提取组成要素的局部尺寸处处位于极限尺寸且使具有实体最小（材料最少）时的状态。
(　　) 11．包容要求是要求提取（实际）要素处处不超越最小实体边界的一种公差原则。

四、按照图中标注，完成表格。

(1)

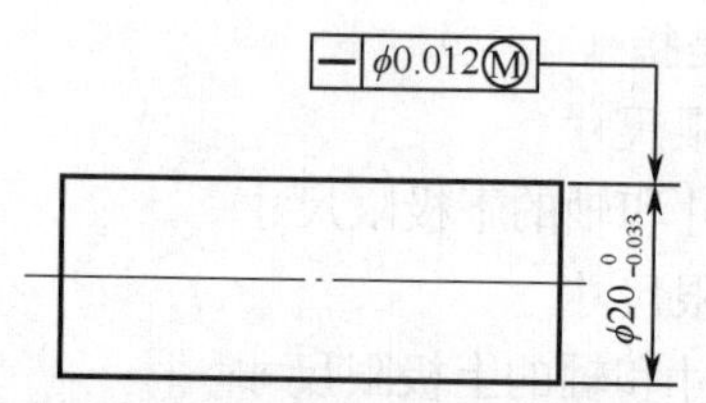

公差原则	遵守的边界尺寸/mm	上极限尺寸/mm	下极限尺寸/mm	最大实体尺寸/mm	最小实体尺寸/mm	局部尺寸为ϕ20mm 时，轴线的直线度公差值/mm

(2)

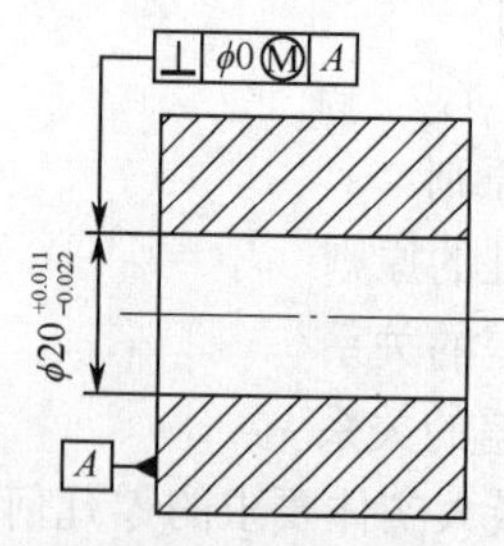

公差原则	遵守的边界尺寸/mm	上极限尺寸/mm	下极限尺寸/mm	最大实体尺寸/mm	最小实体尺寸/mm	局部尺寸为ϕ20mm 时，轴线的直线度公差值/mm

（3）

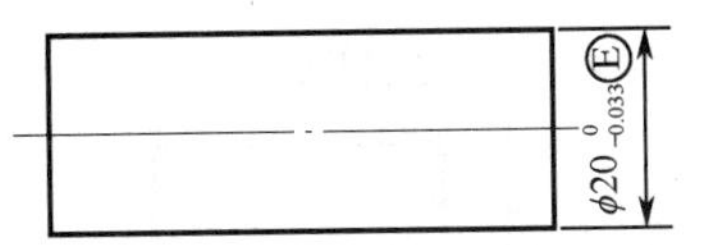

公差原则	遵守的边界尺寸/mm	上极限尺寸/mm	下极限尺寸/mm	最大实体尺寸/mm	最小实体尺寸/mm	局部尺寸为φ20mm时，轴线的直线度公差值/mm

（4）

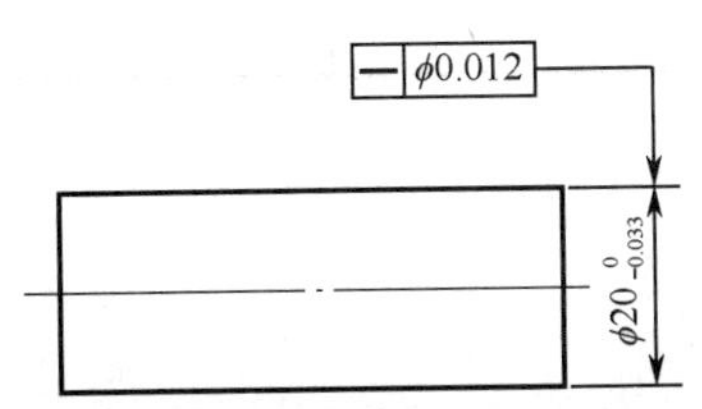

公差原则	遵守的边界尺寸/mm	上极限尺寸/mm	下极限尺寸/mm	最大实体尺寸/mm	最小实体尺寸/mm	局部尺寸为φ20mm时，轴线的直线度公差值/mm

（5）

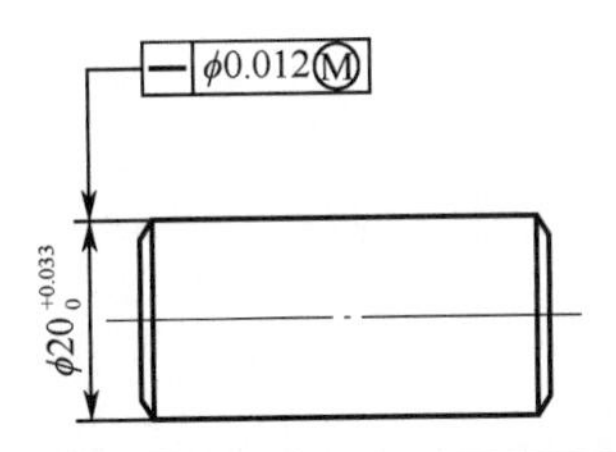

公差原则	遵守的边界尺寸/mm	上极限尺寸/mm	下极限尺寸/mm	最大实体尺寸/mm	最小实体尺寸/mm	局部尺寸为φ20mm时，轴线的直线度公差值/mm

（6）

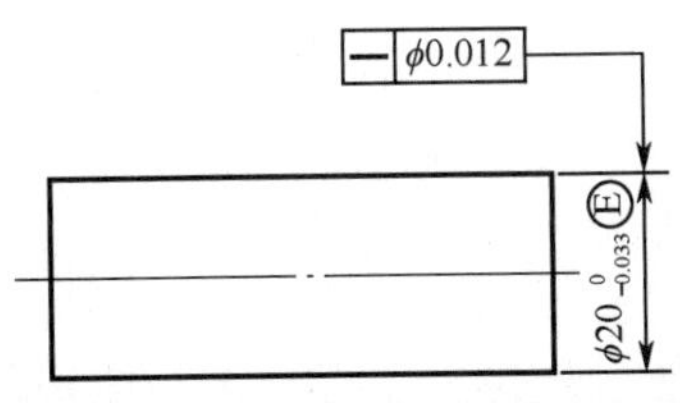

公差原则	遵守的边界尺寸/mm	上极限尺寸/mm	下极限尺寸/mm	最大实体尺寸/mm	最小实体尺寸/mm	局部尺寸为φ20mm时，轴线的直线度公差值/mm

（7）

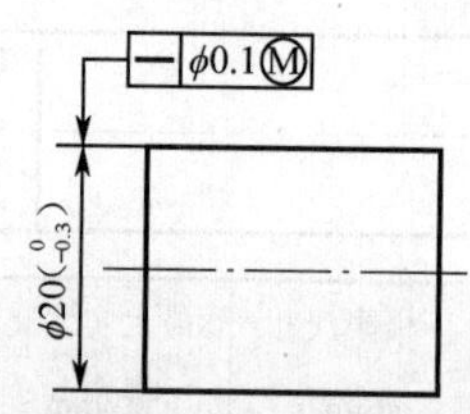

公差原则	遵守的边界尺寸/mm	上极限尺寸/mm	下极限尺寸/mm	最大实体尺寸/mm	最小实体尺寸/mm	局部尺寸为ϕ20mm时，轴线的直线度公差值/mm

班级：__________　　学号：__________　　姓名：__________

练习题 10　检测几何误差

一、选择题

（　　）1．某轴线对基准中心平面的对称度公差值为 0.1mm，则该轴线对基准中心平面的允许偏离量为（　　）。

A．0.1mm　　B．0.05mm

C．0.2mm　　D．ϕ0.1mm

（　　）2. 轴的直径为 $\phi 30_{-0.03}^{0}$ mm，其轴线的直线度公差在图样上的给定值为 ϕ0.01Ⓜmm，则直线度公差的最大值可为（　　）。

A．ϕ0.01mm　　B．ϕ0.02mm

C．ϕ0.03mm　　D．ϕ0.04mm

（　　）3．形状误差的评定准则应当符合（　　）。

A．公差原则　　B．包容要求

C．最小条件　　D．相关原则

（　　）4．某一横截面内实际轮廓由直径分别为 ϕ20.05mm 与 ϕ20.03mm 的两同心圆包容面形成最小包容区域，则该轮廓的圆度误差值为（　　）。

A．0.02mm　　B．0.01mm　　C．0.015mm　　D．0.005mm

（　　）5．对于径向全跳动公差，下列论述不正确的有（　　）。

A．属于形状公差

B．不属于方向公差

C．属于跳动公差

D．当径向全跳动误差不超公差时，圆柱度误差肯定也不超公差

（　　）6．评定位置误差的基准应首选（　　）。

A．单一基准　　B．组合基准　　C．基准体系　　D．任选基准

（　　）7．今测得一轴线相对于基准轴线的最小距离为 0.04mm，最大距离为 0.10mm，则它相对其基准轴线的位置度误差为（　　）

A．ϕ0.04mm　　B．ϕ0.08mm　　C．ϕ0.10mm　　D．ϕ0.20mm

二、判断题（对“√”，错“X”。答案写在题号前括号内）

（　　）1．同一被测提取要素的位置公差值应大于形状公差值。

（　　）2．同一被测提取要素的位置公差值应小于形状公差值。

（　　）3．对同一要素既有位置公差要求，又有形状公差要求时，形状公差值应大于位置公差值。

三、若图中零件尺寸误差为-0.2mm，几何误差为ϕ0.2mm，试说明该零件是否合格。

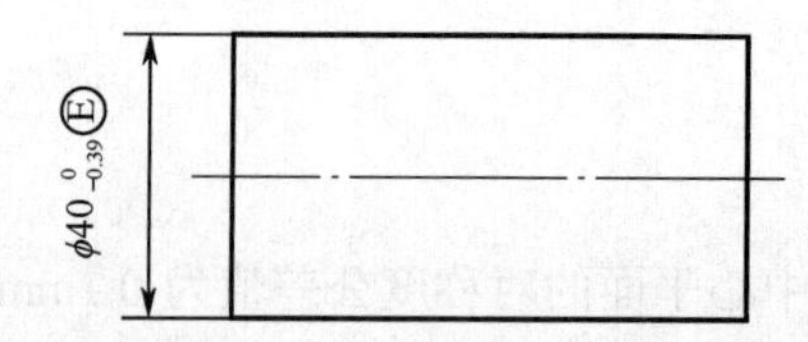

四、若图中实测轴径为ϕ29.980mm，允许轴线直线度误差的极限值为多少？

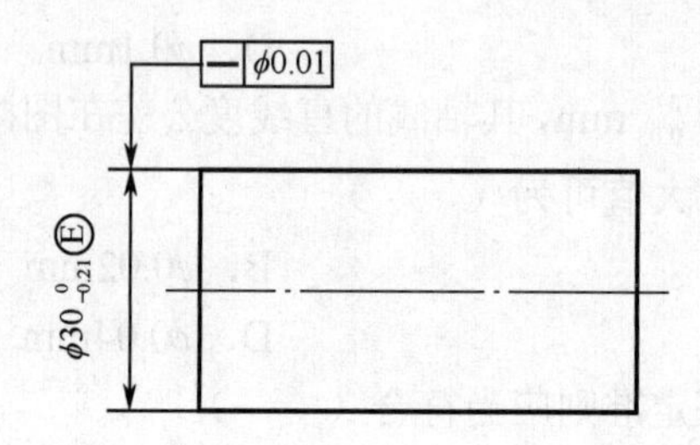

班级：______________　　学号：______________　　姓名：______________

练习题 11　识读表面粗糙度标注

一、填空题

1．与高度特性有关的表面粗糙度评定参数有_______、______、______（可只写代号）。

二、选择题

（　　）1．表面粗糙度值越小，零件的（　　）。

A．耐磨性越好　　B．抗疲劳强度越差

C．传动灵敏性越差　　D．加工越容易

（　　）2．*Ra*≤0.63μm 时，零件表面状况是（　　）。

A．见加工痕迹　　B．微观可辨加工痕迹方向

C．看不清加工痕迹　　D．可辨加工痕迹的方向

（　　）3．基本评定参数是依照（　　）来测定工件表面粗糙度的。

A．波距　　B．波高　　C．波纹度　　D．表面形状误差

（　　）4．表面粗糙度代（符）号在图样上不应标注在（　　）。

A．可见轮廓线上　　B．尺寸界线上

C．虚线上　　D．符号尖端从材料外指向被标注表面

（　　）5．用来判断具有表面粗糙度特征的一般基准线长度是（　　）。

A．基本长度　　B．评定长度　　C．取样长度　　D．公称长度

（　　）6．电动轮廓仪是根据（　　）原理制成的。

A．针描　　B．印模　　C．光切　　D．干涉

（　　）7．测量表面粗糙度时，规定取样长度是为了（　　）。

A．减少波纹度的影响　　B．考虑加工表面的不均匀性

C．使测量方便　　D．能测量出波距

（　　）8．车间生产中评定表面粗糙度最常用的方法是（　　）。

A．光切法　　B．针描表　　C．干涉法　　D．比较法

（　　）9．表面粗糙度的基本评定参数是（　　）。

A．*Rsm*　　B．*Ra*　　C．Z_p　　D．X_s

（　　）10．表面粗糙度评定参数 *Ra* 是采用（　　）原理进行较准确测量的。

A．光切　　B．针描　　C．干涉　　D．比较

（　　）11．同一零件上，工作表面的表面粗糙度值应比非工作表面（　　）。

A．小　　B．大　　C．相等

（　　）12．表面粗糙度的选用，应在满足表面功能要求情况下，尽量选用（　　）的表面粗糙度数值。

A．较小　　B．较大　　C．不变

（　　）13．同一公差等级，轴比孔的表面粗糙度数值（　　）。

A．大　　B．小　　C．相同

三、判断题

(　　) 1．*Rsm* 和 *Rmr*(*c*)是附加参数，不能单独使用，需与幅度参数联合使用。
(　　) 2．表面越粗糙，取样长度应越小。
(　　) 3．需要涂镀或其他有细密度要求的表面可加选 *Rz*。
(　　) 4．零件的尺寸精度越高，通常表面粗糙度参数值应取得越小。
(　　) 5．零件表面粗糙度数值越小，一般其尺寸公差和几何公差要求越高。
(　　) 6．宜采用较大表面粗糙度参数值的是单位压力小的磨擦表面。
(　　) 7．表面粗糙度数值越大，越有利于零件耐磨性的提高。
(　　) 8．表面粗糙度最常用的评定指标是 *Rsm*。
(　　) 9．若零件承受交变载荷，则表面粗糙度应选择较小值。
(　　) 10．*Ra*≤116μm 时，具体应用在普通精度齿轮的齿面。
(　　) 11．测表面粗糙度时，取样长度过短不能反映表面粗糙度的真实情况，因此越长越好。
(　　) 12．表面粗糙度的评定参数 *Ra* 表示轮廓的算术平均偏差。
(　　) 13．表面粗糙度的评定参数 *Rz* 表示轮廓的算术平均偏差。
(　　) 14．表面粗糙度符号的尖端可以从材料的外面或里面指向被注表面。
(　　) 15．表面粗糙度符号的尖端应从材料的外面指向被注表面。
(　　) 16．配合性质要求越稳定，其配合表面的表面粗糙度值应越小。

四、试判断下图所示表面粗糙度代号的标注是否有错误，若有，则加以改正。

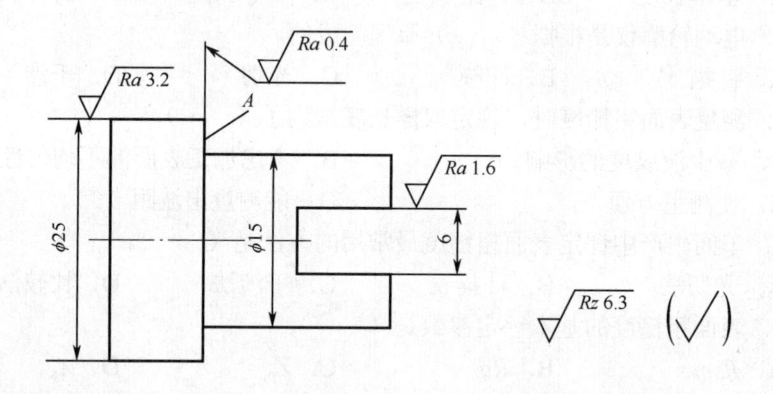

班级：__________　　学号：__________　　姓名：__________

练习题 12　识读普通螺纹标记

一、填空题

1．在螺纹的互换中可以综合用________控制________、________和________。

2．判断螺纹中径合格性的原则：实际螺纹的________ 不允许超越________，任何部位的________不允许超越________。

3．M24-5g6g 螺纹中径基本尺寸 d_2=________mm，中径公差带代号为________，中径公差 T_{d2}=________mm，d_{2min}=________mm，d_{2max}=________mm。

4．普通内螺纹的中径、小径规定采用________两种公差带位置，外螺纹的中径、大径规定采用________四种公差带位置。

5．螺纹精度不仅与____________有关，而且与____________有关。旋合长度分为 ________、________和________，分别用代号________、________和________表示。螺纹精度等级分为________、________和________三级。

6. 螺纹代号 M20×2-5g6g-S 的含义：M20×2____________________，5g__________，6g__________，S__________。

7．普通螺纹精度标准仅对螺纹的__________规定了公差，而螺距偏差、半角偏差则由____________控制。

8．螺纹的检测方法分为________和________。

二、选择题

（　　）1．在普通螺纹标准中，为保证螺纹互换性规定了（　　）公差。

A．大径或小径、中径　　B．大径、中径、螺距

C．中径、螺距、牙型半角　　D．中径、牙型半角

（　　）2．普通内螺纹最大实体牙型的中径用来控制（　　）。

A．作用中径　　B．单一中径　　C．螺距误差　　D．牙侧角偏差

（　　）3．螺纹公差带是以（　　）的牙型公差带。

A．基本牙型的轮廓为零线　　B．中径线为零线

C．大径线为零线　　D．小径线为零线

（　　）4．普通螺纹的基本偏差是（　　）

A．ES 和 EI　　B．EI 和 es　　C．ES 和 ei　　D．es 和 ei

（　　）5．某一螺纹标注为 M20-5g6g-S，其中 20 指的是螺纹的（　　）。

A．大径　　B．中径　　C．小径　　D．单一中径

（　　）6．M20×2-7h6h-L，此螺纹标注中的 6h 为（　　）。

A．外螺纹大径公差带代号　　B．内螺纹中径公差带代号

C．外螺纹小径公差带代号　　D．外螺纹中径公差带代号

（　　）7．螺纹量规的通端用于控制（　　），环规通端用于控制（　　）。

A．作用中径不超过最小尺寸　　B．作用中径不超过最大实体尺寸

C．实际中径不超过最小实体尺寸　　D．实际中径不超过最大实体尺寸

(　　) 8．螺纹量规止端做成截短的不完整牙型的主要目的是（　　）。

A．避免大径误差对检验结果的影响

B．避免单一中径误差对检验结果的影响

C．避免牙型半角对检验结果的影响

D．避免小径误差对检验结果的影响

(　　) 9．用三针法测量并经计算出的螺纹中径是（　　）。

A．单一中径　B．作用中径　C．中径实际尺寸　D．大径和小径

三、判断题

(　　) 1．国家标准规定的公制螺纹的公称直径是指大径。

(　　) 2．螺纹中径是指螺纹大径和小径的平均值。

(　　) 3．对普通螺纹，所谓中径合格，就是指单一中径、牙侧角和螺距都是合格的。

(　　) 4．国家标准除对普通螺纹规定中径公差外，还规定了螺距公差和牙型半角公差。

(　　) 5．普通螺纹的配合精度与公差等级和旋合长度有关。

(　　) 6．外螺纹的基本偏差为上极限偏差，内螺纹的基本偏差为下极限偏差。

(　　) 7．螺纹的中径公差可以同时限制中径、螺距、牙型半角三个参数的误差。

(　　) 8．螺纹千分尺是用来测量外螺纹中径的。

(　　) 9．三针量法是一种间接测量方法，主要用于测量精密螺纹的中径。

(　　) 10．工具显微镜只能测量螺纹大径和小径，不能测量螺纹中径。

班级：________ 学号：________ 姓名：________

技能训练（实践）——项目任务书

任务书1 用游标卡尺测量轴孔类零件尺寸

一、现场教学目的

1．了解游标卡尺寸的结构及使用方法；

2．查阅相关国家标准，理解尺寸标注的含义。

二、现场教学场所：________________________________。

三、图样中的标注 $20^{+0.1}_{0}$ 和20有何相同和不同？

标　注	相　同	不　同
$20^{+0.1}_{0}$		
20		

四、简述使用游标卡尺实施测量的步骤及注意事项。

测量步骤	实施内容	注意事项
第1步		

五、本次测量，选用计量器具如下。

序　号	名　称	编　号	测量范围	分度值
1				
2				
3				
4				

续表

序　号	名　称	编　号	测量范围	分度值
5				
6				

六、游标卡尺测量的记录及数据处理。

零件名称及被测提取要素				
项目		实际测得各方位尺寸/mm		
方位	轴向	1	2	3
径向	Ⅰ			
	Ⅱ			
零件的尺寸				

七、试举出几种内径测量方法，并比较其特点。

班级：______ 学号：______ 姓名：______

任务书 2　用外径千分尺测轴径

一、现场教学目的

1．了解外径千分尺的结构及使用方法；

2．查阅相关国家标准，理解尺寸标注的含义。

二、现场教学场所：______。

三、图样中的标注 $20^{+0.021}_{0}$ 和 20H7 有何相同和不同？

标　注	相　同	不同
$20^{+0.021}_{0}$		
20H7		

四、简述使用外径千分尺实施测量的步骤及注意事项。

测量步骤	实施内容	注意事项
第 1 步		

五、本次测量，选用计量器具如下。

序　号	名　称	编　号	测量范围	分度值
1				
2				
3				
4				
5				
6				

六、外径千分尺测量的记录及数据处理。

被测工件如图：

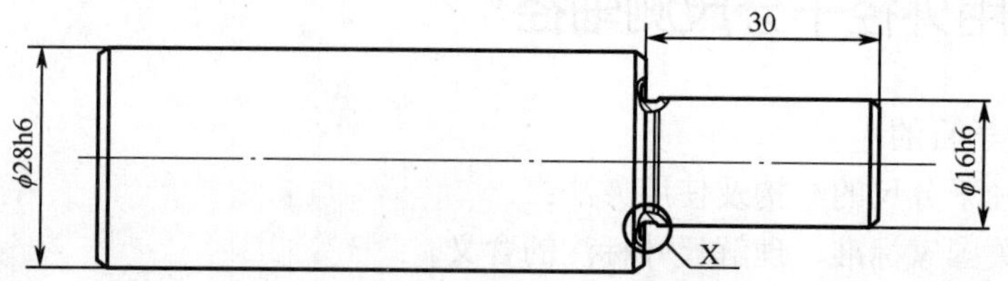

千分尺修正值：＿＿＿＿＿＿（千分尺校零时的读数值：＿＿＿＿ 校对块尺寸：＿＿＿＿＿）

零件名称及被测提取要素				
上极限尺寸			下极限尺寸	
项目		实际测得各方位尺寸/mm		
方位	轴向	1	2	3
径向	I			
	II			
合格性结论				

七、试举出几种外径测量方法，并比较其特点。

班级：________ 学号：________ 姓名：________

任务书 3 用内径百分表测量孔径

一、现场教学目的： 熟悉内径百分表的结构及使用方法。

二、现场教学场所：________________。

三、被测工件：________________，尺寸精度：________________。

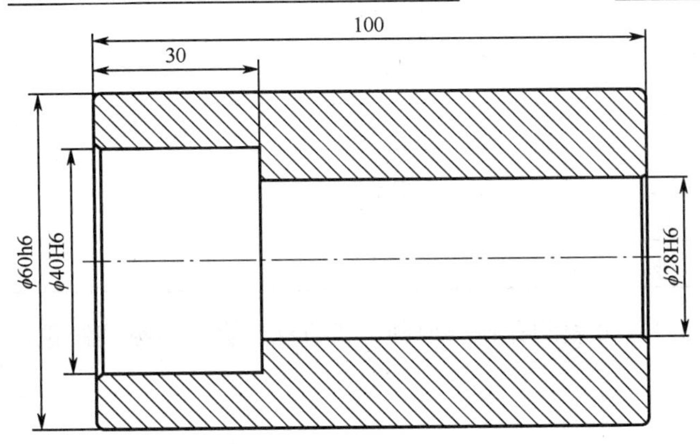

四、内径百分表使用方法。

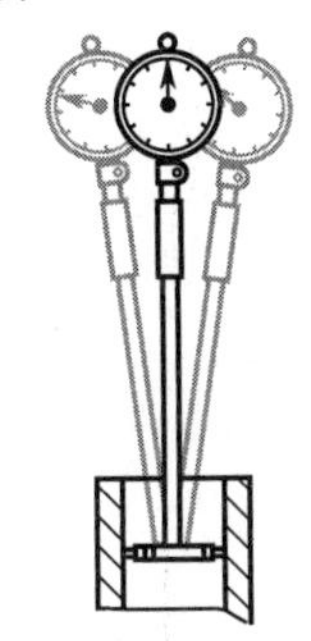

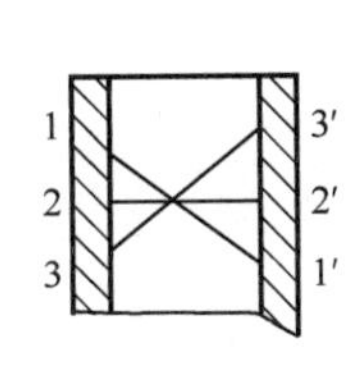

五、简述使用内径百分表实施测量的步骤及注意事项。

测量步骤	实施内容	注意事项
第 1 步		

六、本次测量，选用计量器具如下。

序 号	名 称	编 号	测量范围	分度值
1				
2				
3				
4				
5				

七、原始记录及数据处理。

千分尺修正值：____________（千分尺校零时的读数值：_______校对块尺寸：________）

标准孔基准尺寸：__________（对应标准孔基准尺寸千分尺读数值：________________）

基准尺寸：________mm		测量相对于基准偏差值/mm			实际测得各方位尺寸/mm		
方位	轴向	1	2	3	1	2	3
径向	Ⅰ						
	Ⅱ						
孔允许极限尺寸	D_{max}				合格性结论：		
	D_{min}						
孔局部尺寸	D_{amax}						
	D_{amin}						

八、试分析用内径百分表测孔径属何种测量方法，会产生哪些测量误差？

班级：______ 学号：______ 姓名：______

任务书4 用光学仪器测轴径

一、现场教学目的：熟悉光学仪器（ ）的结构及使用方法。

二、现场教学场所：______。

三、被测工件：______。

四、简述采用光学仪器实施测量的步骤及注意事项。

测量步骤	实施内容	注意事项
第1步		

五、本次测量，选用计量器具如下。

序号	名称	编号	测量范围	分度值
1				
2				
3				
4				
5				
6				

六、原始记录及数据处理。

千分尺修正值：______（千分尺校零时的读数值：______校对块尺寸：______）

千分尺测得轴的尺寸：______；选择光学仪器调零用量块组合：______。

序号	光学仪器读数 /μm	测得局部尺寸 x_i/mm	残差 v_i /μm	残差平方 v_i^2 /μm	算术平均值 $\overline{x}=\frac{x_1+x_2+\cdots+x_n}{n}=\frac{\sum_{i=1}^{n}x_i}{n}$
1					残差： $\gamma_i = x_i - \overline{x}$
2					
3					
4					单次测量的标准偏差： $\sigma=\sqrt{\frac{\sum_{i=1}^{n}v_i^2}{n-1}}$
5					
6					
7					算术平均值的标准偏差： $\sigma_{\overline{x}}=\frac{\sigma}{\sqrt{n}}$
8					
9					
10					测量结果： $x=\overline{x}\pm 3\sigma_{\overline{x}}$
11					
12					
$\overline{x}$			$\sigma=$		$3\sigma=$
$3\sigma_{\overline{x}}$			$X=$		

七、千分尺的测量误差对最终测量结果有无影响？为什么？

班级：______________ 学号：______________ 姓名：______________

任务书 5 几何误差的测量

一、现场教学目的： 巩固几何公差的概念，了解几何误差的测量方法。

二、现场教学场所：____。

三、被测工件：____。

四、本次测量，选用计量器具如下。

序　号	名　称	编　号	测量范围	分度值
1				
2				
3				
4				
5				
6				

五、实验记录。

1．箱体几何误差的测量

箱体零件图：

（1）平行度误差的测量

简述箱体平行度误差测量的步骤及注意事项。

测量步骤	实施内容	注意事项
第1步		

平行度误差计算公式：$f=\frac{L_1}{L_2}\left|M_1-M_2\right|$ （$L_2=L_1+a+b$）

数据记录及处理：

次数	读数 M_1	读数 a	读数 M_2	读数 b	读数 L_1	平行度误差 f
1						
2						
3						

测量方法草图	公差值		
	实际误差/mm	第一次	
		第二次	
		第三次	
	是否合格		

（2）垂直度误差的测量

简述箱体垂直度误差测量的步骤及注意事项。

测量步骤	实施内容	注意事项
第1步		

数据记录及处理：

测量方法草图	公差值		
	实际误差/mm	第一次	
		第二次	
		第三次	
	是否合格		

2．法兰盘几何误差的测量

零件图：

简述法兰盘圆跳动误差测量的步骤及注意事项。

测 量 步 骤	实 施 内 容	注 意 事 项
第 1 步		

（1）径向圆跳动的测量

数据记录及处理：

测量方法草图	公差值		
	实际误差/mm	第一次	
		第二次	
		第三次	
	是否合格		

（2）轴向圆跳动的测量

数据记录及处理：

测量方法草图	公差值		
	实际误差/mm	第一次	
		第二次	
		第三次	
	是否合格		

班级：________ 学号：________ 姓名：________

任务书 6　表面粗糙度的测量

一、现场教学目的：了解评定表面粗糙度的评定参数和检测方法。

二、现场教学场所：________________。

三、被测工件：________________。

四、本次测量，选用计量器具如下。

序　号	名　称	编　号	测量范围	分度值
1				
2				
3				
4				
5				
6				

五、画出被测零件示意图。

六、简述针描法测量表面粗糙度的步骤及注意事项。

测量步骤	实施内容	注意事项
第 1 步		

七、原始记录及数据处理。

（1）比较法：根据零件纹理，确定加工方法，和表面粗糙度样板做比较，判断零件实际表面粗糙度。

（2）针描法：用手持便携式表面粗糙度测量仪检测表面粗糙度

序　　号	图　示　值	实际值（比较法）	实际值（针描法）
1			
2			

班级：______________ 学号：______________ 姓名：______________

任务书 7　螺纹中径的测量

一、现场教学目的

1. 练习螺纹公差表格的查用；

2. 掌握用螺纹千分尺和三针法测量螺纹中径尺寸。

二、现场教学场所：____。

三、被测工件：____。

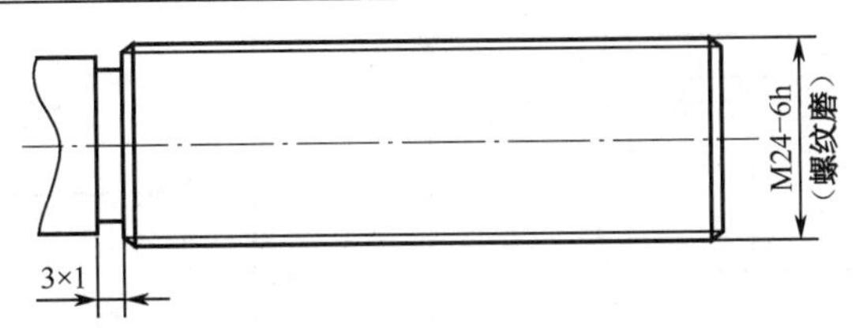

四、本次测量，选用计量器具如下。

序　号	名　称	编　号	测量范围	分度值
1				
2				
3				
4				
5				
6				

五、简述采用螺纹千分尺测螺纹中径的步骤及注意事项。

测量步骤	实施内容	注意事项
第 1 步		

六、原始记录及数据处理。

（1）螺纹千分尺

螺纹标记：______________中径公称尺寸：__________螺距：__________

中径上极限尺寸：______________中径下极限尺寸：______________

径向 / 轴向	第一读数	第二读数	第三读数	合格性结论与理由
截面 1				
截面 2				

（2）螺纹三针测量

相关公式：$d_{0最佳} = P / \left(2 \times \cos\dfrac{\alpha}{2}\right)$

$d_{2实} = M - 3d_0 + 0.866P$

螺纹标记：____________________中径公称尺寸：____________螺距：__________

$d_{0最佳}$：______________________________ d_0：______________________________

测量示意图：

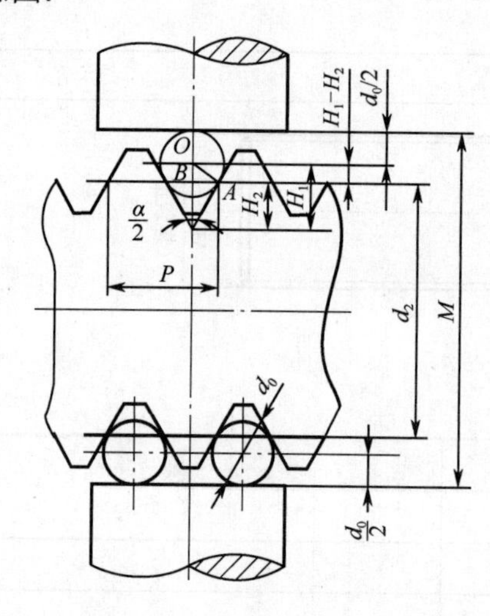

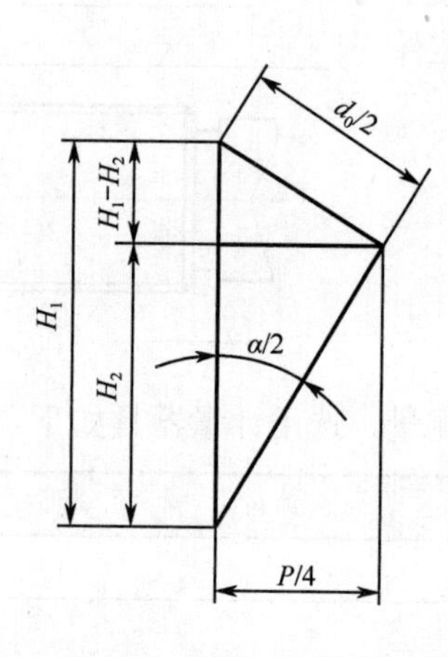

测量次数	M 值	测得 $d_{2实}$	中径极限偏差	中径极限尺寸	检测结论
第 1 次			上偏差：	上极限尺寸：	
第 2 次					
第 3 次			下偏差：	下极限尺寸：	
M 平均值					

参 考 文 献

[1] GB/T 1800.1—2009《产品几何技术规范（GPS）极限与配合 第1部分：公差、偏差和配合的基础》.

[2] GB/T 1800.2—2009《产品几何技术规范（GPS）极限与配合 第2部分：标准公差等级和孔、轴极限偏差表》.

[3] GB/T 1804—2000《一般公差 未注公差的线性和角度尺寸的公差》.

[4] GB/T 1182—2008《产品几何技术规范（GPS）几何公差 形状、方向、位置和跳动公差标注》.

[5] GB/T 4249—2009《产品几何技术规范（GPS）公差原则》.

[6] GB/T 16671—2009《产品几何技术规范（GPS）几何公差 最大实体要求、最小实体要求和可逆要求》.

[7] GB/T 3505—2009《产品几何技术规范（GPS）表面结构 轮廓法 术语、定义及表面结构参数》.

[8] GB/T 1031—2009《产品几何技术规范（GPS）表面结构 轮廓法 表面粗糙度参数及其数值》.

[9] GB/T 131—2006《产品几何技术规范（GPS）技术产品文件中表面结构的表示法》.

[10] GB/T 197—2003《普通螺纹 公差》.

[11] 吕天玉，张柏军. 公差配合与测量技术. 大连：大连理工大学出版社，2014.

[12] 张秀芳，许晖. 公差配合与精度检测. 北京：电子工业出版社，2014.

[13] 苏采兵，王凤娜. 公差配合与测量技术. 北京：北京邮电大学出版社，2013.

[14] 韩丽华. 公差配合与测量技术. 北京：电子工业出版社，2014.

[15] 马霄，任泰安. 公差配合与技术测量. 南京：南京大学出版社，2011.